“十二五”职业教育国家规划教材
经全国职业教育教材审定委员会审定

工 程 爆 破

（第 3 版）

主编　翁春林　叶加冕

北 京
冶 金 工 业 出 版 社
2023

内 容 提 要

本书内容以矿山生产爆破为主，兼顾水利水电工程爆破、公路铁路工程爆破及城市拆除爆破，从工程爆破设计和施工的实际需要出发，系统地介绍了岩石的性质与分级、凿岩机理与凿岩机械、炸药爆炸的基本理论、工业炸药、起爆器材、起爆方法、爆破破岩机理、浅眼爆破、地下深孔爆破、露天深孔爆破、硐室爆破、控制爆破、拆除爆破、爆破安全技术、爆破施工与管理等有关的概念、原理、方法和施工工艺。

本书为高等职业教育和职业培训教材，也可供爆破领域的工程技术人员参考。

图书在版编目(CIP)数据

工程爆破／翁春林，叶加冕主编．—3 版．—北京：冶金工业出版社，2016.1（2023.6 重印）
"十二五"职业教育国家规划教材
经全国职业教育教材审定委员会审定
ISBN 978-7-5024-6610-7

Ⅰ.①工…　Ⅱ.①翁…　②叶…　Ⅲ.①爆破技术—职业教育—教材　Ⅳ.①TB41

中国版本图书馆 CIP 数据核字(2016)第 010061 号

工程爆破（第 3 版）

出版发行 冶金工业出版社　**电　话** (010)64027926
地　址 北京市东城区嵩祝院北巷 39 号　**邮　编** 100009
网　址 www.mip1953.com　**电子信箱** service@mip1953.com

责任编辑 张耀辉　宋　良　高　娜　美术编辑 彭子赫　版式设计 葛新霞
责任校对 郑　娟　责任印制 窦　唯
三河市双峰印刷装订有限公司印刷
2004 年 9 月第 1 版，2008 年 5 月第 2 版，2016 年 1 月第 3 版，2023 年 6 月第 4 次印刷
787mm×1092mm　1/16；16 印张；380 千字；236 页
定价 35.00 元

投稿电话 (010)64027932　投稿信箱 tougao@cnmip.com.cn
营销中心电话 (010)64044283
冶金工业出版社天猫旗舰店 yjgycbs.tmall.com
（本书如有印装质量问题，本社营销中心负责退换）

第3版前言

工程爆破技术应用十分广泛，在矿床开采及水利、水电、铁路、公路等工程建设中发挥着极为重要的作用。目前，我国矿业发展迅猛，基础建设规模庞大，工程爆破作为一项特殊专业技术也随着这些行业的发展而飞速发展，但如何高效率、低成本、安全地进行爆破作业则是爆破行业面临的一个重要问题。

本书以矿山生产爆破为主，兼顾水利水电工程爆破、公路铁路工程爆破及城市拆除爆破，编写内容全面。书中以工程爆破基本理论和技能的培养为主线，系统阐述了工程爆破的相关基础知识、基本原理和基本方法；全面介绍了浅眼爆破、地下深孔爆破、露天深孔爆破、硐室爆破、控制爆破、拆除爆破、爆破安全技术、爆破施工组织等与工程爆破设计和现场施工管理有关的概念、原理、方法和施工工艺。书中注重现场的具体应用，突出学生职业能力的培养，充分体现了鲜明的职业教育特点。

本书于2004年出版第1版，2008年出版第2版，是普通高等教育“十一五”国家级规划教材，目前在全国多所高校的采矿、公路、地质、安全等专业中广泛使用，同时也在采矿、土建等行业的职工培训中使用，受到了广大读者的普遍好评。本次是在第2版的基础上进行修订，删除了已经淘汰的爆破器材和爆破方法等内容，补充了近几年发展的新技术、新方法，并根据“十二五”职业教育国家规划教材的要求以及学校师生反馈的意见和建议，对书中内容进行了修改和完善。

本书具有较强的实用性，可用作高等职业教育、职业培训、在职职工自修的教材，也可作为工程爆破技术人员的参考书。

本书由长期从事工程爆破教学研究及爆破设计、施工管理的人员编写和修订，具体分工是：昆明冶金高等专科学校翁春林编写绪论、第6章和第7章；昆明冶金高等专科学校叶加冕编写第12章和第13章；昆明冶金高等专科学校林吉飞编写第4章和第5章；云南铜业集团公司的刘华武编写第9章和第11章；云南铜业集团公司的孙宏生编写第14章和第15章；云南国土资源学院王建波编写第1章、第2章和第8章；云南国土资源学院吕荣纲编写第3章、第10章和附录。全书由翁春林和叶加冕统稿。

本书在编写和修订过程中，参考了大量文献，在此谨对文献的作者表示衷心的感谢。

由于作者水平所限，书中不妥之处，恳请读者批评指正。

编　者

2015年10月

第3版前言

第2版前言

工程爆破是一门专业性很强的专业技术课程。它的任务是使学生获得本门学科的基本理论、基础知识和基本技能，用以解决矿山、交通、水利、城市建设等国民经济各领域里工程爆破设计和具体施工管理中的一般性问题。同时，工程爆破还是一门比较复杂的边缘学科。在学习过程中，要运用到流体力学、热化学、冲击波理论、工程力学、岩石力学、电工学及工程地质等课程中的有关内容，在实际应用中要与矿床开采、井巷及隧道掘进、公路工程、安全技术等专业课密切联系起来。

工程爆破技术应用十分广泛，在矿床开采及水利、水电、铁路、公路等工程建设中有着极为重要的作用。本书以矿山生产爆破为主，兼顾水利水电工程爆破、公路铁路工程爆破及城市拆除爆破，从工程爆破设计和施工的实际需要出发，系统地介绍了岩石的性质、凿岩机理与凿岩机械、炸药爆炸的基本理论、起爆器材、工业炸药 、起爆方法、爆破破岩机理、浅眼爆破、地下深孔爆破、露天深孔爆破、硐室爆破、药壶爆破、控制爆破、拆除爆破、爆破安全技术、爆破施工组织等与工程爆破设计和现场施工管理有关的概念、原理、方法和施工工艺。

通过对有关岩石的性质及分级、炸药爆炸的基本理论、爆破用器材、起爆方法、爆破破岩机理、工程爆破的实际应用、爆破安全技术和爆破施工管理的基本概念、基本原理和基本方法的学习，可使学生掌握工程爆破设计和施工的基本知识和基本方法，经过理论教学和实践教学两个环节，使学生具备运用各种相关知识、原理和方法，去综合分析、解决采矿、公路建设等生产中的工程爆破的一般问题的实际动手能力。

学生学完本课程之后，应能达到以下基本要求：

(1) 了解爆破安全技术的现状和发展方向；

(2) 掌握工程爆破的工作对象——岩石的性质及分级；

(3) 熟悉机械凿岩原理及凿岩设备的类型和适用条件；

(4) 熟悉爆破作用的基本理论；

(5) 掌握常用爆破用器材的原理、结构、主要性能、检测方法及具体应用；

(6) 掌握常用炸药的性能、检测方法及具体应用；

(7) 掌握常用起爆方法的基本原理、检测方法及网路连接技术；

(8) 掌握浅眼爆破、深孔爆破、药壶爆破、硐室爆破、控制爆破、拆除爆破等各种爆破技术在生产中的具体应用；

(9) 掌握相应的爆破安全技术，如事故的分析和预防，爆破器材的储存、运输、检验、销毁的安全要求和方法，早爆、盲炮、炮烟中毒的预防和处理，爆破安全距离确定和防护，爆破事故抢救技术等；

(10) 熟悉工程爆破设计、施工的计划、组织和管理的整个过程。

本书由长期从事工程爆破的教学研究及设计施工管理的人员编写，具体编写分工为：翁春林编写绪论、第 3 章、第 6 章、第 7 章、第 10 章；叶加冕编写第 4 章、第 13 章、第 14 章；云南铜业集团公司的刘华武编写第 5 章、第 9 章、第 11 章；云南国土资源学院王建波编写第 1 章、第 8 章和第 12 章；昆明冶金高等专科学校朱鸿德编写第 2 章、第 16 章及附录；云南省路桥五公司的李敬德编写第 15 章；由翁春林统稿。

在编写过程中，参考了大量文献，在此对文献作者表示衷心的感谢。

由于作者水平所限，书中难免有不妥之处，诚请读者批评指正。

编 者

2007 年 11 月

第 1 版前言

工程爆破技术应用十分广泛，在矿床开采及水利、水电、铁路、公路等工程建设中有着极为重要的作用。本书以矿山生产爆破为主，兼顾水利水电工程爆破、公路铁路工程爆破及城市拆除爆破，从工程爆破设计和施工的实际需要出发，系统地介绍了岩石的性质、炸药爆炸的基本理论、工业炸药、起爆器材、起爆方法、爆破破岩机理、浅眼爆破、地下深孔爆破、露天深孔爆破、硐室爆破、药壶爆破、控制爆破、拆除爆破、爆破安全技术、爆破施工组织等与工程爆破设计和现场施工管理有关的概念、原理、方法和施工工艺。

本书具有较强的实用性，可用作高等教育、职业培训、在职职工自修的教材，也可作为工程爆破技术人员的参考书。

本书由翁春林和叶加冕任主编。具体分工是：翁春林编写绪论、第 2 章、第 6 章、第 8 章、第 9 章、第 10 章；叶加冕编写第 3 章、第 4 章、第 5 章、第 12 章、第 13 章；云南国土资源学院王建波编写第 1 章、第 7 章和第 11 章；云南省路桥五公司的李敬德编写第 14 章，杨伟编写第 15 章。

本书在编写过程中，参考了相关文献，并得到了昆明理工大学庙延钢教授的大力帮助，在此表示感谢。

由于作者水平所限，书中难免有不妥之处，诚恳地欢迎读者批评指正。

编　者

2004 年 5 月

目　录

绪　论

A　爆破技术的发展

古代在岩石上进行开挖是非常困难的。收缩破裂法是我们祖先采用的一种原始方法，即用火将岩石加热后，泼水使其迅速冷却和收缩，以此在岩石中引起应力变化而造成开裂，再用大锤、钢钎和楔子破开岩石。工程爆破是随着炸药的出现而产生的一门技术。我国是黑火药的诞生地，也是世界上爆破技术发展最早的国家。火药的发明，为人类社会的发展起到了巨大的推动作用。

1799 年，英国人高瓦尔德制成了雷汞；1831 年出现毕氏导火索；1867 年，瑞典人诺贝尔发明了火雷管，同年又研制成功以硅藻土为吸收剂的硝化甘油炸药，并与瑞典化学家德里森合作首次研制成功铵梯炸药。至此，工程爆破所用的最基本的爆破器材已经齐全。进入 20 世纪，爆破器材和爆破技术有了新的进展。1919 年出现了以泰安为药芯的导爆索；1927 年又在瞬发电雷管的基础上研制成功秒延时电雷管；1964 年研制成功毫秒延时电雷管；50 年代初期，铵油炸药得到了推广应用；1956 年，库克发明了浆状炸药，解决了硝铵炸药的防水问题。

爆破技术的诞生，使人类拥有了改造自然和征服自然的更有力的武器，特别是 20 世纪以来爆破器材新品种的发明问世和爆破理论研究的进一步深入，对爆破工程起到了重大促进作用，为爆破工程的发展开辟了广阔的前景。

近年来，国内外在爆破理论、爆破工艺、爆破技术方面都有了新的发展和提高。国内外推广应用了导爆管系统及抗静电、杂电和射频电的安全电雷管及耐高温、耐高压电雷管，研制出了无起爆药雷管、电磁雷管和电子雷管等新型起爆器材。随着爆破作业机械化程度的提高，爆破新技术与爆破安全工作迅速发展。现场混装乳化炸药技术的进一步发展和应用及数码电子雷管技术的研发成功与逐步完善，受到了国内外爆破界的广泛关注，这也必将推动国际工业炸药、起爆器材与爆破技术的整体进步。在地下钻孔爆破中，自动化控制技术和爆堆矿岩块度计算机图像分析技术的广泛应用，为爆破工程实践中质量管理工作提供了重要参考依据。

随着我国科学技术的进步，工程爆破已在越来越多的领域内得到迅速发展，尤其是自 20 世纪 80 年代以来，我国在爆破理论研究和工程实践方面都取得了显著的成绩，为我国的国民经济建设做出了巨大的贡献。根据国防科工委统计，2010 年全国有民爆器材生产企业 146 家，其中雷管生产企业 55 家；全国工业炸药产量达到 351 万吨，工业雷管产量达 24 亿发，导爆索产量达 1.5 亿多米。工程爆破是直接为我国矿业、交通、水利、电力和城市建设服务的，它有力地促进了我国现代化建设的发展。

我国从事工程爆破教学、科研、施工和管理工作的人员超过 100 万人，其中工程技术人员超过 3 万人。1980 年以来，我国 30 余所院校和科研单位已培养出工程爆破硕士 600 余人、博士 100 余人，为我国工程爆破的发展增添了新的活力。

在工程爆破方面，我国也面临着艰巨的任务：为实现我国制定的远景目标，必然有更多、更大的工程，例如由于经济持续高速增长，对矿业的需求将长期旺盛；国家采用积极的财政政策大力发展铁路、公路、水利、电力和城市建筑等基础设施建设。我国工程爆破正处于新的高速发展期。

B 工程爆破技术的应用

工程爆破技术包括浅孔爆破、深孔爆破、硐室爆破、预裂爆破、光面爆破、定向筑坝爆破、水下爆破、建（构）筑物拆除爆破、金属爆炸加工、油气井爆破、微型爆破等。

深孔爆破是一种常规爆破，它广泛用于露天和地下矿山、铁路、公路、水利、水电建设中，根据工程的不同要求，又发展有微差爆破、挤压爆破、预裂爆破和光面爆破等技术。

硐室爆破是指一次起爆炸药量较大的爆破，通常炸药量有十几吨至上千吨。如1993年12月广东珠海炮台山的移山填海大爆破工程，一次起爆总药量为1.2万吨，爆落破碎和抛掷岩石的总方量达1085万立方米，抛掷率51.36%。定向爆破筑坝也是采用硐室爆破，目前全国已采用定向爆破筑坝近百座。

在工程爆破技术中发展最快的是建（构）筑物的爆破拆除。例如地处闹市区的北京华侨大厦，建筑物高34m，建筑面积1.3万余平方米，共钻孔6000余个，装药600多千克，分9段毫秒顺序起爆，达到了安全拆除的设计效果。又如1999年2月上海长征医院旧楼拆除，该楼最高点（电梯动力房）为68.4m，宽20.28m，长29.34m，分两个爆区，共16段，每段间隔时间0.5s，总时间为4s，从起爆到楼房倒塌历时8.4s，取得了较好的爆破效果。

目前，国内控制爆破研究与施工组织相继成立，水压爆破、静态破碎和成型爆破等控制爆破方法和技术正得到不断的改进与发展。

在机电工程中，爆炸加工技术发展迅速，例如爆炸成型、爆炸焊接、爆炸复合、爆炸切割等，利用爆炸余能可以人工合成金刚石。在石油地质部门，爆破用于坑探、掘进、地震勘探、油井和气井爆破等。采用高温爆破法可清除高炉和炼焦炉中的炉瘤或爆破金属炽热物等。

此外，在农林方面，爆破可以用于平整土地、造林、伐木、驱雹、深耕及森林灭火等。在医疗方面，用控制爆破排除肾、尿路结石已取得临床上的成功。至于在军事工程方面，爆破的应用更加广泛。

进入21世纪后，发展炸药能量转化过程的精密控制技术、提高炸药能量的利用率、降低有害效应是新世纪工程爆破的发展战略，同时还要不断开发新的应用领域。随着科学技术和经济的不断发展，爆破技术的应用范围会越来越广。在新世纪里，利用爆炸加工合成具有多种金属性能的新材料，处理各种废料，改变气候和环境条件，将为人类做出新的贡献。

C 工程爆破课程的特点及学习方法

工程爆破不仅是一种工程技术，而且是一门比较复杂的边缘学科。在学习中不仅要学习和应用流体力学、热化学、冲击波理论，还要掌握工程力学、岩石力学、电工学、物理学及地质学中的有关内容，并且要与矿床开采、井巷工程（隧道工程）及安全技术等密切地结合起来，才能在实际工作中有效地进行工程爆破的设计和施工工作。

本课程的基本理论比较系统、完整，基本知识的适应性也比较广泛。学习时应重点掌握基本理论和基本知识，并运用这些基本理论和基本知识去分析和解决爆破工程中的实际问题。

本课程具有较强的实践性。因为它所研究的问题都是来自于生产实践，所以在学习过程中一定要理论联系实际，结合工程爆破的具体条件，用学到的基本知识去解决工程中的实际问题，要通过实验、测试、实习及设计等实践教学，培养动手能力。

本课程的另一个特点是综合性强。在爆破设计与施工过程中涉及的因素很多，各因素之间还可能相互联系并构成各种不同的系统，情况错综复杂。学习中要学会进行综合分析，运用辩证唯物主义的观点找出主要矛盾，解决实际问题。

1　岩石的性质与分级

本章要点及学习目的

岩石和矿石是工程爆破的工作对象。要有效地开展工程爆破工作，必须先了解岩石的基本性质，主要是与工程爆破有关的物理性质和力学性质，同时要掌握工程爆破中通俗易懂的岩石性质表述方式——岩石的分级。

在工程爆破作业中，通常是用凿岩设备在矿岩内进行穿孔并装入炸药进行爆破的方法来破碎矿石或岩石。正确地认识岩石的有关性质，并在此基础上对岩石进行分级，能为爆破设计与施工、制定生产定额以及成本核算等提供依据。

1.1　岩石的物理及力学性质

1.1.1　岩石的物理性质

1.1.1.1　*孔隙率*

孔隙率 η(%)，是指岩石中各孔隙的总体积 V_0 与岩石总体积 V 之比（用百分率表示），即

$$\eta = \frac{V_0}{V} \times 100\% \tag{1-1}$$

岩石孔隙的存在，会削弱岩石颗粒之间的黏结力而使岩石强度降低。孔隙率越大，岩石强度降低得就越严重。岩石内孔隙的存在，一方面会使破碎岩石所需要的炸药能量降低，但另一方面又会因炸药爆炸的能量从孔隙逸出而使爆破效果受到影响。

1.1.1.2　*密度及体积密度*

密度 ρ(g/cm^3)，是指构成岩石的物质质量 M 对该物质所具有的体积 $V-V_0$ 之比，即

$$\rho = \frac{M}{V-V_0} \tag{1-2}$$

式中，V、V_0 意义同前。

体积密度 γ(t/m^3)，是指岩石的质量 G 对包括孔隙在内的岩石体积 V 之比，即

$$\gamma = \frac{G}{V} \tag{1-3}$$

可以看出，岩石的密度与体积密度是不同的。一般地说，岩石的密度和体积密度越大，就越难以破碎。另外，在抛掷爆破时还需消耗较多的能量去克服重力的影响。

1.1.1.3　*岩石的碎胀性*

岩石破碎成块后，因碎块之间存有空隙而使总体积增加，这一性质称为岩石的碎胀性，它可用碎胀系数（或松散系数）K 表示（其值为 1.2～1.6 之间）。K 是指岩石破碎后的总体积 V_1 与破碎前总体积 V 之比，即

$$K = \frac{V_1}{V} \tag{1-4}$$

在采掘工程或其他土石方工程中选择采装、运输、提升等设备的容器时，必须考虑岩石的碎胀性，特别是地下开采矿石爆破所需要或允许碎胀空间的大小，同该矿石的碎胀系数有着密切的关系。

1.1.1.4 岩石的强度与硬度

岩石的强度是指岩石抵抗外力破坏的能力，或者说是指岩石的完整性开始被破坏的极限应力值。在材料力学中，用强度来表示各种材料抵抗压缩、拉伸、剪切等简单作用力的能力。但是在爆破工程中，由于岩石承受的是冲击载荷，因而强度只是用来说明岩石坚固性的一个方面。

岩石的硬度，是指岩石抵抗工具侵入的能力。凡是用刃具切削或挤压的方法凿岩，首先必须将工具压入岩石才能达到钻进的目的，因此研究岩石的硬度具有一定的意义。

一般地说，强度和硬度越大的岩石就越难以凿岩和爆破。但值得注意的是，某些硬度较大的岩石往往比较脆，因而也就易于爆破。

1.1.1.5 岩石的裂隙性

由于岩体存在节理、裂隙等结构面，所以岩体的弹性模量、波传播速度不同于岩石试件。实验表明，对同一种岩石而言，岩体的泊松比要比单个岩石试件的大，而弹性模量及波速则比岩石试件的小。工程上常用岩体与岩石试件内的波速比值的平方来评价岩体的完整性，称为岩体的完整系数。由此可见，岩体只能被认为是“由结构面网络和岩块组成的地质体”，它的性质由岩块与结构面共同决定。岩石的裂隙性对爆破能量的传递影响很大，并且由于岩石裂隙存在的差异性很大，从而使岩体的受力破坏问题更加复杂化。

以上岩石物理性质都从不同方面影响着爆破效果。

几种岩石的孔隙率、密度、体积密度和波阻抗值列于表1－1中。

表1－1 几种岩石的孔隙率、密度、体积密度和波阻抗

岩石名称	孔隙率/%	密度 /g·cm^{-3}	体积密度 /t·m^{-3}	纵波波速 /m·s^{-1}	波阻抗 /kg·cm^{-2}·s^{-1}
花岗岩	0.5～1.5	2.6～3.0	2.56～2.67	4000～6800	800～1900
玄武岩	0.1～0.2	2.7～2.86	2.65～2.8	4500～7000	1400～2000
辉绿岩	0.6～1.2	2.85～3.05	2.8～2.9	4700～7500	1800～2300
石灰岩	5.0～20	2.3～2.8	2.46～2.65	3200～5500	700～1900
白云岩	1.0～5.0	2.3～2.8	2.3～2.4	5200～6700	1200～1900
砂　岩	5.0～23	2.1～2.9	2.0～2.8	3000～4600	600～1300
板　岩	10～30	2.3～2.7	2.1～2.57	2500～6000	575～1620
片麻岩	0.5～1.5	2.5～2.8	2.4～2.65	5500～6000	1400～1700
大理岩	0.5～2.0	2.6～2.8	2.5	4400～5900	1200～1700
石英岩	0.1～0.8	2.63～2.9	2.45～2.85	5000～6500	1100～1900

1.1.2 岩石的力学性质

用炸药爆炸来破碎岩石是爆破工程的主要内容，而炸药爆炸加载于介质的载荷是冲击载荷，属于动力学范畴。因此，必须对岩石的动力学性质进行研究。冲击载荷能引起介质中产生波的传播，这种波在介质中统称为应力波。研究岩石动力学性质，首先应研究载荷性质、应力波性质及其传播规律。

1.1.2.1 炸药爆炸的载荷性质

根据介质的应变速率（见表1－2）、冲击速度或加载速度的不同，载荷可分为动载荷和静载荷。

表1－2 载荷状态分类

应变速率/s^{-1}	$<10^{-6}$	$10^{-6}\sim10^{-4}$	$10^{-2}\sim10$	$10\sim10^{3}$	$>10^{4}$
载荷状态	流 变	静 态	准静态	准动态	动 态
试验方法	稳定加载	液压机加载	气动式快速加载	霍普金森杆加载	爆炸或冲击加载

应变速率是指应变随时间的变化率，即 $\dot{\varepsilon}=\dfrac{\mathrm{d}\varepsilon}{\mathrm{d}t}$（单轴弹性变形范围内）。

冲击速度是指试件一端质点相对另一端质点的运动速度。

加载速度是指应力随时间的变化率。

由表1－2中可看出，炸药爆炸时周围岩石的应变速率达10^4以上，属于动载荷。矿（岩）石受到爆炸作用时，其力学特性为动力学特性。

1.1.2.2 岩石的波阻抗

岩石密度ρ与纵波在该岩石中的传播速度C_{p}的乘积，称为岩石的波阻抗。它有阻止波传播的作用，即所谓对应力波传播的阻尼作用。实验表明，波阻抗值的大小除与岩石性质有关外，还与作用于岩石界面的介质性质有关。岩石的波阻抗值对爆破能量在岩体中的传播效率有直接影响，即炸药的波阻抗值与岩石的波阻抗值相接近（相匹配）时，爆破传给岩石的能量就多，在岩石中所引起的应变值也就大，可获得较好的爆破效果。

1.1.2.3 岩石的弹性与塑性

岩石在外力作用下产生变形，其变形性质可用应力-应变曲线表示，如图1－1所示。根据变形性质的不同，岩石变形可分为弹性变形和塑性变形。弹性变形具有可逆性，即载荷消除后变形跟着消失。这种变形又分为线性变形和非线性变形两种。应力值在比例极限之内时，应力与应变呈线性关系，并遵守胡克定律，即$\sigma=E\varepsilon$；当应力值超过比例极限时，则进入非线性弹性变形阶段，其应力应变关系不遵守胡克定律；当应力值超过极限抗压强度（峰值）时，脆性材料会立即发生破坏，而塑性材料则进入具有永久变形特性的塑性变形区。塑性变形是不可逆的，载荷消除后，部分变形将永久

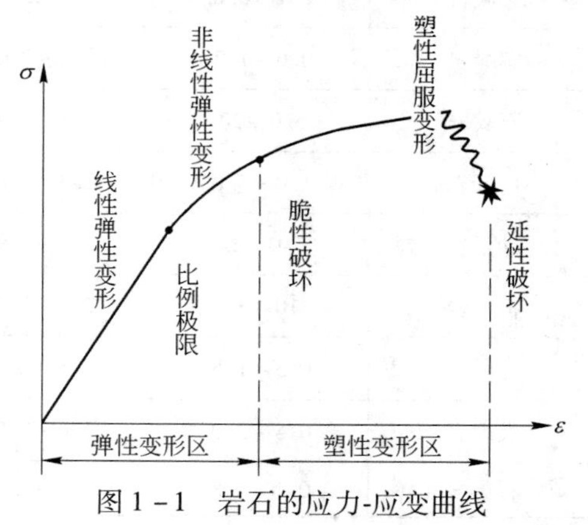

图1－1 岩石的应力-应变曲线

保留下来。但是，岩石与其他材料不同，在弹性区内，应力消除之后，应变并不能立即消失，而需要经过一定时间才能恢复，这种现象称为岩石的弹性后效。在弹性后效没有消除之前，如果重新加载，岩石就会出现如图 1－2 所示的应力-应变曲线，其中加载与卸载围成的环形，称为岩石的回滞环。岩石破坏前，不产生明显残余变形者称为脆性岩石。铁矿山、有色金属矿山的矿岩，大多属于脆性岩石。

1.1.2.4 岩体在爆炸冲击载荷作用下的力学反应

岩体在爆炸冲击载荷作用下产生一种波，通常叫做应力波或纵波，它在岩体中传播，能引起岩体的变形乃至破坏。这种动力学反应的特点是：

（1）炸药爆炸首先形成应力脉冲，使岩体表面产生变形和运动。由于爆轰压力瞬间高达数千乃至数万兆帕，因而会在岩体表面产生冲击波。爆轰压力的特点是突跃式上升，峰值高而作用时间短，并随着冲击波的传播和衰减而变成应力波，如图 1－3 所示。

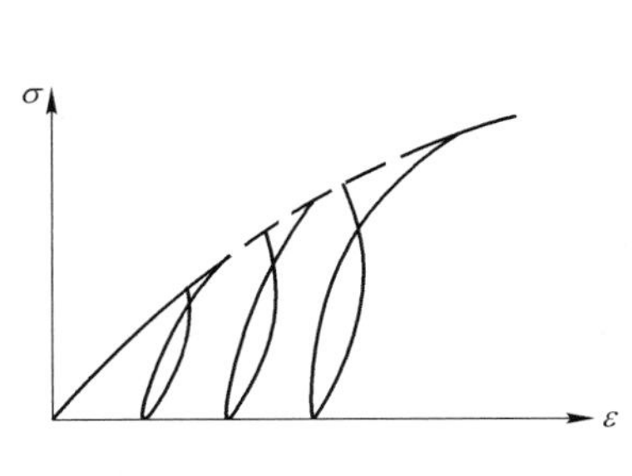

图 1－2 反复加载与卸载的应力-应变曲线

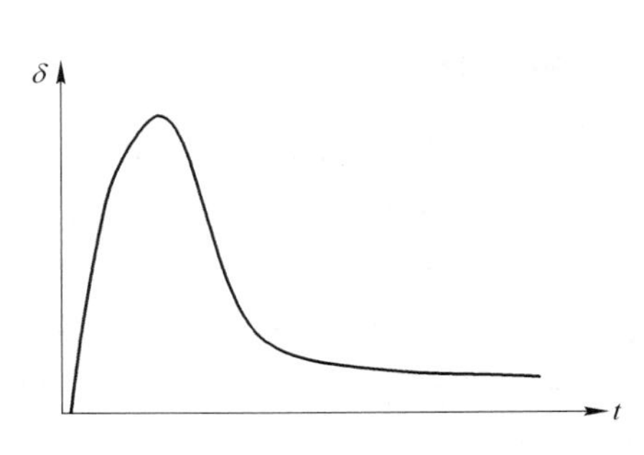

图 1－3 炸药爆炸形成的应力波变化示意图

（2）岩体中某局部被激发的应力脉冲是时间和距离的函数。由于应力作用时间短，往往其前沿扰动才传播了一小段距离而载荷就已作用完毕，因此在岩体中产生明显的应力不均现象。

（3）岩体中各点产生的应力呈动态变化，即所发生的变形、位移和运动均随时间而变化。

（4）载荷与岩体之间有明显的“匹配”作用。在炸药与岩体紧密接触的条件下爆炸时，爆轰压力值与作用在岩体表面的应力值并不相等。这是由于介质或岩体的性质不同，在不同程度上改变了载荷作用的大小。换言之，由于加载体与承载体性质不同，匹配程度也不同，从而改变了作用结果和能量传递效率。

1.1.3 影响岩石物理及力学性质的因素

岩石的物理及力学性质与下述因素有关：

（1）与组成岩石的矿物成分、结构构造有关。例如，由重矿物组成的岩石密度大；由硬度高、晶粒小而均匀矿物组成的岩石坚硬；结构致密的岩石比结构疏松的岩石孔隙率小；成层结构的岩石具有各向异性等。

（2）与岩石的生成环境有关。生成环境是指形成岩石过程的环境和后来环境的演变。如岩浆岩体，深成岩常成伟晶结构，浅成岩及喷出岩则常为细晶结构。又如沉积岩体，海相沉积与陆相沉积相比，其性质有很大差别。成岩后是否受构造运动的影响等，都会引起物理及力学性质的变化。

（3）与受力状况有关。实践证明，同一种岩石，其静、动力学性质有明显的差别。同样载荷下，单向受力和三向受力所表现的力学性质也有所不同。

1.2 岩石分级

由于表征岩石性质的参数较多且较为复杂，为使工程爆破的设计与施工人员对岩石的性质有一个整体把握，必须进行岩石分级。岩石分级广泛应用于各种与岩石有关的工程施工中，但由于问题的复杂性、各种类型工程的差异性以及各学术派别观点的不一致，有关岩石分级的方法很多，而且目前尚无统一的或比较公认的分级方法，在工程施工中可根据工程特点的不同参考选用。下面简要介绍几种有代表性的岩石分级方法。

1.2.1 按岩石坚固性分级

按岩石坚固性分级的方法是20世纪20年代苏联学者普洛吉亚柯夫提出来的。他经过长期的研究，建立了一种岩石坚固性的抽象概念，即岩石的坚固性是凿岩性、爆破性和采掘性等的综合，也是岩石物理及力学性质的体现。岩石坚固性在各种方式的破坏中的表现是趋于一致的。例如，某种岩石在各种破坏条件下，若难于凿岩，也难于爆破，难于崩落、破碎等。普氏用岩石强度、凿岩速度、凿碎单位体积岩石所消耗的功和单位炸药消耗量等多项指标来综合表征岩石的坚固性，并按岩石坚固性系数值的大小将岩石分为10个等级，如表1－3所示。由于生产力和科学技术的飞速发展，普氏当年采用的多项指标已经不适用，只剩下一个静载抗压强度指标沿用至今，即现在的普氏坚固性系数值直接用岩石的单轴抗压强度来确定。

表1－3 普氏岩石分级简表

等级	坚固性程度	典型的岩石	普氏坚固性系数f
Ⅰ	最坚固	最坚固、致密和有韧性的石英岩、玄武岩及其他各种特别坚固岩石	20
Ⅱ	很坚固	很坚固花岗岩、石英斑岩、硅质片岩，较坚固的石英岩，最坚固的砂岩和石灰岩	15
Ⅲ	坚固	致密花岗岩，很坚固砂岩和石灰岩、石英质矿脉，坚固的砾岩，极坚固的铁矿石	10
Ⅲa	坚固	坚固的石灰岩、砂岩、大理岩，不坚固花岗岩、黄铁矿	8
Ⅳ	较坚固	一般的砂岩、铁矿	6
Ⅳa	较坚固	砂质页岩、页岩质砂岩	5
Ⅴ	中等	坚固的黏土质岩石，不坚固的砂岩和石灰岩	4
Ⅴa	中等	各种不坚固的页岩，致密的泥灰岩	3
Ⅵ	较软弱	软弱的页岩，很软的石灰岩、白垩、岩盐、石膏、冻土、无烟煤，普通泥灰岩、破碎砂岩、胶结砾岩、石质土壤	2

续表 1－3

等 级	坚固性程度	典 型 的 岩 石	普氏坚固性系数f
Ⅵa	较软弱	碎石质土壤、破碎页岩、凝结成块的砾石和碎石，坚固的烟煤、硬化黏土	1.5
Ⅶ	软 弱	致密黏土、软弱的烟煤、坚固的冲积层、黏土质土壤	1.0
Ⅶa	软 弱	轻砂质黏土、黄土、砾石	0.8
Ⅷ	土质岩石	腐殖土、泥煤、轻砂质土壤、湿砂	0.6
Ⅸ	松散性岩石	砂、山麓堆积、细砾石、松土、采下的煤	0.5
Ⅹ	流沙性岩石	流沙、沼泽土壤、含水黄土及其他含水土壤	0.3

$$f=\frac{R}{10} \tag{1-5}$$

式中 f——普氏坚固性系数；

R——岩石的单轴抗压强度，MPa($1\text{kg/cm}^2\approx 0.1\text{MPa}$)。

实际上有的岩石单轴抗压强度大于300MPa，为了保持原来的普氏系数最大值（$f=20$)，1955年苏联的巴隆（П. Н. Барон）将式（1－5）修正为

$$f'=\frac{R}{30}+\sqrt{\frac{R}{3}} \tag{1-6}$$

表1－3中所列f值在0.3～20之间。在f值大于2以后，一般只取整数值，以简单化便于使用。f值越大，说明岩石越坚固。

普氏岩石坚固性分级方法抓住了岩石抵抗各种破坏方式能力趋于一致的这个主要性质，并从数量上用一个简单明了的岩石坚固性系数f表示这种共性，所以在工程爆破中被广泛采用。但是，由于岩石坚固性这个概念过于概括，因而只能作为笼统的、总的分级。实际上有些岩石的可钻性、可爆性和稳定性并不趋于一致。有的岩石易于凿岩，难爆破；相反，有的岩石难凿岩，易爆破。而且以小块岩石试件的静载单向抗压强度来表征岩石的坚固性是不妥当的。此外，测定值的离散性很大，使其合理性和准确性都受到很大的影响。

1.2.2 东北工学院（现东北大学）岩石分级法

我国目前岩石分级状况，在概念上是普氏分级，而普氏系数f值的确定并无统一标准。为了适应现代化生产的需要，东北工学院在综合考虑爆破材料、工艺、参数等标准后进行了爆破漏斗实验和声波测定，根据爆破漏斗的体积、大块率、小块率、平均合格率和波阻抗等大量数据，运用数理统计多元回归分析以及电子计算机处理，得出了岩石可爆性指数F的计算公式（见式（1－7)），并按F值的大小将岩石划分为五级，如表1－4所示。

$$F=\ln\left[\frac{e^{67.22}K_d^{7.42}(\rho C_p)^{2.03}}{e^{38.44V}K_p^{1.89}K_x^{4.75}}\right] \tag{1-7}$$

式中 F——岩石可爆性指数；

K_d——大块率,%；

K_x——小块率,%；

K_p——平均合格率,%；

ρC_p——岩石波阻抗，$g/(cm^2 \cdot s) \times 10^5$。

表1-4 东北工学院岩石可爆性分级

级别		F	爆破性程度	代表性岩石
Ⅰ	Ⅰ$_1$	<29	极易爆	千枚岩、破碎性砂岩、泥质板岩、破碎性白云岩
	Ⅰ$_2$	29.001~38		
Ⅱ	Ⅱ$_1$	38.001~46	易爆	角砾岩、绿泥片岩、米黄色白云岩
	Ⅱ$_2$	46.001~53		
Ⅲ	Ⅲ$_1$	53.001~63	中等	阳起石石英岩、煌斑岩、大理岩、灰白色白云岩
	Ⅲ$_2$	63.001~68		
Ⅳ	Ⅳ$_1$	68.001~74	难爆	磁铁石英岩、角闪斜长片麻岩
	Ⅳ$_2$	74.001~81		
Ⅴ	Ⅴ$_1$	81.001~86	极难爆	矽卡岩、花岗岩、矿体浅色砂岩、石英片岩
	Ⅴ$_2$	>86		

这种岩石爆破性分级方法虽然可在现场进行测定，具有可行性，但存在的问题是块度测定工作量及劳动强度都很大，并有一定的随机性，求算指数的计算也不够简便，方法有待于完善。

1.2.3 铁路隧道工程分级法

为适应我国铁路隧道建设发展的需要，在总结我国隧道围岩分类的基础上，并参考国内外有关围岩分类的成果，以1972年制定的我国铁路隧道围岩分类法（该分类法的特点是考虑岩石强度、岩体破碎程度、地下水、风化程度等因素，以定性为主）为基础，增加了K_1(完整性系数)、J_v(体积节理数(条/m^3))、RQD(岩石质量指标(%))、I_s(岩石点荷载强度(MPa))、V_{pm}(岩体声波或地震波纵波速度(km/s))等定量指标，同时结合工程地质条件的定性描述，提出了以岩体质量数（RMQ）作为划分岩体级别的主要综合定性指标的新方案。此外表1-5还简要叙述了各级岩体的毛洞稳定性。按RMQ值的大小可将隧道工程岩体（围岩）分成五级，见表1-5。我国铁路隧道就是使用这种方法进行岩体(围岩)分级的。

表1-5 我国铁路隧道工程岩体（围岩）分级法

级别	主要工程地质特征	岩体质量数（RMQ）	毛洞稳定状态（单、双线）
Ⅰ	极坚硬、极完整岩体，呈整体或厚层结构，节理裂隙极不发育，含少量大间距或分散的节理。$J_v<5$条/m^3，$R_b>100$MPa，$v_{pm}>5.0$km/s	100~85	极稳定、无塌方，可能产生岩爆

续表 1－5

级别		主要工程地质特征	岩体质量数（*RMQ*）	毛洞稳定状态（单、双线）
Ⅱ	Ⅱ$_1$	坚硬完整岩体，呈块状结构或层间结合良好的中厚层状结构，节理裂隙较发育。$J_v=5\sim15$ 条/m^3，$R_b>$ 60MPa，$v_{pm}>4.0\sim5.5$km/s	85～65	稳定，局部有小塌方
	Ⅱ$_2$	中等坚硬完整岩体，呈大块状整体或厚层状结构，节理不发育。$J_v\leqslant5$ 条/m^3，$R_b=30\sim60$MPa，$v_{pm}=4\sim5$km/s	80～65	稳定，局部有小塌方
Ⅲ	Ⅲ$_1$	坚硬块状岩体，呈碎裂镶嵌结构，节理裂隙中等发育，含小断层，层状岩体结合力一般。$J_v=15\sim25$ 条/m^3，$R_b\approx60$MPa，$v_{pm}=3.5\sim4.5$km/s	65～45	暂时稳定，由于局部不稳定块体的坍塌可能引起较大的塌方
	Ⅲ$_2$	中等坚硬、中等完整岩体，呈碎裂镶嵌结构或中厚层块状结构和软硬互层结构。$J_v=5\sim15$ 条/m^3，$R_b\approx30\sim60$MPa，$v_{pm}=3.4\sim4.0$km/s	65～45	暂时稳定，有不稳定块体塌落
	Ⅲ$_3$	软质完整岩体，呈整体-巨块状结构，节理裂隙稍发育。$J_v=5\sim15$ 条/m^3，$R_b=20\sim30$MPa，$v_{pm}=3.0\sim4.0$km/s	60～45	暂时稳定，高应力时容易产生塑性变形和剪切破坏
Ⅳ	Ⅳ$_1$	坚硬、中等坚硬、完整性差的岩体，呈小块状碎裂结构，或层状结构，块体间结合力一般，节理裂隙较发育，时有小断层。$J_v=25\sim35$ 条/m^3，$R_b\approx30\sim60$MPa，$v_{pm}=2.5\sim3.5$km/s	45～25	稳定性差，有较多的松动坍塌，能引起继发性大塌方
	Ⅳ$_2$	软质中等完整岩体，呈块状或层状结构，节理裂隙中等发育。$J_v=15\sim25$ 条/m^3，$R_b\approx10\sim20$MPa，$v_{pm}=2.0\sim3.0$km/s	45～25	稳定性差，除有松动坍塌外，容易产生塑性变形和剪切破坏，能引起继发性大塌方
	Ⅳ$_3$	老黄土，有一定胶结的砾石土。$v_{pm}=1.5\sim2.0$km/s	45～25	暂时稳定至极不稳定，松动坍塌或塑性变形，可能有较大塌方
Ⅴ	Ⅴ$_1$	松散或松软结构岩体，多处破碎或严重风化带，节理裂隙极发育。$J_v>35$ 条/m^3，$R_b<10$MPa，$v_{pm}<2.0$km/s	<25	不稳定至极不稳定，松动坍塌或剪切破坏往往形成大的塌方
	Ⅴ$_2$	除Ⅳ$_3$ 以外的其他土类围岩		

注：R_b 为岩石饱和抗压极限强度。

1.2.4 其他分级方法

1.2.4.1 苏氏岩石分级方法

前苏联 A. Ф. 苏哈诺夫认为，用不同的方式破岩时，由于破岩机理不同，岩石所表现的坚固性也未必趋于一致。所以，他根据实际采用的采掘方法，并规定了标准条件下的钻速、单位耗药量等对岩石进行分级，以表征岩石的坚固性，同时还给出了非标准条件时的修正系数。

普氏强调各种破岩方式的共性、同一性，而苏氏强调其个性、差异性。苏氏岩石分级方法虽然现场可自行测定，但因其过于烦琐而很少采用。

1.2.4.2 哈努卡耶夫岩石分级方法

前苏联哈努卡耶夫根据岩石的弹性纵波速度是岩石的动态属性，可以作为岩石物理及力学性质的综合量度，又可以观测裂隙的影响，提出了岩石波阻抗是岩石可爆性分级的依据。按岩石波阻抗值的大小，并综合考虑岩石结构体尺寸和含量、岩石裂隙的平均间距、每立方米岩石中的天然裂隙的面积以及单位耗药量等因素，将岩石分为易爆、中爆、难爆、很难爆、极难爆五级。一般而言，波阻抗值小者易爆，大者难爆。

1.2.4.3 以能量消耗为准则的利文斯顿爆破漏斗岩石分级方法

美国利文斯顿（C. W. Livingston）认为，能量准则是研究岩石破坏的根本准则，它最能反映岩石爆破性的实质。当炸药量和埋深一定时，爆破漏斗体积的大小和爆破后岩石块度的组成，直接反映消耗能量的大小和爆破效果的好坏，从而也表征了岩石的可爆性。爆破漏斗的相关内容可参见本书第7章。

本章小结

岩石（矿石）是工程爆破的工作对象，与工程爆破相关的主要有坚固性、孔隙率、体积密度、密度、硬度、碎胀性、裂隙性、波阻抗等指标或性能。为了能更直观地表述岩石的可爆性，必须进行有效的分级，目前应用最为广泛的分级方法是普氏系数 f 分级法。

重要概念

岩石　物理性质　力学性质　岩石分级　普氏分级法　f 系数

复习思考题

1－1　岩石有哪些主要的物理性质，它们对爆破效果有何影响？

1－2　岩石有哪些主要的力学性质，它们对爆破效果有何影响？

1－3　岩石有哪些静、动力学特征？

1－4　岩石分级的意义是什么？

1－5　简述各种岩石分级方法的特点。

2 凿岩机理与凿岩机械

本章要点及学习目的

工程爆破一般需将炸药放入炮孔中，以期炸药能均匀地分布到岩（矿）石中，为此需先钻凿炮孔。熟悉凿岩机理和常用凿岩机械，能在工程爆破的实际工作中选用合适的凿岩设备，并正确进行炮孔布置和凿岩操作。

2.1 凿岩机理

凿岩是指在岩体中穿凿孔眼。凿岩作业是岩石穿爆作业的主要工序之一，工作量较大，花费时间较多，对穿爆效率影响很大，特别是在难钻和特难钻的坚硬岩石中更甚。要提高凿岩效率，必须对岩石的可钻性及穿孔破岩机理进行分析研究。

2.1.1 岩石的可钻性

可钻性是用来表示岩石钻眼难易程度的指标，是岩石物理及力学性质在钻眼的具体条件下的综合反映。

凿岩机械的效率取决于穿孔的速度，而穿孔速度取决下列因素：

（1）在凿岩工具的作用下，岩石的破坏阻力（主要因素）；

（2）凿岩工具的种类、形状及工作方式（冲击式、回转式等）；

（3）轴压力和转速；

（4）孔径及深度；

（5）排渣方式、速度和清渣彻底性。

所有这些因素均与凿岩机械的工艺参数有关。而参数的选择，首先与岩石的可钻性有关。

岩石的可钻性取决于岩石本身的抗压和抗剪强度、凿岩工具工作原理及其类型、孔底岩渣的粒度和形状。岩石的可钻性，常用工艺性指标表示，例如，可以采用钻速、钻每米炮眼所需要的时间、钻头的进尺（钎头在变钝以前的进尺数）、钻每米炮眼磨钝的钎头数或破碎单位体积岩石消耗的能量等来表示岩石的可钻性。显而易见，上述工艺性指标，必须在相同条件下（除岩石条件外）测定，才能进行比较。

下面介绍两种测试岩石可钻性的方法。一种方法是在考虑了压力 σ、剪切力 τ 及岩石的体积密度 γ 影响因素的基础上以岩石的钻进难度相对指标 ω 来比较岩石的可钻性。确定 ω 值时可以考虑以下几种情况：

（1）压力 σ、剪切力 τ 在钻进过程中具有决定意义。冲击式钻进，压力的破坏作用占主要地位；回转式钻进，以剪切力作用为主。相对评价岩石的难钻性时，压力和剪切力的破坏作用可以认为是相等的。

（2）确定钻进速度时，岩体的裂隙度可忽略不计，只是在确定岩石坚固性指标时才考虑。

（3）因为只有经常的排出岩渣才能破坏岩石，所以在评价可钻性时，必须考虑岩石的体积密度 γ。

这样，ω 值可以用经验公式确定：

$$\omega = 0.007(\sigma + \tau) + 0.7\gamma$$

根据 ω 值，岩石可钻性分为5个等级，25个类别：

Ⅰ级——易钻的（$\omega = 1 \sim 5$）；类别：1，2，3，4，5；

Ⅱ级——中等难钻的（$\omega = 5.1 \sim 10$）；类别：6，7，8，9，10；

Ⅲ级——难钻的（$\omega = 10.1 \sim 15$）；类别：11，12，13，14，15；

Ⅳ级——很难钻的（$\omega = 15.1 \sim 20$）；类别：16，17，18，19，20；

Ⅴ级——最难钻的（$\omega = 20.1 \sim 25$）；类别：21，22，23，24，25。

指标 $\omega > 25$ 时，属于级外。对于具体的岩石条件，可用指标 ω 来考虑钻机的功率、参数和钻进速度的计算。

另一种方法是从冲击式凿岩中抽象出来的。它是利用重锤（4kg 重锤）自由下落时产生的固定冲击功，冲击钎头而破碎岩石，根据破岩效果来衡量岩石破碎的难易程度。其可钻性指标包括两项：

（1）凿碎比功：即破碎单位体积岩石所做的功，用 a 表示，单位为 J/cm^3。

（2）钎刃磨钝宽：即岩石的磨蚀性，用 b 表示，单位为 mm。

一般来说，凿碎比功是衡量可钻性的主要指标，钎刃磨钝宽是第二位的，两者既有区别又有联系。

凿碎比功的计算，先量出纯凿深 H（为最终深度减去初始深度值），再算出凿孔的体积，于是凿碎比功 a 为：

$$a = \frac{4NA}{\pi d^2 H}$$

式中　d——实际孔径（一般按钎头直径计），cm；

H——纯凿深，cm；

N——冲击次数；

A——单次冲击功，J。

同一类型的岩石，凿碎比功 a 值与钎刃磨钝宽 b 值的关系是，随着 a 值的增大，b 值也增大。但是实验资料表明，钎刃磨钝宽与岩石种类有很大关系，凿碎比功相同的岩石，由于岩性（尤其是石英的含量）不同，钎刃磨钝宽有很大的差别。而岩性相近时，岩石越硬，凿碎比功越大，钎刃磨钝宽也相应增大。因此，a 与 b 既有联系，又有区别。它们反映了岩石可钻性的两个不同侧面。a 值的大小，对凿岩速度有明显影响；而反映岩石磨蚀性的 b 值，则在凿岩耗刀率方面有明显影响。因此，在衡量岩石掘进难易程度时，两者只有同时考虑，才能从岩石抵抗破岩刀具和磨蚀破岩刀具的能力的两个方面，说明岩石的可钻性，并预估其凿岩效果。

2.1.2 凿岩破岩机理

凿岩按凿岩工具破碎岩石的原理，可分为冲击式凿岩和旋转式凿岩等。根据岩石的物理性质的不同，可采用不同的凿岩方式。在脆性岩石中一般采用冲击式凿岩，塑性岩石则一般采用旋转式凿岩。

冲击式凿岩，就是利用钎子的冲击作用，将岩石凿碎。如图 2－1 所示，当钎头在冲击力作用下凿到岩石上时，钎刃便切入其中。此时，钎刃下方和旁侧的岩石被破坏，形成一条凿沟 *A*—*A*；随后将钎头转动一个角度，再进行下一次冲击，形成第二条凿沟 *B*—*B*。若钎头的冲击力足够大，转动角度适合，两条凿沟之间的扇形岩体，在凿 *B*—*B* 凿沟的同时，就会被剪切破坏。上述过程循环往复，钎头便不断凿碎岩石，炮眼就可逐渐加深。但这种凿岩必须及时排除岩粉，并对凿岩机施以轴向推力，使钎刃可靠地接触眼底岩石，才能更有效地破岩。

对于钎刃是如何侵入岩石的，现在的破岩理论都认为，在冲击力 F 的作用下（静力压入也是同样的），岩石在钎刃下方被压成致密的核状，此时侵入深度 h 不大。但当 F 增大到一定程度、达到岩石的塑性极限时，便产生向两侧作用的推力，使两侧岩石发生剪切破坏，h 就突然增大，故侵入深度 h 呈突跃式，而且破碎坑的体积总比钎头侵入岩石部分的体积大。

这种冲击破岩法，对坚硬岩石的破碎很有效，所需的轴推力不大，凿岩机机构简单，能在潮湿的条件下可靠地工作，因此被广泛采用。但是它的效率低、能耗大、噪声也大。

旋转式凿岩，就是利用钎子连续地旋转切削破碎岩石的钻眼方法。它的破岩原理如图 2－2 所示。在轴向压力 P 的作用下，钎刃被压入岩石，同时钎刃不停地旋转，由旋转力矩 M 推动钎刃产生切削力 G 向前切削岩石，使孔底岩石连续地沿螺旋线被破坏。由于岩石具有脆性，所以它的破坏是在钎刃前一块接一块地崩落，粉尘颗粒较大。

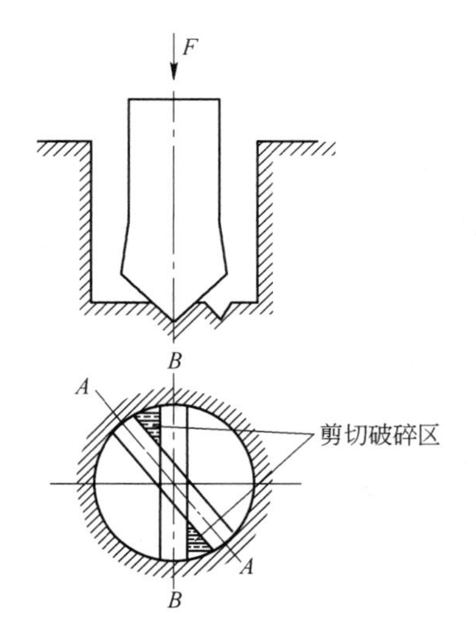

图 2－1 冲击式破岩机理

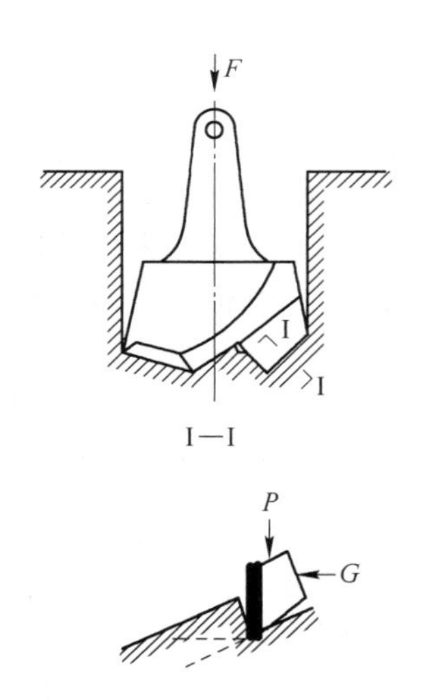

图 2－2 旋转式破岩机理

2.2 凿岩工具

凿岩工具是安装在凿岩机械上用以破碎岩石的工具，在凿岩机上使用的叫钎子。凿岩机械根据凿岩原理不同分为凿岩机和电钻两大类。其凿岩工具根据凿岩机械不同而分为凿岩机钎子和电钻钎子。

凿岩机钎子（见图2-3）由钎头1和钎杆3组成。钎头上多焊有硬质合金片。钎杆都用六角中空钢制成。钎杆前部有梢头2与钎头1连接，后部有钎尾6供插入凿岩机承受冲击。钎尾前的突出部分叫钎肩5，起限制钎尾进入凿岩机机头深度的作用，也便于用钎卡把钎子卡住。钎杆中央有中心孔4，用以供水（或气）冲洗排出岩粉。

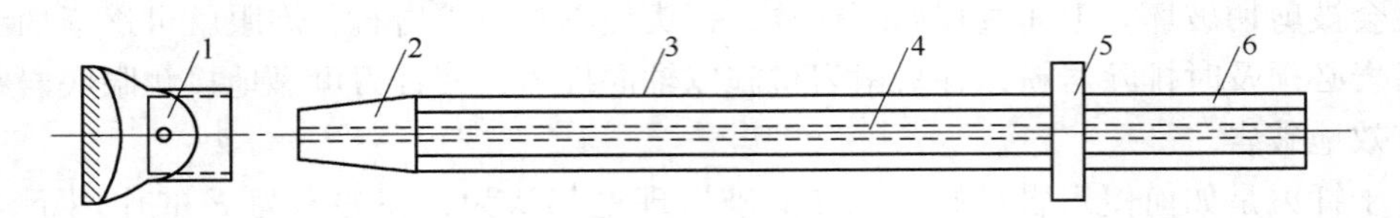

图2-3 凿岩机钎子

1—钎头；2—梢头；3—钎杆；4—中心孔；5—钎肩；6—钎尾

电钻钎子也分为钻头和钻杆两部分，岩石电钻钻杆与冲击式凿岩机使用的钎杆类似，由六角中空钢制成。煤电钻钻杆一般采用菱形或矩形钢整根加热拧制而成称为麻花钎子，如图2-4所示。螺纹方向与钻头旋转方向一致，螺旋沟槽用来排出煤粉或岩粉。杆尾呈圆柱形，以便插入钎套筒内。钎头镶焊硬质合金片。

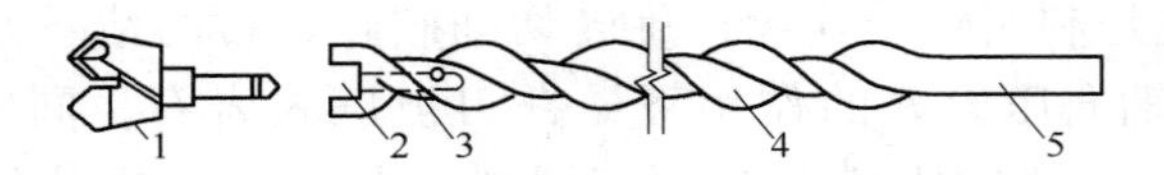

图2-4 麻花钎子

1—钎头；2—槽口；3—孔；4—钎杆；5—钎尾

2.2.1 凿岩机钎子

2.2.1.1 钎头

钎头是直接破碎岩石的，是钎子的主要组成部分。钎头按活动性分为活动钎头和自刃钎头。其中活动钎头是指钎头与钎杆可分离，修制使用方便。自刃钎头是指钎头与钎杆连成一体，不耐磨，修制使用不便。钎刃按刃口形状可分一字形、十字形、T字形、X形等。钎头根据钎刃的形状来命名，其中最常用的是一字形和十字形钎头。如图2-5（a）所示，一字形钎头的主要优点是凿岩速度快、容易制造和修磨，钎刃处镶嵌硬质合金片，由于镶嵌的硬质合金片数少，在使用中比较坚固不易掉片，但在有裂隙的岩石中钎子易夹钎。十字形钎头如图2-5（b）所示，这类钎头由于刃数多，比较耐磨、眼形较圆、眼底较平，并且在多裂隙岩石中不易

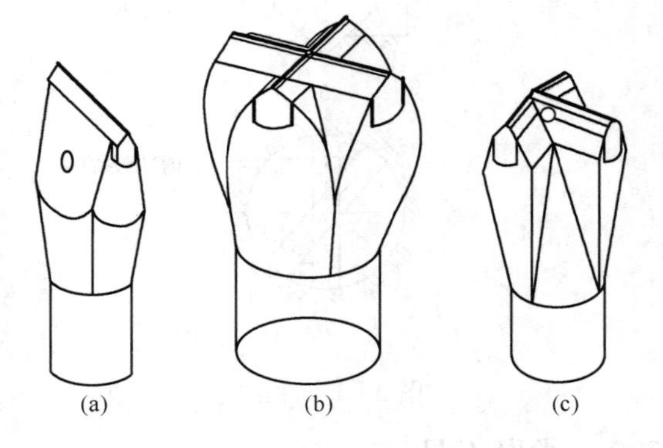

图2-5 凿岩机钎头示意图

（a）一字形钎头；（b）十字形钎头；（c）T字形钎头

夹钎。但是由于镶嵌的硬质合金片数多，它的制造和修磨都比较麻烦，坚固性和钻速也都差一些，因此它的使用不及一字形钎头广泛。

一字形与十字形钎刃的排列均在钎头直径方向上，由此使得钻孔底部的凿痕周边稀疏中央稠密，这样就造成钎刃磨损不均匀，中心磨损快边缘磨损慢和细微粉尘增多。在这方面T字形钎头（见图2－5（c））优于前两者，T字形钎头一条钎刃排列在钎头的弦上，凿痕均匀得多，钎刃磨损也较均匀。

2.2.1.2　钎杆

钎杆是承受活塞冲击力并将冲击功和扭矩传递到钎头的细长杆件。由于钎杆在使用时钎尾端面要承受凿岩机活塞的频繁冲击，冲击时还会由于横向振动产生弯曲应力，很容易产生疲劳破坏，使钎子折断，故采用专用钎子钢制成，断面呈有中心孔的六角形。中心孔供通水或通压缩空气用，以便清除岩孔内的岩粉。

钎杆的尾部称钎尾，直接承受凿岩机的冲击功和扭矩。它根据与其所匹配的凿岩机类型不同而有不同的形式。钎肩的作用是保持钎尾在凿岩机中的相对位置，防止拔钎时与凿岩机脱开或凿岩机空打时钎子由凿岩机转动套中脱出。上向式凿岩机因有垫锤所以无钎肩。

2.2.2　电钻钎子

电钻的钎头常用的有两翼型岩石电钻钻头和煤电钻钻头（见图2－6和图2－7）。两种电钻钻头均由铸钢制成，刃部镶有硬质合金片。两翼型岩石电钻钻头与钻杆一般用螺纹连接，适用于中硬岩石，遇软岩钻进速度快，排粉量大，但易出现堵眼、卡钎现象；遇$f>10$的岩石时，易崩刃、脱片，磨损严重。煤电钻钻头使用时，将钻头尾装入麻花钻杆前部孔中，并以销子固定，适用于煤层或软岩。

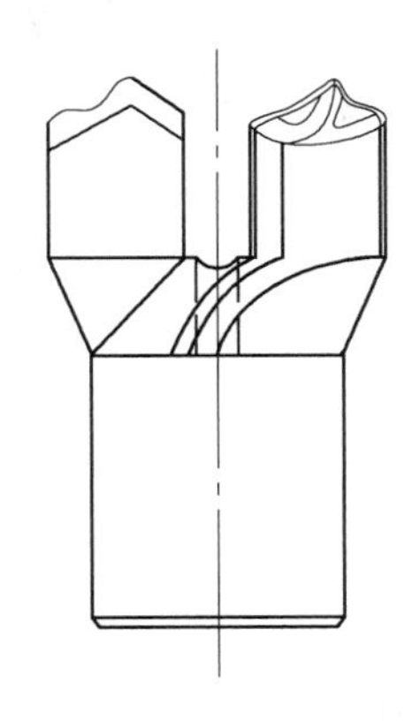

图2－6　岩石电钻用钎头

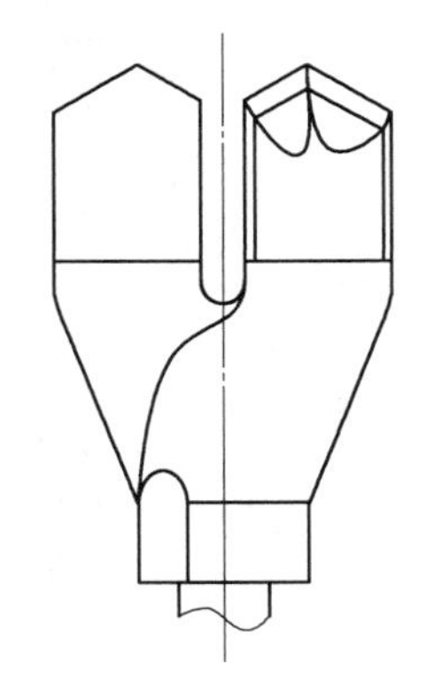

图2－7　煤电钻用钎头

岩石电钻钻杆由六角中空钢制成，尾部的结构形式随供水方式不同而异，分为侧式供水钻杆和中心式供水钻杆。煤电钻钻杆为长螺距的螺旋杆，呈麻花状，通常称为麻花钎子。由于螺纹方向与钎子转动方向一致，在转动时就能将岩粉沿螺纹推送到钻眼外。这种排粉方式为干式排粉。

2.3 凿岩机械

进行爆破破岩前，必须首先用凿岩机械打出一定数量的炮眼，用以安放炸药。通常钻凿炮眼按深度分为浅孔和深孔两种。一般把深度小于5m的炮眼称为浅孔，把深度大于5m的炮眼称为深孔。钻凿不同深度的炮眼应采用不同的凿岩机械，因此，凿岩机械可相应地分为浅孔凿岩机械和深孔凿岩机械。按钻具破碎岩石的原理，可分为冲击式凿岩和旋转式凿岩等。

2.3.1 浅孔凿岩机械

常见的浅孔凿岩机械有浅孔凿岩机和电钻两大类。浅孔凿岩机主要用于坚硬岩石的钻孔工作，主要有风动、电动、内燃和液压四类。电钻主要用于中硬以下岩石的钻孔工作，常用的有岩石电钻和煤电钻。

2.3.1.1 浅孔凿岩机

A 风动凿岩机

风动凿岩机由于工作较可靠，应用较为普遍。常见的风动凿岩机按支承和推进方式可分为气腿式、手持式、上向式、导轨式和凿岩台车。

a 气腿式风动凿岩机

气腿式风动凿岩机质量轻，30kg以下，主机安装在气腿上，靠气腿推力钻进；可钻凿水平或倾斜的炮眼。这类凿岩机有YT23、YT24和YT26等型号，是凿岩常用的凿岩机械，国产YT23气腿式凿岩机如图2－8所示。气腿式风动凿岩机由主机、气腿和风（水）管路等组成。

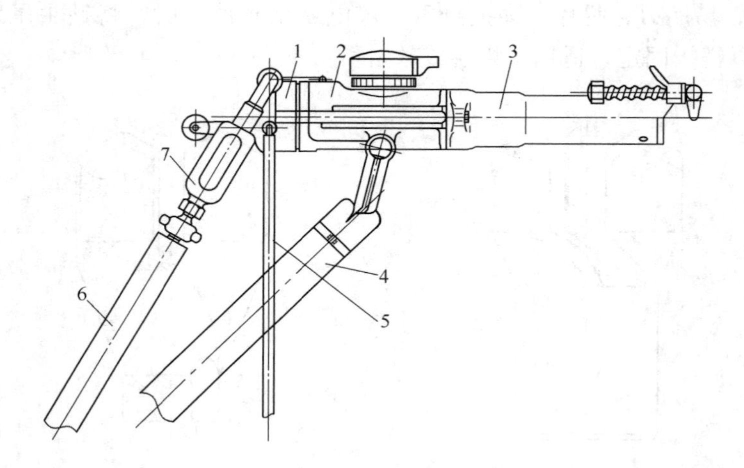

图2－8 气腿式凿岩机

1—柄体；2—气缸；3—机头；4—气腿；5—水管；6—气管；7—注油器

主机是完成冲击、转动钎子和排除岩粉等主要动作的机体。它由柄体、气缸、机头三部分组成，三个部分用螺栓连成一个整体。柄体上装有制动手把、风管和水管入口；机头装有钎卡，凿岩时钎子插入机头的钎套中，并用钎卡卡紧，使它在工作时不致滑脱；缸体内的机构比较复杂，包括配气和活塞往复机构、转钎机构和排粉机构等。

气腿式凿岩机配气和活塞往复机构的工作原理如图2－9所示，凿岩机工作时活塞在气缸中前后移动和它连为一体的锤体也前后移动。向前移动称为冲程，锤在冲程末打击钎子。向后移动称为回程。

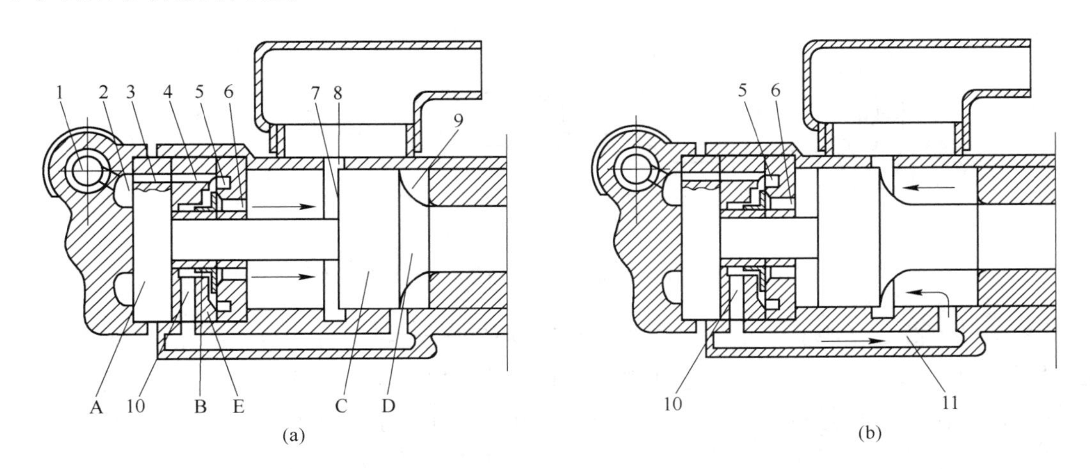

图2－9 气腿式凿岩机配气和活塞往复机构工作原理

(a) 冲程；(b) 回程

A—棘轮；B—配气阀；C—活塞；D—活塞锤；E—阀柜

1—操纵阀；2—气室；3，6—孔道；4—阀柜道；5—前气室；7—活塞后端面；

8—排气口；9—活塞前端面；10—后气室；11—回程孔道

冲程：如图2－9（a）所示，压缩空气从操纵阀1进入柄体气室2，经棘轮孔道3和阀柜道4进入前气室5。当配气阀*B*开时，压缩空气可由配气阀前面的孔道6进入气缸后腔，推动活塞7前进，这时气缸前腔排气口8与大气接通。当活塞向前移动到前端面9堵住排气口8时，气缸前腔的剩余空气将因活塞的继续前移而被压缩，其压力逐渐增高，并沿回程孔道11返回到阀柜后气室10，对配气阀的后端面施加压力。这时活塞后端面7已经越过排气口8，气缸后腔排气，但活塞由于惯性还在继续向前移动，并使锤体冲击钎子。由于气缸后腔排气，阀的前端面压力也迅速降低，当压力降到低于阀后端面上剩余气体的压力时，配气阀就被推向前，封死进气孔道，从而气缸后腔停止进气，结束冲程运动。

回程：如图2－9（b）所示，压缩空气自前气室5经配气阀后端面与阀柜之间的孔道进入后气室10，并经回程孔道11进入气缸前腔，推动活塞后退。当活塞后端面7堵住排气口时，气缸后腔的剩余气体也因活塞后移逐渐增加压力，并通过孔道6作用在配气阀的前端面。由于活塞前端面9越过了排气口，气缸前腔、回程孔道11和后气室10的压力都迅速下降，当配气阀前端面压力高于后端面时，配气阀被推动后退，重新开始下一个冲程运动。

凿岩机转钎机构的工作原理如图2－10所示。为使钎刃有效地破碎岩石，必须在每次冲击后将钎子转动一个小角度，这一回转运动，是靠转钎机构来实现的。在阀柜后面，装有一个内齿棘轮，它与螺旋棒咬合，构成一个逆止机构，使螺旋棒只能按一定方向转动，不能逆转。螺旋棒上的斜齿用螺旋母与活塞咬合。冲程时，活塞前进推动螺旋棒旋转，故活塞能直向前进。回程时，由于螺旋棒不能逆转，棘轮与阀柜又都是用销钉固定在缸体上的，故迫使活塞沿螺旋棒斜齿转动一个小角度。活塞前端的锤用花键与转动套咬合，六角形钎尾也插在转动套中，因此活塞在回程时就带着转动套和钎子一齐转动。

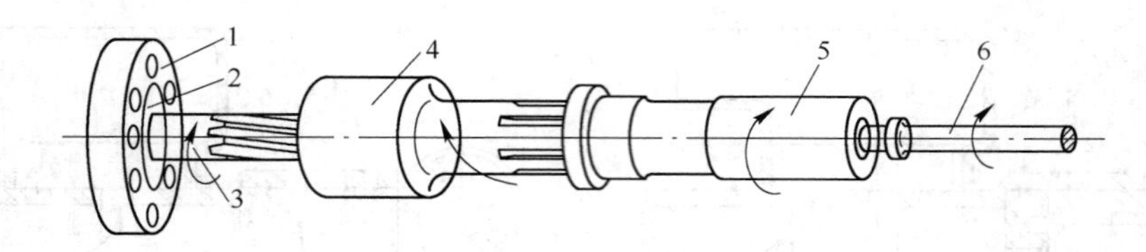

图 2-10 转钎机构

1—棘轮；2—棘爪；3—螺旋棒；4—活塞；5—转动套；6—钎子

岩粉的排除：钻眼时产生的岩石粉尘必须及时排除。排粉方法有干式和湿式两种。干式排粉是将压缩空气导入钎子中心孔送到炮眼底部将岩粉吹出，这种排粉方法，危害工人身体健康。湿式排粉是将一定压力的水经水针和钎子中心孔注入眼底，将岩粉冲洗出孔。为防止冲洗水流入凿岩机内，造成润滑失效、零件锈蚀等问题，采用风水联动机构，其作用是停风则停水，供风则供水，水压一般小于风压。

气腿（见图 2-8 中的 4）是凿岩机的一个附件，其作用是支撑凿岩机并为凿岩机提供推进力。其工作原理是：在外管内装有带胶碗的伸缩管，将外管分成上腔和下腔，胶碗以上为上腔，胶碗以下为下腔，各自有独立的气路，根据操作需要，分别向上、下腔供气或放气。当压气进入上腔时，推动胶碗使伸缩管伸长，推动凿岩机前进；当压气进入下腔时，推动胶碗使伸缩管快速收缩。

气腿式风动凿岩机型号很多，如 YT23、YT24 等，是矿山广泛使用的凿岩设备，适用于钻凿水平或倾斜的孔眼。

b 手持式凿岩机

手持式凿岩机工作原理同气腿式凿岩机。其特点是质量轻，25kg 以下，手持操作，可各方向打小直径、深度较浅的炮眼，主要用于钻凿下向炮眼。手持式凿岩机要用很大的力气扶持，容易使人疲劳。这类凿岩机有 Y24、Y26 等。

c 上向式（伸缩式）凿岩机

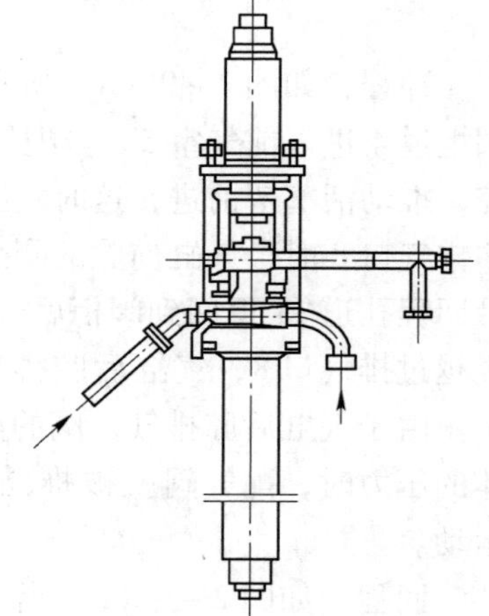

图 2-11 上向式凿岩机

上向式凿岩机质量一般在 40kg 左右，其主机的配气机构、转钎机构等的工作原理与气腿式凿岩机相似。气腿与主机在同一纵向轴线上联成一体，下部装有压气推进装置，可以伸缩并支撑和推进凿岩机。这类凿岩机有 YSP-45（见图 2-11）等，用于天井、巷道掘进等钻凿向上炮眼。

d 导轨式凿岩机

导轨式凿岩机质量一般在 35 ~ 90kg，安装在供凿岩机往复运动的滑动轨道上，轨道架设在柱架或钻车上，可钻水平和各种方向的较深孔眼。YG35、YG40 和 YGZ70 等型号属于此类凿岩机。

e 凿岩台车

凿岩台车是一辆在车体上安装数个钻臂（通常是2~4个）用以架支凿岩机的机械。钻臂可以任意转向，以适应工作面上任何位置、任何方向的钻孔工作。台车的使用，可使钻眼工作全部机械化、自动化，劳动效率很高，如CGJ-2型掘进凿岩台车（见图2－12）。

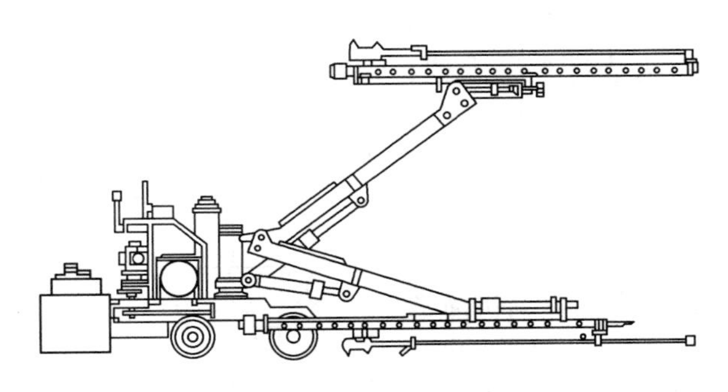

图2－12 凿岩台车

B 电动凿岩机

电动凿岩机是直接用电力驱动、以冲击原理破岩的钻眼机械。它将电动机的旋转动作变为冲击或直接用电产生冲击。多年来人们试验了多种电动凿岩机，其中压气活塞冲击式性能较好，它是由电动机经曲柄连杆机构驱动压气活塞，使气室中的空气受压缩，当气压达到一定值时，即推动冲击活塞向前冲击钎尾。压气活塞回程时，气室压力降低，冲击活塞被钎尾的反作用弹回。这类凿岩机有YD31、YD25等。其优点是耗能低，重量轻，灵活机动便于搬运，噪声低于100分贝。缺点是冲击功小、钻速慢、操作时发热、零件寿命短。由于以电为动力，故带有可靠的漏电保护装置。电动凿岩机由于工作可靠性较差，目前很少采用。

C 液压凿岩机

液压凿岩机是用高压油推动活塞冲击钎子的钻机，其工作原理与风动凿岩机相似，即通过配油机构，使高压油交替作用于活塞两端，并形成压差，迫使活塞在缸体内作往复运动，完成冲击钎子破岩的目的。活塞的冲击功能通过改变供油压力或活塞冲程进行调节。与压气不同的地方是：油的压力比压气压力大得多；油有黏滞性，并且几乎不能被压缩也不能膨胀作功；油可以循环使用等。液压凿岩机的优点是钻速快、可调整、自润滑、能耗低等；缺点是油压高、不易远距离传输，设备清洁度要求高、维修难度大，重量和体积大、使用灵活性较差。液压凿岩机的效率远比风动凿岩机高，有发展前途。

D 内燃凿岩机

内燃凿岩机的动力装置是发动机。发动机一般采用两冲程，工作原理是冲击机构的活塞冲程靠汽油机燃烧室可燃气体（汽油与空气混合物）的爆炸压力，回程则利用废气压力。这类凿岩机有YN30A等，适合于高山、无电源、无压风设备的地区，以及流动性较大的临时性工程的需要。内燃凿岩机因用汽油为燃料，排出废气会污染空气，因此在一般情况下只允许在露天工作。

2.3.1.2 电钻

电钻是直接用电能为动力，连续地旋转切削破碎岩石的钻眼机械。它的破岩原理如图

2－2 所示。电钻的噪声比较低，故环境卫生条件比冲击破岩优越。由于连续切削破岩的效率比间断冲击破岩的高，动力消耗也少得多，因此在煤和软岩中钻孔时，使用旋转式破岩不但钻速快而且费用也较低。但由于机体笨重等原因，目前不如凿岩机使用普遍。

A 岩石电钻

目前岩石电钻在 $f<10$ 的中硬岩中钻孔比较成功。岩石电钻构造有多种形式，其原理基本相同。传动系统如图 2－13 所示。岩石电钻主要由电动机、减速器、推进器、排粉装置等部分组成。

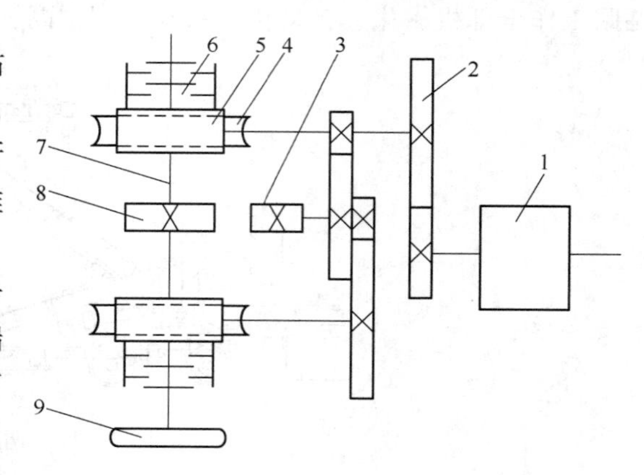

图 2－13 岩石电钻传动系统示意图

1—电动机；2—齿轮；3—钎套筒；4—蜗轮；5—蜗杆；6—摩擦离合器；7—轴；8—链轮；9—手轮

电动机：各类岩石电钻均用三相异步电动机驱动，功率 2kW 左右。电动机前端通过中间盖与减速器连成一体，后端装有风扇和风扇罩，电动机的开停由接线盒内的电位开关控制。使用岩石电钻时需配电气控制箱。

减速器：由齿轮、蜗杆、蜗轮、摩擦离合器等组成，减速器的输出轴可分别实现电钻钻杆的旋转、电钻的推进和退出动作。电钻钻杆的旋转由电动机经二级直齿轮减速后驱动，其中一级齿轮可根据岩石硬度更换配对齿数。电钻的推进则经蜗轮、链轮、链条或滚筒、钢丝绳驱动。摩擦离合器由手轮操作，可实现电钻的推进和退出。

推进器：由于旋转式钻眼破岩钎刃要靠轴压力作用才能楔入岩石，因此岩石电钻均装有推进机构。推进机构有链轮链条式和滚筒钢丝绳式两种，前一种方式可实现自动推进和快速自动退出，后一种方式仅能实现自动推进，而退出则靠人拉。推进器由滑架、导轨、扶钎器以及链轮链条或滚筒钢丝绳组成。当摩擦离合器向上时，固定电钻的滑架在链轮的驱动下，通过链轮链条的啮合作用，沿导轨滑行，实现电钻的进退。推进器必须配用专用钻架，岩石电钻才能正常工作。

排粉装置：湿式排粉。

B 煤电钻

通常使用的煤电钻由电动机、减速器、钎套筒、散热风扇以及外壳、手柄、开关等组成。

煤电钻电动机与岩石电钻类似，用三相异步电动机驱动，电压 127V，功率 1.5kW 左右。

减速器通常为二级减速，更换减速齿轮可以得到两种转速，600r/min 的转速供煤层钻孔用，400r/min 的转速供硬煤及面岩等软岩钻孔用。

钎套筒为钎子尾部插入电钻的地方，应保证其能可靠地传递回转力矩。

电钻外壳由铸铝合金制成，以减轻重量。降温均为风冷式。为了在有瓦斯的矿井能够安全使用，煤电钻均为防爆型。外壳两边有手柄，以便手持操作。

煤电钻工作时的轴推力，全靠工人用手和胸部推顶产生。为了安全，在手柄和后盖均包有橡胶绝缘包层。

2.3.2 深孔凿岩机械

深孔凿岩工作是深孔爆破必不可少的生产环节。目前国内使用的深孔凿岩机械，主要有潜孔钻机、牙轮钻机等。

2.3.2.1 潜孔钻机

潜孔钻机是冲击回转式钻机，其内部结构与一般凿岩机不同，配气和活塞往复机构是独立的，即冲击器；其前端直接连接钻头，后端连接钻杆。凿岩时冲击器潜入孔内，压缩空气通过气阀沿钻杆进入气缸推动活塞往复运动打击钎尾，同时，孔外回转机构，即电动机或风动旋转装置，通过钻杆使冲击器在孔内高速回转。凿岩时产生的岩粉，由风水混合气体冲洗排出孔外，混合气体是由排粉机构经钻杆中心注入冲击器的，再经冲击器缸体上的气槽进入孔底。

潜孔钻机按使用地点不同分为井下潜孔钻机（见图2－14）和露天潜孔钻机（见图2－15）。井下潜孔钻机按行走机构的有无分为自行式和非自行式两种。如YQ-100、DQ-150J、KQJ-100、KQJ-100B等。非自行式潜孔钻机由回转机构、升降机构、推压机构、支承机构和冲击机构等部分组成。露天用潜孔钻机种类较多，按钻孔直径和重量分为轻型、中型和重型三种。露天使用的潜孔钻机如YQ-150型主要由钻具（包括冲击器、钻头、钻杆等）、接卸钻杆机构、回转供风机构、钻架起落机构、提升推进机构、行走机构以及电气、供风、除尘系统等组成，可以钻垂直孔，也可以钻带有一定角度的倾斜孔。

图2－14 井下潜孔钻机

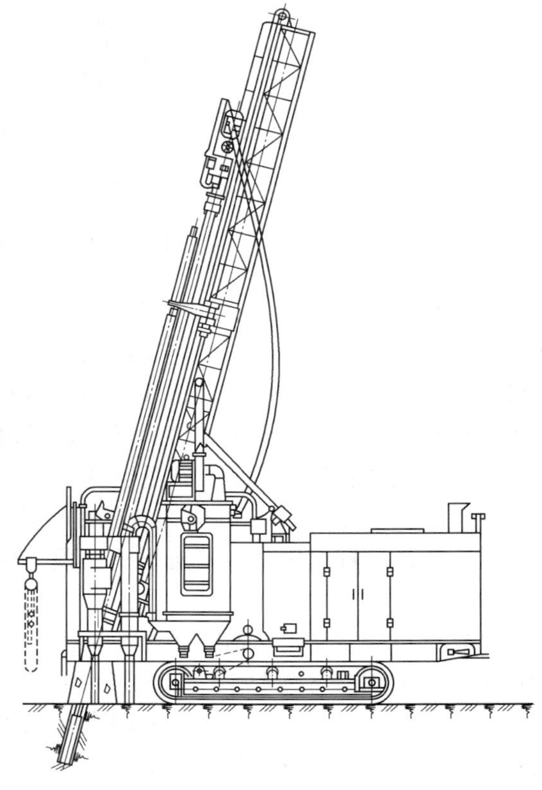

图2－15 KQ-150型露天潜孔钻机

2.3.2.2 牙轮钻机

牙轮钻机（见图2－16）是20世纪50年代中期兴起的一种穿孔设备，现已广泛用于国内露天穿孔。我国制造的牙轮钻机有多种，如KY-200、KY-250、KY-310等。钻孔直径达150～320mm。适用于中硬和坚硬矿岩的凿岩。

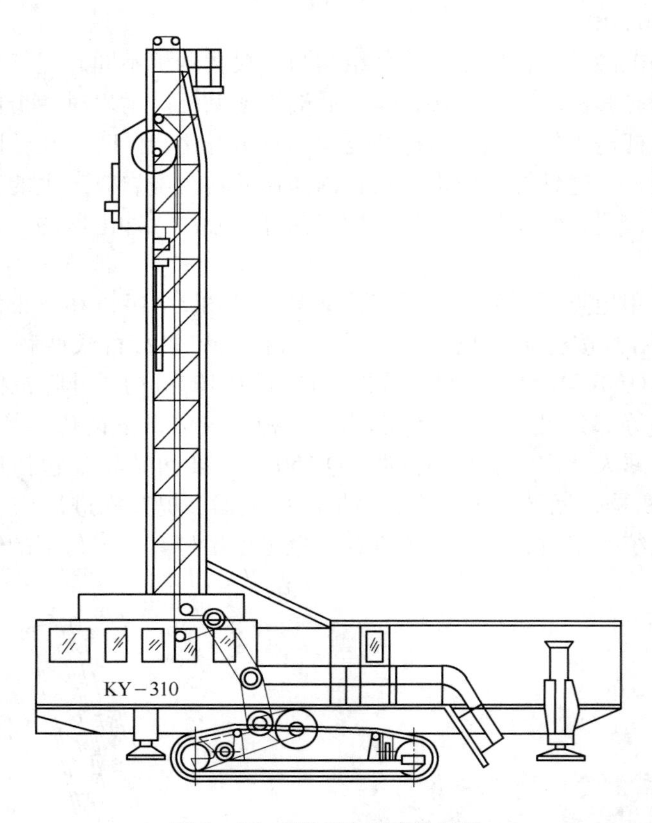

图2－16 KY-310型牙轮钻机

牙轮钻机属于回转式钻机，它借助镶焊了硬质合金牙齿或柱齿的钻头，在数百兆帕的压力下快速回转，使钻头上的轮齿压入孔底岩石中，在钻具回转扭矩和牙轮滚动作用下，挤压、切削岩石进行钻进。钻头因钻机轴压大，可以产生较高的压强，通过钻头牙轮进行连续切削，故能获得相当高的钻进速度。

牙轮钻机主要由回转机构、加压提升机构、风压机构、捕尘器、接卸钻杆机构、稳车液压千斤顶、行走机构和控制部分等组成。

牙钻钻机的钻具包括钻杆和牙轮钻头。钻杆采用无缝钢管；钻头一般用三牙轮钻头（见图2－17）。牙轮钻头根据齿形不同又分为钻齿型、柱齿型和联合型三种，其主要部件是牙爪和牙轮。三牙轮钻头的三个牙轮分别套在三个牙轮轴颈上，并焊接成一个整体。牙轮钻头在回转加压机构的作用

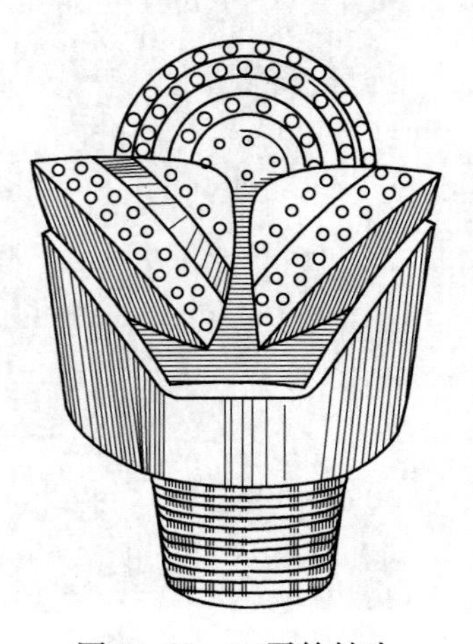

图2－17 三牙轮钻头

下，牙轮即绕其中心轴在孔底做圆周滚动进行冲击—挤压—切削岩石。

为排除压碎和切削下来的岩粉和冷却钻头，压气或气水混合物沿钻杆进入钻头吹入孔底，将岩粉沿着钻杆和孔壁之间的间隙携带出钻孔。

牙轮钻机根据质量和轴压可分为：

轻型——质量小于40t，轴压小于200MPa，孔径150～220mm，适用于$f=6\sim10$的岩石；

中型——质量小于65t，轴压小于350MPa，孔径220～270mm，适用于$f=10\sim14$的岩石；

重型——质量小于120t，轴压小于700MPa，孔径295～310mm，适用于$f=14\sim17$的岩石。

本章小结

穿孔（凿岩）是工程爆破的先行工作，穿孔速度对工程爆破影响极大。影响穿孔速度的主要因素是岩石的可钻性。

根据岩石的可钻性不同，以及爆破参数的不同，可选用不同的穿孔（凿岩）设备。根据孔深大小，可分为浅孔凿岩机械和深孔凿岩机械；根据设备的特点不同，可分为电钻、风动凿岩机、潜孔钻机和牙轮钻机，可结合工程实际情况选择使用。

重要概念

岩石的可钻性　凿岩机理　凿岩工具　浅孔凿岩机械　深孔凿岩机械　风动凿岩机　电钻　潜孔钻机　牙轮钻机

复习思考题

2-1　影响穿孔速度的因素有哪些？

2-2　如何表示岩石的可钻性？

2-3　简述凿岩破岩机理。

2-4　常见的浅孔凿岩机械有哪些，分别适用于什么场合？

2-5　常见的深孔凿岩机械有哪些，分别适用于什么场合？

3 炸药爆炸的基本理论

本章要点及学习目的

炸药爆炸是一个复杂的过程，对这个过程的了解程度，直接影响对工程爆破各有关现象和参数选取的理解。了解爆炸现象，理解炸药的化学反应形式、起爆、传爆、炸药的氧平衡及爆炸参数等内容的基本含义和工程意义，有助于在工作中合理选择炸药和起爆器材以及爆破设计与施工参数。

3.1 爆炸和炸药的基本概念

3.1.1 爆炸现象

自然界中广泛地存在着爆炸现象。根据产生的原因和特点，爆炸可分三类：

（1）物理爆炸。爆炸前后，仅发生物态的急剧变化，而物质的分子组成并未改变，这类爆炸称为物理爆炸。如锅炉爆炸是由于炉内的水受热后转化为水蒸气，随水蒸气的增多，压力不断升高，当炉内蒸汽压力值超过炉壁强度时（假设调压阀失控），就会发生爆炸，炉壁破裂和飞散。这种爆炸过程仅仅是物质形态发生转化而物质分子组成并未改变，因而属物理爆炸。

（2）化学爆炸。爆炸前后，不仅物态发生急剧的变化，而且产生化学反应，使物质的分子组成发生变化，这类爆炸称为化学爆炸。如炸药获得外界一定能量的作用后，会迅速产生化学反应，产生大量气体，释放出大量能量对外做功。炸药爆炸前后，原来炸药的绝大部分变成了气态的其他物质，不仅物态发生变化，而且物质的分子组成也发生变化，所以炸药的爆炸是化学爆炸。

（3）核爆炸。某些物质的原子核发生裂变或聚变的连锁反应，在瞬时释放出巨大能量，形成高温高压并辐射多种射线，这种反应称为核爆炸。

可以看出，爆炸是能量的瞬时转化过程，在该过程中物质的潜能瞬时转化并对外激烈做功，一般会伴随着剧烈的声、光和热效应。

3.1.2 化学爆炸必备的条件

在工程爆破中，几乎都是利用工业炸药的爆炸来破碎岩石和矿石的。用炸药爆破矿岩时，爆炸瞬间可以看到火光、烟雾、飞石，随即听到响声。这表明爆炸反应是放热的，有大量气体产物，而且反应速度极快。这是炸药爆炸的三个基本特征，是形成化学爆炸的三个必备条件，常称为化学爆炸三要素。

（1）放热反应。这是炸药爆炸最基本的特征。只有放热才有能量使反应过程自行传播，否则就不能形成爆炸。如草酸铵在吸热反应条件下不爆炸；而草酸银在放热反应条件下会发生爆炸，即：

$$(NH_4)_2C_2O_4 \longrightarrow 2NH_3 + H_2O + CO + CO_2, \quad \Delta_r H_m^{\ominus} = -263.3\text{kJ/mol} \quad (3-1)$$

$$Ag_2C_2O_4 \longrightarrow 2Ag + 2CO_2, \quad \Delta_r H_m^{\ominus} = +123.3\text{kJ/mol} \quad (3-2)$$

炸药爆炸释放出来的热量是做功的能源。爆炸放出热量的多少是炸药做功能力的基本标志，常以此作为比较炸药性能的指标。1kg 炸药爆炸可释放出的热量为 2500 ~ 5500kJ，可以瞬时把炸药的爆炸产物加热到 2000 ~ 5000℃高温。

（2）反应速度极快。这是炸药爆炸区别于一般化学反应的标志。1kg 煤在空气中燃烧可放出 10032kJ 热量，比 1kg 炸药发生爆炸反应时放出的热量多得多，然而却并不能形成爆炸。可见，仅有反应过程大量放热的条件，还不足以形成爆炸，必须还要化学反应速度快，才能产生爆炸。因为只有高速的化学反应，才能忽略能量转变过程中热传导和热辐射造成的损失，使反应所释放的热量全部用来加热气体产物，使其温度、压力猛增，借助气体的膨胀对外做功，从而产生爆炸现象。

一般工业炸药的爆炸反应速度可达到 3000 ~ 6000m/s，甚至更高。一个 20cm 长的普通小药卷可在 $10^{-3} \sim 10^{-4}$s 内反应完毕，其反应速度是非常快的。

（3）反应生成大量气体。炸药通过化学反应所产生的气体产物是对外界做功的媒介物。由于气体具有可压缩性和很高的膨胀系数，炸药爆炸瞬间产生的气体产物处于强烈的压缩状态，在爆炸反应所释放的热量作用下形成高温气体急剧膨胀，对周围介质产生巨大压力而造成破坏。也就是说，炸药的内能借助于气体的膨胀迅速转变为对外界的机械功。如果反应时没有大量气体产生，那么，即使这种反应的放热量很大，反应速度很快，也不会形成爆炸。

工业炸药爆炸时的气体生成量，一般为 700 ~ 1000L/kg。

综上所述，产生化学爆炸的以上三个条件是相辅相成的，缺一不可。凡能同时具备上述三个条件的物质，当其受到外界某种能量作用激发后，化学反应就能自行传播，并以爆炸形式在瞬间完成。

3.1.3 炸药化学反应的基本形式

炸药在进行化学反应时，随着它本身性质和所处的环境条件不同，发生反应的形式也就不同。按化学反应的速度和传播性质，炸药的化学反应可分为四种形式：

（1）热分解。在常温常压下，炸药会自行分解，这种分解作用是在整个炸药内部展开的，没有集中反应的区域。对同一种炸药而言，其热分解反应速度的快慢，取决于环境的温度。当温度升高时反应速度就会加快。当温度升高到一定值时，热分解就会转化为燃烧，甚至导致爆炸。不同性质的炸药，热分解的速度也不同。热安定性差的炸药，在较低温度下就能发生快速热分解。

研究炸药热分解性质，对于炸药的贮存有着实际意义。因为炸药在常温下能自行分解，所以，在一个库房中贮存的炸药量不宜过多，堆放不宜过密；应保持良好通风，保持低温，防止库内温度升高，避免热分解加剧，严防炸药燃烧或爆炸事故的发生。另外，由于炸药的热分解必然导致炸药贮存一定时间后其爆炸性能下降，所以超过保质期的炸药必须进行销毁处理。

（2）燃烧。在火焰或其他热源作用下，炸药可以燃烧。燃烧反应是从炸药的某个局部开始，然后沿着炸药的表面或条形的轴向方向以缓慢的速度传播。通常燃烧反应的传播速度只有每秒几厘米、几十厘米，最大不超过每秒数百厘米。燃烧是靠热传导向未反应区传播的。在一定条件下（温度、压力、炸药的物化性质和结构），炸药的燃烧过程是稳定的。只要压力、温度不改变，燃烧就不会改变，直到炸药全部烧尽为止。当压力、温度升高时，燃速也明显增大；压力、温度超过某一极限值时，燃烧的稳定性就被破坏，燃烧反应转变为爆炸（轰）。炸药在密闭条件下燃烧时，由于产生的气体不易排出，不易散热，压力、温度会急剧上升直至爆炸，所以当炸药意外燃烧时不可用砂土覆盖灭火。销毁炸药时，应在露天旷野将炸药铺成松散薄层，以使其点燃后保持平静稳定地燃烧，而不致转化成爆炸。值得注意的是，炸药的燃烧会放出大量的有毒气体。

（3）爆炸。爆炸是指炸药以每秒数百米至数千米的速度进行的化学反应过程。爆炸反应从局部开始，靠冲击波向未反应区迅速传播，无论在密闭条件还是敞开条件下，均可产生较大的压力，并伴随激烈的光、声等效应。爆炸的反应速度是不稳定的，根据外界条件可以从低速变化到最高速度，即达到爆轰。

爆炸与燃烧既有量的区别，也有质的区别。爆炸时，是反应区的高温高压气体冲击未反应的邻近炸药并使之迅速产生化学变化。爆炸传播速度大于该炸药内的声速，达每秒数千米，但不稳定。

（4）爆轰。炸药以最大的反应速度稳定地进行传播的过程称为爆轰。炸药的爆轰速度可达每秒数千米。不同的炸药其爆轰速度也不同，但对于任何一种炸药来说，均有一个固定的爆轰速度值，只要达到爆轰条件，爆轰速度就不会再增加。炸药的爆轰也是从局部开始，靠爆轰波向未反应区传播。爆轰与爆炸无本质区别，只是传播速度不同而已。

爆轰反应是炸药化学反应最充分的一种形式，释放的能量最多。利用炸药进行工程爆破时，应力求使炸药达到爆轰状态。

上述四种反应形式的化学变化，性质虽然不相同，但它们之间却有密切的联系，并可进行转化。如炸药的热分解在一定条件下可以转变为燃烧，而炸药的燃烧在一定条件下又可转变为爆炸或爆轰；而爆轰在温度和压力下降时亦可向爆炸、燃烧和热分解转化。研究炸药化学变化的形式，就是为了控制库存和爆破时炸药反应的外界条件，使炸药的化学变化符合工程爆破的要求。

3.2 炸药的起爆和敏感度

3.2.1 炸药的起爆

3.2.1.1 起爆与起爆能

炸药本质上是不稳定的化学体系，但它在正常的环境中处于相对稳定状态，如果未受到外界一定能量的作用，不会发生爆炸反应；一旦受到外界足够能量作用时，原体系的稳定性受到破坏，就会立即发生爆炸反应。通常把炸药在外界能量作用下发生爆炸反应的过程称为起爆。这种引起炸药爆炸的外界能量称为起爆能。

一般工业炸药的起爆能有三种形式：

（1）热能。利用导火索的火焰引爆火雷管，利用电流加热电雷管桥丝引爆电雷管等，均属热能起爆。

（2）机械能。通过撞击、摩擦等机械作用，使受机械作用的局部炸药分子活化，产生强烈的相对运动，并在瞬间产生热效应（即由机械能转化为热能）使炸药起爆。

由于机械能起爆炸药操作不便且不安全，在工程爆破中不直接使用。但在炸药运输、贮存、使用时，必须充分考虑机械能有可能引爆炸药这一因素，防止意外事故的发生。

（3）爆轰冲能。利用起爆药爆轰产生的爆轰波和高温高压气体产物流，可以使起爆药包周围的炸药起爆。爆轰冲能是利用最广泛的起爆能。

3.2.1.2 炸药的起爆机理

外界能量的作用能否引起炸药爆炸，取决于能量的大小及能量的集中程度。根据活化能理论，化学反应只有在具有活化能量的活化分子间相互接触和碰撞时才能发生。可见，为了促使炸药起爆，必须有足够的外能集中作用，使局部炸药分子获得能量，变成活化分子。活化分子的数目越多，越有利于加速炸药爆炸反应的进行。

图3－1为炸药发生爆炸反应时能量变化过程图。图中A、B、C三点分别表示炸药的初态、过渡态（分子活化，并相互作用的状态）和终态（爆炸反应终了状态），它们相对应的分子平均能量级为E_1、E_2、E_3。能量级E_2是活化分子发生爆炸反应所必须具有的最低能量。为了使炸药分子从初态A的能量级E_1增至活化状态B的能量级E_2，必须使炸药分子的能量增加E，E就是活化能。起爆时，外能的作用就在于使处于A状态部分炸药分子获得活化能E，达到状态B，使足够数量的活化分子互相接触，碰撞而发生爆炸反应。爆炸反应后，由能量级E_2变至E_3，反应过程释放的能量$\Delta E = E_2 - E_3$。由于$\Delta E >> E$，这部分能量又促使其他未获得能量的A状态炸药分子继而获得能量，形成更多的活化分子，加速爆炸反应的进行。

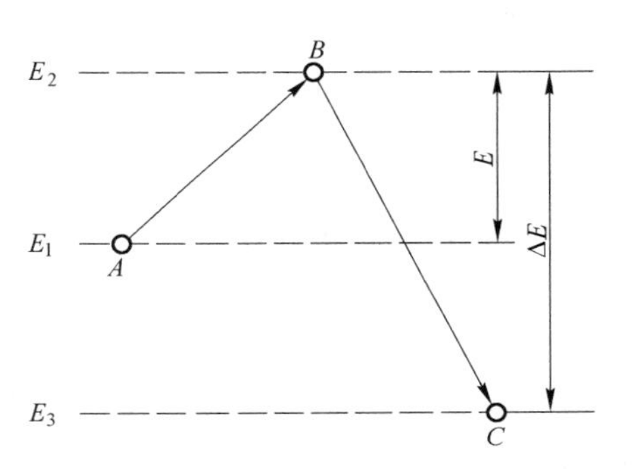

图3－1 炸药爆炸反应能量变化过程图
A—炸药初态；B—炸药过渡态；C—炸药终态

由以上分析不难看出，外能越大，越集中地作用于炸药的某一局部，该局部形成的活化分子数目越多，爆炸的可能性就越大。反之，如果外能均匀地作用于炸药的整体，则需要更多的外界能量才能引起炸药爆炸。

（1）炸药在热能作用下的起爆机理。炸药在热能作用下，都会产生放热分解，但不一定都导致爆炸。只有在一定的温度和压力下，炸药放热反应速度大于散热速度，产生热量积累，温度不断升高，使反应加速时才能导致爆炸。

例如，火雷管里的起爆药就是在导火索火花的作用下，迅速产生分解反应而转变为爆炸的。猛性炸药和混合炸药受热作用时不易引起爆炸，但有可能引起燃烧。如果在密闭环境中，炸药大量燃烧则温度和压力迅速升高，也会导致爆炸。

（2）炸药的机械能起爆机理。炸药受到撞击或摩擦作用时发热，即由机械能转化为热能。假若所产生的热来不及均匀地分布到全部炸药中去，只集中在承受机械作用的个别或几个小点上，如个别结晶的两面角，特别是多面棱角或小气泡周围，则当这些小点的温度达到爆发点时，便首先爆炸，并扩展开去。这些小点称为热点。

热点的形成主要有三种情况：

1）炸药颗粒之间、颗粒与杂质之间发生强烈摩擦生成热点。热点形成的难易与炸药组分的颗粒大小、导热性、硬度等有关。组成的颗粒过小，因总接触面积增大，使热量分散而不利于热点的形成；若炸药组分的颗粒过大，不仅热点散热快，而且不利于从热点开始的微小爆炸的扩展和汇集。在炸药中添加某些物质，能促成或阻止热点的形成，从而提高或降低炸药的感度。凡是能提高炸药感度的物质称敏化剂；使炸药感度降低的物质称钝化剂。根据摩擦生热原理，摩擦系数高、导热性差、硬度大的物质，如镁、铝等硬金属和玻璃、细砂等，能促成热点的形成，属于敏化剂，如在铵梯炸药中常用的铝粉。而黏性物质如胶体石墨、石蜡、沥青、硬脂酸和凡士林等，都会阻止热点的形成，属钝化剂。

2）高速黏性流动发热形成热点。高速冲击不含气泡的液体炸药，有可能因黏性流动产生热量形成热点，而使其爆炸。

3）微小气泡的绝热压缩形成热点。在水胶和乳化炸药中，常加入发泡剂或多孔性物质，如树脂微球、珍珠岩粉和玻璃微球等，以提高炸药的感度。

实验证明，热点必须在下列条件下方能发展为爆炸：

1）热点温度在300～600℃，视炸药品种而定；

2）热点半径在10^{-3}～10^{-5}cm；

3）热点作用时间在10^{-7}s以上；

4）热点的热量达4.18×10^{-8}～4.18×10^{-10}J以上。

（3）炸药的爆轰冲能起爆机理。工程爆破中，利用爆轰冲能起爆炸药是应用最广泛的起爆方法，其起爆机理与机械能起爆机理相似，即利用起爆装置（如雷管、导爆索、加强药包等）瞬时产生的高温高压气体和强烈冲击波（爆轰冲能），作用于未爆炸药，使炸药受到强烈冲击和压缩，局部的密度、温度、压力突跃升高形成热点，从而导致起爆，再进一步扩展，直至使炸药全部爆炸完毕。

3.2.2 炸药的敏感度

炸药的敏感度（简称感度），是指炸药在外能作用下发生爆炸反应的难易程度。炸药感度的高低，以激起其爆炸反应所需外界能量的多少来衡量。所需起爆能越少，表明炸药的感度越高；反之，表明炸药的感度低或者钝感。

在工程爆破中，炸药的用量较大，一般不采用高感度的炸药，而选用具有工业雷管感度的炸药，这有利于施工安全且起爆简便。

应当指出，炸药对不同形式的起爆能所表现的感度是不一样的。也就是说，炸药的感度与不同形式的起爆能并不存在固定的比例关系。如二硝基重氮酚，对热能感度高，对机械能感度较低；梯恩梯在静压下压力达500MPa不爆，但在不大的冲击作用下即可起爆。因此，不可简单地以炸药对某种起爆能的感度等效地衡量它对另一种起爆能的感度。

3.2.2.1 炸药的热感度及测定

炸药在热能作用下起爆的难易程度，称为热感度。根据加热方式不同，炸药的热感度相应地分为爆发点和火焰感度。

（1）爆发点。是指在一定试验条件下，在规定的时间内，将炸药加热到爆炸时所需的最低加热温度。

爆发点测定装置如图 3－2 所示。它主要为一铁罐，内装低熔点伍德合金液，罐壳与合金液间装隔热层防止热损失。合金液用电热丝加热，温度可调节，并由温度计指示。

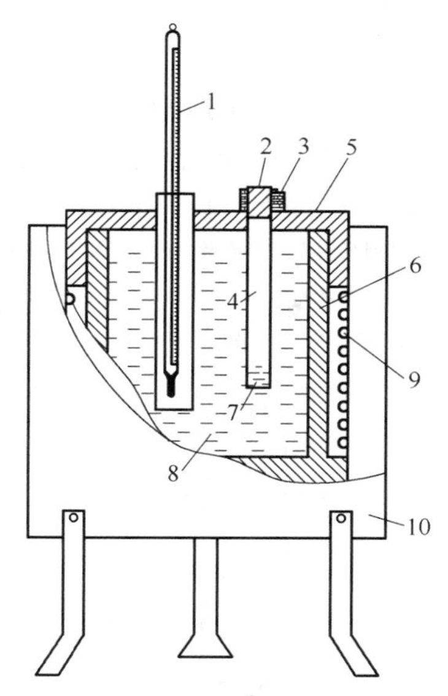

图 3－2 爆发点测定器

1—温度计；2—塞子；3—螺套；4—试管；5—盖；6—圆桶；7—炸药；8—合金液；9—电热丝；10—外壳

测定时，电热丝通电，先将合金液预热到 100～150℃，再将内装 0.05g 所测炸药的铜管插入合金液中（深度不小于铜管长度的2/3），然后以每秒增加 20℃ 的速度继续加热。爆炸瞬间合金液的温度，即为被测炸药的爆发点。表 3－1 列出了部分炸药的爆发点。

（2）火焰感度。炸药在火焰或火花作用下发生爆炸的难易程度，称为火焰感度。一般用炸药对导火索喷出火焰的最大引爆距离值来表示，单位为 mm。

试验时，将 1g 受试炸药装入火帽中，导火索的一端对准火帽中的炸药，点燃另一端。燃至最后喷出火焰作用于炸药的表面，观察其是否发火。一般采用六次测验的平均值：六次 100% 发火的最大距离为上限，它表征炸药的点火感度；六次 100% 不发火的最小距离为下限，它表征炸药对火焰的安全性。

表 3－1 部分炸药的爆发点

炸药名称	炸药的爆发点/℃	炸药名称	炸药的爆发点/℃
DDNP	170～175	泰　安	205～215
雷　汞	170～180	黑索金	215～235
氮化铅	330～340	TNT	290～295
硝化甘油	200～205	硝铵炸药	280～320

3.2.2.2 炸药的机械感度及其测定

炸药的机械感度主要有冲击感度和摩擦感度。表 3－2 为几种炸药的冲击感度和摩擦感度。

表 3－2 几种炸药的冲击感度、摩擦感度

感度＼炸药名称	2 号岩石硝铵炸药	3 号高威力岩石炸药	4 号高威力岩石炸药	煤矿 2 号岩石硝铵炸药
冲击感度/%	32～40	4～8	8	0～4
摩擦感度/%	16～20	32～40	24～32	4～16

（1）冲击感度一般常用垂直落锤仪进行测定，装置如图 3－3 所示。测定时将 0.05g 炸药试样置于击砧套筒内上、下两击柱中间，然后用 10kg 重锤，落高 25cm，自由下落冲

击击柱，观察是否爆炸。用25次试验中测得试样爆炸次数的百分数，表示受试炸药的冲击感度。

(2) 炸药摩擦感度的测定采用摆式摩擦仪，装置如图3-4所示。测定时取试样0.02g，装入上下击柱间，通过装置给上下击柱5MPa的静压力。摆锤重1500g，摆角90°，摆锤打击击杆，上下击柱产生水平相对位移，摩擦炸药试样，观察是否爆炸。用25次试验中测得试样爆炸次数的百分数，表示受试炸药的摩擦感度。

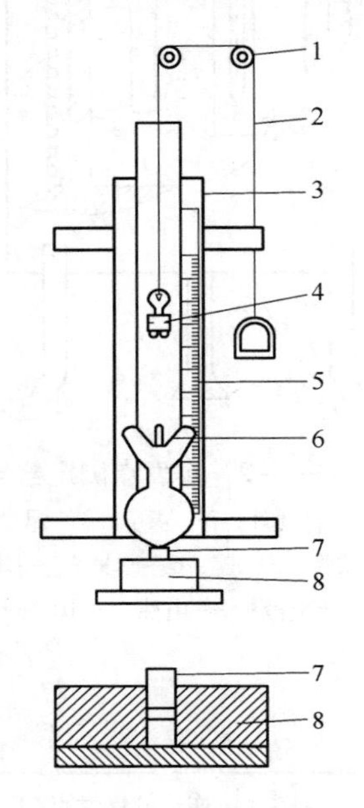

图3-3 垂直落锤仪

1—滑轮；2—钢丝绳；3—导轨；4—钢爪；5—刻度尺；6—落锤；7—击柱；8—套筒

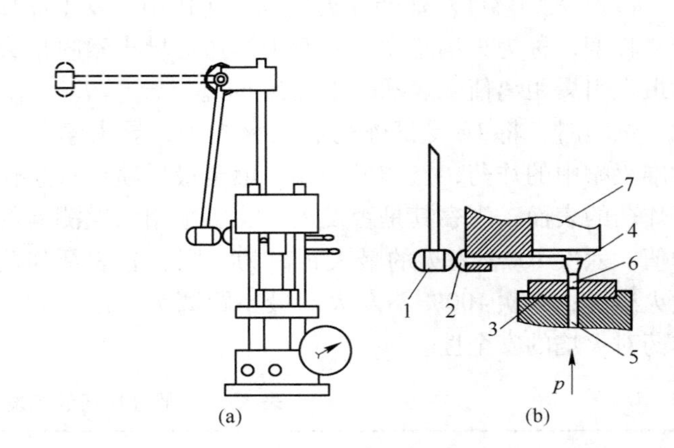

图3-4 摆式摩擦仪

(a) 摆式摩擦仪结构；(b) 测定装置示意图

1—摆锤；2—击杆；3—导向套；4—击柱；5—活塞；6—试样；7—顶板

3.2.2.3 炸药的爆轰冲能感度及其测定

炸药的爆轰冲能感度，是指炸药在爆轰冲能作用下发生爆炸的可能性。工业炸药的爆轰冲能感度，常用殉爆距离来衡量。殉爆距离的测定方法如图3-5所示。

试验时先将细砂均匀地整平并适当捣固，再用直径与药卷直径相似的木棒在细砂地面上压出半圆形凹槽。然后将插有8号雷管的主爆药卷和从爆药卷置于凹槽中，药卷纵轴在同一水平线上，相距L，主爆药卷引爆后的爆轰冲能在一定距离内可激起从爆药卷爆炸。足以激起从爆药卷爆炸的最大距离，称为该试验炸药的殉爆距离，单位为cm。常用炸药的殉爆距离参见第4章“工业炸药”。

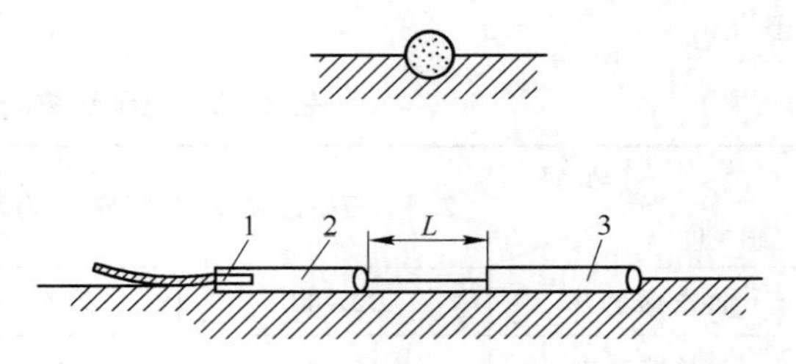

图3-5 炸药殉爆距离的测定

1—雷管；2—主爆药卷；3—从爆药卷

3.2.3 影响炸药敏感度的因素

影响炸药敏感度的因素很多，这些因素在实际工作中应予以重视，以防意外事故的发生。

（1）炸药的温度。随着炸药温度升高，炸药分子运动加速，使炸药分解所需的起爆能减少，因而敏感度提高。

（2）炸药的化学结构。炸药分子中原子同原子之间结合得越牢固，则破坏这种结构而另行组成新的化学结构就需要越多的外界能量，因此这种炸药的敏感度也就越低；反之，炸药分子结构牢固程度越低，敏感度越高。例如，含—ONO_2 基团的炸药比含—NO_2 基团的炸药敏感度高；同类炸药中含—ONO_2 基团数目越多，敏感度越高。

混合炸药的敏感度取决于炸药中结构最脆弱成分的敏感度。

（3）炸药的物理性质。影响炸药敏感度的物理性质有相态、粒度和装药密度等。

1）熔融状态的炸药比同类固体状态炸药的敏感度高，这是因为炸药从固态转变为液态时已吸收熔化潜热，内能较高；此外，在液态时炸药具有较高的蒸气压，所以很小的外能即可激发炸药爆炸。例如，固态梯恩梯在20℃时，2kg 落锤 100% 爆炸的落高为 36cm；而液态梯恩梯在 105 ~110℃时，2kg 落锤 100% 爆炸的落高只需 5cm。

2）猛性炸药的颗粒越细，敏感度越高。因为颗粒度较小时，炸药接受爆轰产物的能量也多，形成活化中心的数目多，因而容易引起爆炸反应，而且反应速度也快，易于起爆。

3）粉状炸药的装药密度有一最佳范围，超出此范围，随密度的增大，炸药的敏感度下降。这是因为密度增大时，孔隙度减少，不利于吸收能量，同时会减小颗粒间的相对位移，也就减少了产生热点的机会，不利于起爆。例如，国产 2 号岩石铵梯炸药装药密度一般控制在 0.95 ~1.10g/cm^3，因为这时炸药的感度最高。

4）含水硝铵类炸药中含有的微细气泡在爆炸冲能作用下发生绝热压缩，是形成热点的重要原因之一。此类炸药只有存在大量敏化气泡时才具有工业雷管的感度。

5）混合炸药中如果加入高熔点、高硬度的固体掺和物，如铝粉、石英砂等，能使其机械感度提高。而石蜡、石墨等软质掺和物能在炸药颗粒表面构成包覆薄层而减弱药层或颗粒间的摩擦作用，故而会使炸药的感度降低。

3.3 炸药的传爆过程

工程爆破中一般都用雷管来引爆炸药。雷管爆炸产生的能量激起与它邻近的局部炸药分子活化而爆炸，局部炸药一经起爆，就会引起全部装药的爆炸。通常把炸药由起爆开始到所有装药全部爆炸终了的整个过程称为传爆。但有时也会产生传爆中途熄灭而残留未爆炸药的现象。因此，研究炸药的传爆是如何进行的，即研究炸药从最初的局部爆炸转变为整个装药的全部爆轰，具有重大意义。

自 19 世纪以来，炸药和起爆器材有了很大的发展和完善，有关传爆过程的理论研究也出现了许多学说，其中比较接近生产实际的是建立在流体动力学基础上的爆轰波理论。流体动力学认为，炸药的传爆过程就是爆炸反应产生的爆轰波在炸药中传播的结果。

3.3.1 炸药爆炸传播的形式

3.3.1.1 冲击波

从物理学已知，在外界作用下，介质的状态参数（压力 p、密度 ρ、温度 T、质点移动速度 v）会发生局部变化。介质状态的局部变化称为扰动。波就是扰动的传播，即介质状态变化的传播。扰动有强有弱。弱扰动时，介质状态参数的变化量很小，呈连续而渐变；强扰动时，介质状态参数变化量很大，呈突跃式而不连续。波在传播过程的某一瞬间，扰动区与未扰动区之间的界面称为波阵面。

按照扰动前后介质状态参数变化的不同，波可以分为压缩波与稀疏波。

压缩波是指扰动后介质状态参数增大，介质点运动方向与波的传播方向相同的波；稀疏波则是指扰动后介质状态参数减小，介质质点运动方向与波传播方向相反的波。波阵面上的介质状态参数呈突跃增加的强扰动形成的压缩波，称为冲击波。

3.3.1.2 爆轰波

通常把在炸药中伴随化学反应稳定传播的冲击波称为爆轰波。爆轰波速就是炸药的爆速。

炸药在外能作用下被引爆后，在炸药中产生冲击波。在初始冲击波作用下，未爆炸药有一薄层受到突然强烈压缩，如图 3－6 中的 00—11 中间一层。压缩层内炸药的状态参数突然升高。冲击波不断向前传播，又产生新的压缩层，原压缩层内炸药正在进行化学反应，此区称为化学反应区。化学反应区至图中 2—2 面结束，此面称为反应终了面，即所谓 C—J 面。反应区后面，为爆轰产物膨胀区。冲击波不断向前传播，不断产生新的压缩层、反应区。反应区放出的能量补充给冲击波，使其一直向前传播，直至使整个炸药反应结束。所以，爆轰波又称为后面带有一个高速化学反应区的强冲击波。

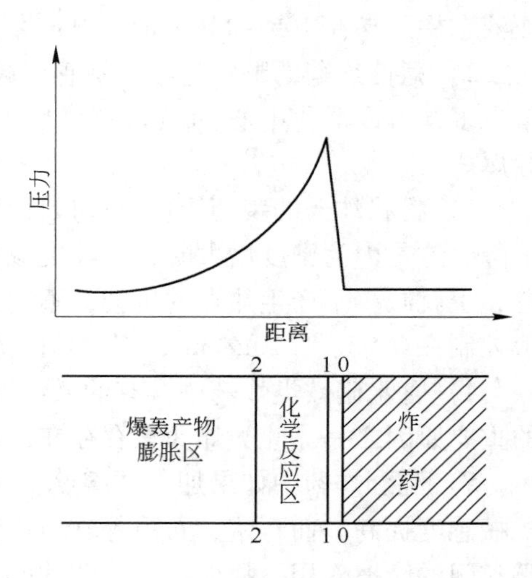

图 3－6 爆轰波传播示意图

与冲击波相比，爆轰波有以下特点：

（1）爆轰波是在炸药中传播的冲击波，波的后面有一个化学反应区，炸药反应完毕，爆轰也随之结束。

（2）爆轰波的波阵面较厚，如图 3－6 中的 0—2 层，而冲击波波阵面较薄，如图 3－6 中的 0—1 层。化学反应区的厚度视炸药而异，一般为 1～10mm。

（3）由于反应区释放出的能量不断地供给冲击波，使得爆轰波不衰减，并以稳定不变的速度 v 传播下去，直至爆轰过程结束。

由上述可以看出，爆轰波具有一般冲击波的共性，即波阵面上的状态参数呈突跃升高，其波速大于未扰动介质中的音速，介质移动方向与波的传播方向一致。

3.3.1.3 理想爆轰和稳定传爆

炸药经起爆后，爆轰波如能以恒定不变的最高速度传播，则称为理想爆轰，此时的爆轰波传播速度称为极限爆速。炸药性质不同，其极限爆速也不同，但每种炸药都有它自己的极限爆速。若因某种原因，爆轰波不能以最高速度传播，但能以与一定条件相应的正常速度传播，称为非理想爆轰或稳定传爆，如果爆速不稳定，则称为不稳定爆炸。

为充分利用炸药能量，提高爆轰效果，应力求使炸药达到理想爆轰或保持稳定传爆。但在实际爆破工程中，有时因起爆能不足、炸药质量不合格、药卷直径过小、装药密度过低或过高等不利条件，会造成不稳定爆炸，甚至爆速急剧衰减直至爆轰中断。这不仅造成浪费，而且还会影响爆破效果和安全，故应竭力避免。

为保证稳定传爆，应满足以下基本条件：

（1）炸药起爆的初始速度 v_{ch} 要大于或等于炸药的最低稳定传爆速度 v_t，低于此值为不稳定传爆。

（2）爆轰波波阵面所含反应区炸药颗粒反应时间 t，要小于或等于炸药受反应区气体产物向侧向扩散所需的时间 θ。θ 值主要与炸药卷直径和反应区气体产物侧向扩散速度有关。

3.3.2 爆速的测定方法

由炸药的传爆过程可知，爆轰波的传播速度就是爆速。如果炸药的爆速在增长到最大值后始终是稳定的，那么，炸药的爆炸就能进行到底，这称为稳定爆炸；反之，如果在传爆过程中爆速是逐渐衰减的，那么，炸药的爆炸就不能进行到底，这就是不稳定传爆。可见，炸药爆速的变化，反映了炸药爆炸反应的完全程度，因此它是衡量炸药爆炸性能的重要指标。

在进行爆破工作时，必须经常进行炸药的爆速测定，才能把握爆破的效果、质量和安全。传统的测试方法有导爆索对比法，现在常用的是电子仪器测试法。

常用的电子仪器测试法有光线示波器测定法和计时器测定法两种。计时器测定法的原理是利用炸药爆炸时对探针的影响，使探针能在其周围炸药爆炸时产生脉冲电流，用专门电路进行计时，可得出炸药在传爆过程中经过相距 L 的炸药所需的时间 Δt 就可求出爆速，即爆速 $v = L/\Delta t$，如图 3－7 所示。此方法需要专门的仪器，测时准确可靠，如 BSS-1 和 BS-1 型爆速仪，测量精度可达 ±0.1μs。

常见炸药的爆速参见第 4 章有关内容。

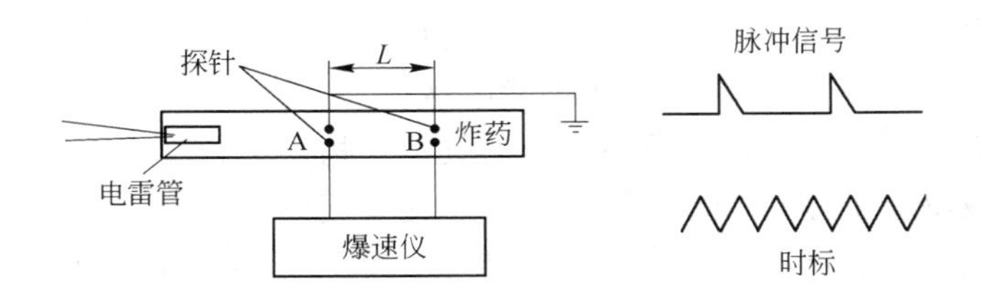

图 3－7 计时器测定爆速示意图

3.3.3 影响爆速的因素

在实际生产中，为了保证爆破效果，应力求炸药处于稳定爆轰状态，即具有理想的爆速。但是，在生产实践中，影响爆速的因素很多。因此，分析影响爆速的诸因素，掌握其规律，对于有效使用炸药具有重大的现实意义。

3.3.3.1 药卷直径的影响

用相同起爆能量引爆不同直径的药卷时，药卷的爆速和稳定传爆的情况有很大不同，随着药卷直径增大，爆速和爆炸稳定性均有所提高。图3-8表示爆速与药卷直径的关系。当药卷直径较小时，随药卷直径增大，爆速增加较快，但药卷直径增大到某一数值后，爆速趋于一恒定值，称此药径为极限直径 D_H，与 D_H 相对应的爆速为该炸药理想爆轰时所能达到的极限爆速 v_H。反之，随着药径的减小，爆速也迅速下降。药径减小到某一数值时，将产生不稳定爆炸，甚至拒爆，故称此药径为临界直径 D_K，与 D_K 对应的爆速为炸药的临界爆速 v_K。当炸药的直径介于 D_H 与 D_K 之间时，炸药的爆速虽然不能达到 v_H，但仍能处于一种稳定传爆状态，即保持与某一直径 D 相对应的爆速进行传爆。一般情况下，硝铵类炸药的临界直径为18~20mm；泰安和黑索金为1~1.5mm；梯恩梯为8~10mm；浆状炸药为13~16mm；水胶炸药大于15mm；乳化炸药为12~16mm。极限直径一般为临界直径的8~13倍。

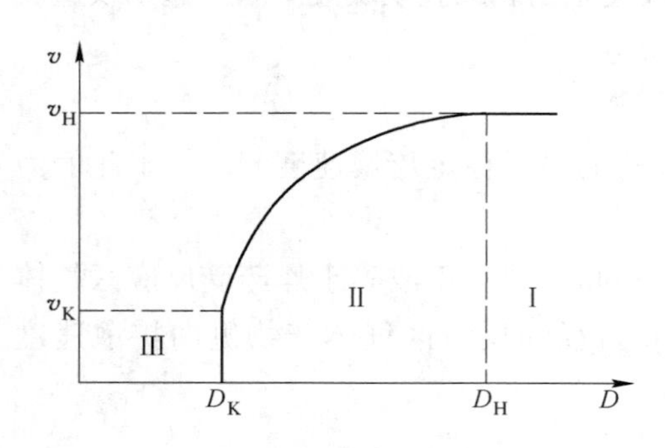

图3-8 爆速与药卷直径的关系
Ⅰ—理想爆轰区；Ⅱ—稳定爆轰区；
Ⅲ—不稳定爆轰区

药卷直径对爆速和爆轰状况产生影响的原因，在于侧向扩散作用对化学反应区结构的影响。图3-9表示药卷在非密闭状况下起爆后，侧向扩散对化学反应区结构的影响。前述爆轰波传播过程分为压缩区、反应区、爆轰产物膨胀区。药卷在非密闭状况下传播时，反应区所产生的高温、高压气体必然发生径向膨胀（即侧向扩散），由此而引起径向稀疏波，并由药卷表面向药卷中心扩展。图3-9中①、②分别指扩散物界面和稀疏波波阵面。径向膨胀愈快，稀疏波向药卷中心扩展愈快，结果把圆柱形的化学反应区分成A、B两个部分的结构形式：A区为侧向扩散影响区，B区为有效反应区。在侧向扩展的气流中，不仅有化学反应完全的气体产物，也有反应不充分的气体，而且还含有未参加反应或反应不完全的炸药颗粒。由于这些气体和炸药颗粒的逸散，反应区的热效应降低。很显然，对于同一种炸药，稀疏波向药卷中心扩展速度相同时，药卷直径愈小，有效反应区厚度 L_e 就愈小，B区释出的用以维持爆轰波稳定传爆的能量就愈少，炸药爆速和爆轰波压力也就相应降低。当药径小于临界直径 D_K 时，侧向扩散很快影响到药

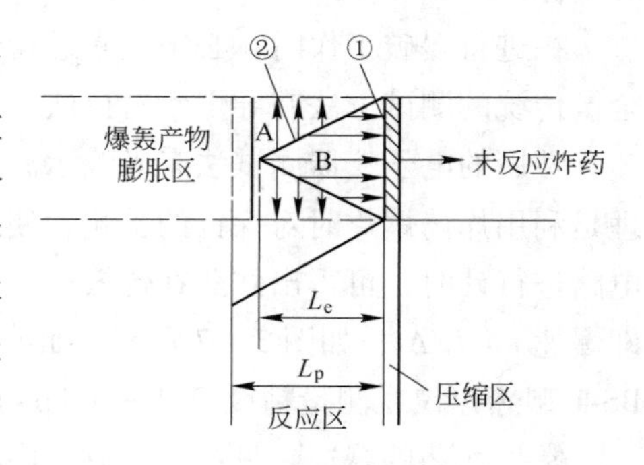

图3-9 侧向扩散对化学
反应区结构的影响

卷中心，有效反应区变得很小，释放的能量不足以维持稳定传爆，形成不稳定传爆，甚至爆轰中断。

3.3.3.2 炸药密度的影响

增大炸药的密度可提高理想爆速，临界直径和极限直径也会发生变化。由于炸药密度对临界直径的影响规律是随炸药类型的不同而变化的，因此，密度影响爆速的规律也是不同的。

对于单质猛性炸药，当药卷直径一定时，爆速随着密度的增大而增大，实验表明，爆速与密度之间存在直线关系。图 3 - 10 是梯恩梯炸药的装药密度对爆速的影响。

混合炸药的装药密度与爆速的关系比较复杂，如图 3 - 11 所示。随着炸药密度的增大，其爆速起初是增加的，当增加到某一范围（最优密度范围）时爆速值最大，之后随炸药密度的增大，爆速下降，并且当密度大到超过某一极限值时，爆轰变为不稳定，甚至拒爆。图 3 - 11 中的两条曲线为同品种不同直径药卷的爆速随着密度变化情况：在密度均为 1.08 ~ 1.15g/cm^3 时，直径是 20mm 和直径是 40mm 的药卷爆速达到最大值。由图 3 - 11 还可看到，增大药卷直径，可以相应地增大最佳密度和最大爆速。

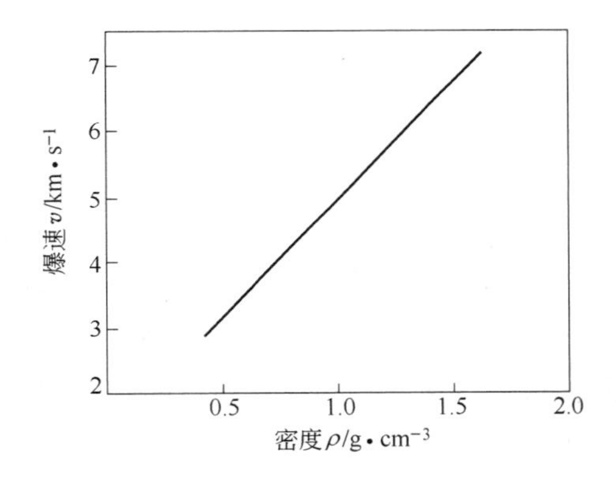

图 3 - 10 梯恩梯的装药密度对爆速的影响

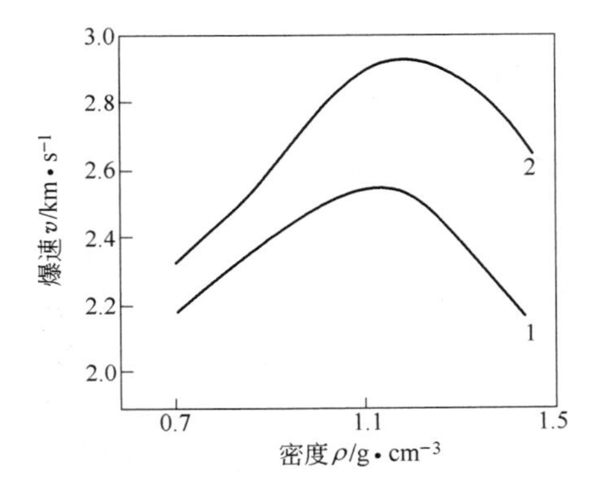

图 3 - 11 混合炸药的装药密度对爆速的影响

1—药卷直径 20mm；2—药卷直径 40mm

3.3.4 径向间隙效应

混合炸药连续药卷，只要直径等于或大于临界直径，通常在空气中都能正常传爆。但在炮孔中，药卷与炮孔孔壁间存在间隙，此间隙称径向间隙。径向间隙常常会影响爆轰波传播的稳定性，甚至可能出现爆轰中断或爆轰转变为燃烧的现象，这种现象称为径向间隙效应或称沟槽效应。

一般认为，由于间隙的存在，当药卷起爆后，在爆轰波传播的过程中，高温高压爆轰气体产物迅速膨胀压缩其前端间隙内的空气，并且在间隙内形成一股超前于爆轰波传播的空气冲击波。在冲击波的压力作用下，药卷内产生自药卷表面向内部传播的压缩波，使药卷变形和密度增大，如图 3 - 12 所示。当变形后的药卷直径小于临界直径和密度大于临界密度时，爆速可能下降，甚至爆轰中断。

径向间隙效应的产生会使孔底部分炸药不爆炸而形成盲炮，一方面达不到爆破效果，同时还会引发安全事故。工程爆破中，只有防止径向间隙效应的产生，才能达到预计的爆破效果、合理的经济效益和安全生产。

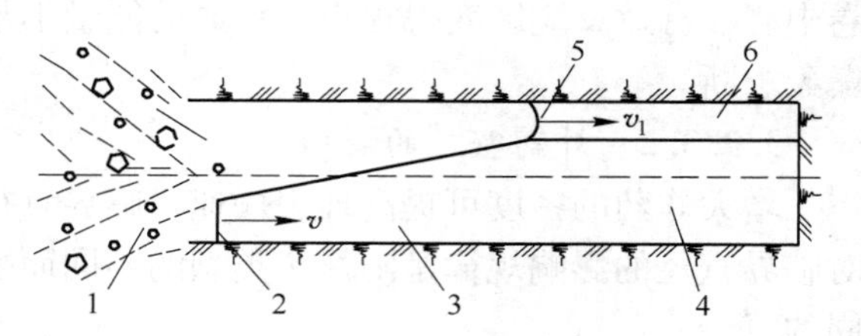

图 3－12 径向间隙效应使药卷发生变形

v—爆速；v_1—冲击波速

1—爆轰产物；2—爆轰波波阵面；3—受压变形炸药；4—未受压缩炸药；5—冲击波波阵面；6—径向间隙

试验证明，采用硝铵类混合炸药出现沟槽效应的间隙尺寸大约相当于药卷直径的0.12～0.13，传爆距离最短的间隙尺寸约相当于药卷直径的0.2。间隙尺寸小于该范围时，由于波的运动阻力和能量损耗增大，空气冲击波传播速度衰减很快，波长很短，压力作用时间很少，故不会产生明显的径向间隙效应。

防止径向间隙效应的措施：

（1）采用散装炸药进行耦合装药消除间隙，可以从根本上避免径向间隙效应的产生；

（2）采用卷状炸药装药时，在炮孔内装一根导爆索，使所装药卷齐爆，或采用同段雷管多点起爆等，也可有效避免径向间隙效应。

3.4 炸药的氧平衡

3.4.1 炸药氧平衡的分类

炸药爆轰产物主要是气体，主要有 CO_2、H_2O、CO、NO_2、NO、O_2、N_2、SO_2、H_2S 等，习惯上又叫炮烟。在爆炸气体产物中，大部分是对人体有害或有毒的气体。爆炸产物中还有少量固体产物，如碳、杂质、金属颗粒等。炸药的组成成分不同或反应条件不同，爆轰产物中有毒有害气体生成量或放热量也会不同，这会直接影响到炸药能量的利用和爆破效果，并影响生产安全。因此，从理论上或通过实验方法，定量分析和确定炸药爆轰产物，对于合理配制和使用炸药均有重大意义。

氧平衡，是衡量炸药中实际含氧量与炸药中碳、氢被完全氧化时所需要的氧量之间能否达到平衡的一种指标。工业炸药的主要成分是 C、H、O、N 四种元素。炸药爆炸反应的过程中，碳、氢元素氧化所需要的氧元素，由炸药本身提供，而不受大气条件的影响。当炸药中成分不同或爆炸条件不同时，根据炸药的氧平衡不同，将可能产生以下几种情况：

（1）零氧平衡。炸药中氧的含量恰好能将碳、氢完全氧化，称为零氧平衡。此时氮元素不参加反应，四种主要元素的化学反应式为：

$$C + O_2 \longrightarrow CO_2, \quad \Delta_r H_m^{\ominus} = +395\text{kJ/mol} \tag{3-3}$$

$$2H_2 + O_2 \longrightarrow 2H_2O, \quad \Delta_r H_m^{\ominus} = +242\text{kJ/mol} \tag{3-4}$$

（2）正氧平衡。炸药中的氧含量足够将碳、氢完全氧化，且有剩余，称为正氧平衡。这种情况除主要按式（3－3）和式（3－4）进行反应外，由于氧的剩余，在高温高压状态下，剩余的氧会与氮元素发生反应，生成 NO 和 NO_2，并吸收一定热量。化学反应式为：

$$N_2 + O_2 \longrightarrow 2NO, \quad \Delta_r H_m^{\ominus} = -96kJ/mol \tag{3-5}$$

$$N_2 + 2O_2 \longrightarrow 2NO_2, \quad \Delta_r H_m^{\ominus} = -17kJ/mol \tag{3-6}$$

（3）负氧平衡。炸药中氧的含量不足以将碳、氢完全氧化，称为负氧平衡。这种情况除主要按式（3－3）和式（3－4）进行反应外，由于氧的不足，部分 C 只能氧化为 CO。化学反应式为：

$$2C + O_2 \longrightarrow 2CO, \quad \Delta_r H_m^{\ominus} = +110kJ/mol \tag{3-7}$$

上述三种不同的反应形式，其结果对工程爆破有极大的影响。从释放能量的多少和是否生成有毒气体来看，可得出以下结论：

（1）零氧平衡时，从理论上讲，反应为理想氧化反应，其生成的产物是：H_2O、CO_2 和 N_2，反应释放热量最大，不产生有毒气体。

（2）正氧平衡时，爆炸反应产物除有 H_2O、CO_2 和 N_2 外，还有游离氧，游离氧在高温下有可能与 N_2 化合，产生有毒的 NO 和 NO_2。由于此反应为吸热反应，因而还会使炸药释放的热量减少。

（3）负氧平衡时，由于氧不足，部分 C 没能充分氧化而形成 CO 甚至是 C，同时部分 H 也不能与氧反应，所以爆炸反应产物中除有 H_2O、CO_2 和 N_2 外，还会有 H_2、CO、C 等，同时反应释放热量不充分，而且 CO 是有毒气体。

从以上各反应式可以看出，不同类型的反应其生成物不同，反应热效应差别也很大。为了充分利用炸药的能量，提高爆炸威力，降低有毒气体的生成量以保证作业安全，应力求在爆轰反应过程中，使炸药中的碳、氢元素被氧元素完全氧化成 CO_2 和 H_2O，而避免生成 CO、NO 和 NO_2，即使其为零氧平衡。

3.4.2 氧平衡的计算方法

炸药的氧平衡在数值上通常用氧平衡值或氧平衡率（%）表示。所谓氧平衡值，就是使炸药中全部碳、氢元素完全氧化时，多余或不足的氧的克原子量与参加反应炸药的克分子量的比值，这个比值的百分数称做氧平衡率。

3.4.2.1 单质炸药（或物质）的氧平衡计算

一般单质炸药（或可燃物质）只含碳、氢、氧、氮元素，可将它们的分子式改写成通式：

$$C_aH_bO_cN_d$$

式中，a、b、c、d 分别代表在一个炸药分子中碳、氢、氧、氮的原子数。

炸药发生爆炸反应时，碳、氢原子的完全氧化按下式进行：

$$C + O_2 \longrightarrow CO_2 \tag{3-8}$$

$$H_2 + \frac{1}{2}O_2 \longrightarrow H_2O \tag{3-9}$$

也就是说，a 个原子的碳氧化成 CO_2，需要 $2a$ 个氧原子；b 个原子的氢氧化成 H_2O，需要$\frac{b}{2}$个氧原子，碳、氢完全氧化共需氧原子数是 $2a+\frac{b}{2}$。炸药本身所含的氧原子数是 c。这样，c 与$\left(2a+\frac{b}{2}\right)$的差值就同三种氧平衡状态相互对应：

（1）当 $c-\left(2a+\frac{b}{2}\right)>0$ 时，为正氧平衡；

（2）当 $c-\left(2a+\frac{b}{2}\right)=0$ 时，为零氧平衡；

（3）当 $c-\left(2a+\frac{b}{2}\right)<0$ 时，为负氧平衡。

在实际运算中，氧平衡值用每克炸药内多余或不足的氧的克数来表示；氧平衡率用百分率表示。$C_aH_bO_cN_d$ 炸药的氧平衡按下式计算：

$$O\cdot B=\frac{\left[c-\left(2a+\frac{b}{2}\right)\right]\times 16}{M} \tag{3-10}$$

式中 16——氧的相对原子质量；

M——炸药相对分子质量。

计算得到 $O\cdot B$ 值的“+”和“-”号分别表示正负氧平衡。

例： 求硝酸铵的氧平衡值。

解： 硝酸铵的分子式为 NH_4NO_3，改写为通式是 $C_0H_4O_3N_2$；各元素的原子数分别是 $a=0$、$b=4$、$c=3$、$d=2$，$M=80$（$=0\times12+4\times1+3\times16+2\times14$）。代入式（3-10），得

$$O\cdot B=\frac{\left[3-\left(2\times0+\frac{4}{2}\right)\right]\times 16}{80}=+0.2\text{g/g}(\text{或}+20\%)$$

答： 硝酸铵的氧平衡值是 +0.2g/g（或 +20%）。

一些常用的单质炸药和可燃物质的氧平衡率列于表 3-3 中，使用时可从表中直接查得。

表 3-3 一些炸药和可燃物质的氧平衡率

单质炸药及可燃物质的名称	分子式	氧平衡率/%	单质炸药及可燃物质的名称	分子式	氧平衡率/%
二硝基重氮酚	$C_6H_2(NO_2)_2NON$	-58.0	硝化甘油	$C_3H_5(ONO_2)_3$	+3.5
特屈儿	$C_6H_2(NO_2)_4NCH_3$	-47.4	木粉	$C_{50}H_{72}O_{33}$	-137.0
泰安	$C_5H_8(ONO_2)_4$	-10.1	纸		-130.0
黑索金	$C_3H_6O_6N_6$	-21.6	石蜡	$C_{18}H_{38}$	-346.0
梯恩梯	$C_6H_2(NO_2)_3CH_3$	-74.0	铝粉	Al	-89.0
硝酸铵	NH_4NO_3	+20.0	柴油	$C_{13}H_{20}$；$C_{16}H_{32}$	-327.21；-342.0
硝酸钾	KNO_3	+39.6	松香	$C_{19}H_{39}COOH$	-297.0
沥青	$C_{30}H_{18}O$	-276.0	硫黄	S	-100.0
氯酸钾	$KClO_3$	+39.2	木炭	C	-266.7

3.4.2.2 混合炸药的氧平衡计算

混合炸药一般由氧化剂、敏化剂、可燃剂等多种成分混合而成。计算混合炸药的氧平衡时，首先需要知道组成成分及其在炸药中所占的比例，然后，通过计算或查表 3-3 得

出混合炸药中各组成成分的氧平衡率，再分别乘以各成分在炸药中所占的百分数，最后求出各乘积的代数和，即得出该混合炸药的氧平衡率。计算公式如下：

$$O \cdot B = \sum_{i=1}^{n} B_i K_i \tag{3-11}$$

式中 B_i——混合炸药中某种成分的氧平衡率；

K_i——相应成分在混合炸药中所占的百分率。

例：求铵油炸药（92—4—4）的氧平衡率。

解：已知成分和配比为：硝酸铵 $K_1=92\%$，木粉 $K_2=4\%$，柴油 $K_3=4\%$。查表3－3得各成分的氧平衡率分别为：硝酸铵 $B_1=+20\%$，木粉 $B_2=-137\%$，柴油 $B_3=-327\%$，据公式（3－11）得该混合炸药的氧平衡率为

$$O \cdot B = 92\% \times 20\% + 4\% \times (-137\%) + 4\% \times (-327\%) = -0.16\%$$

答：该混合炸药的氧平衡率为 -0.16%。

3.4.3 氧平衡的意义

炸药的氧平衡不同，爆炸反应时的热效应和有毒气体的生成量也不同。从理论上分析，零氧平衡的炸药爆炸反应时的放热量最大，爆轰产物中没有有毒气体；正氧平衡的炸药放热量也较大，但是有多余的氧存在，在高温条件下，容易与爆轰产物中的氮产生二次反应，不仅可产生有毒气体，而且这个反应是一种吸热反应，会减少炸药的反应生成热，降低爆炸威力；负氧平衡的炸药，由于自身含氧量不足，将有部分的碳不能完全被氧化，或生成 CO，使放热量大为降低，且产生有毒气体。

综上所述，氧平衡是炸药的一项重要性能指标。它不仅是计算爆炸反应热的重要依据，而且是决定炸药合理配比的重要依据。为了使炸药爆炸反应的生成热量最大，威力最高，并且保证爆破作业安全，要求工程爆破中使用的炸药必须接近零氧平衡。

应当说明，炸药在实际应用中，产生有毒气体的数量不仅与炸药的氧平衡有关，而且与炸药的各成分粒度、混合程度、药卷外壳的约束条件、涂蜡量以及所爆破矿岩是否含硫等多种因素有关。

3.5 炸药的爆炸特性

3.5.1 爆炸反应的几个主要参数

（1）爆热。单位质量炸药在定容条件下爆炸所释放的热量称爆热。测定炸药爆热值的装置是高强度的爆热弹，这种测定方法只在生产炸药的厂家和研究单位使用。爆热是衡量炸药质量优劣的重要指标，爆热愈大，其做功的能力也愈大。几种炸药的爆热值列于表3－4中。

表3－4 几种炸药的爆热值

炸药名称	硝化甘油	黑索金	TNT	硝酸铵	岩石炸药
爆热值/$kJ \cdot kg^{-1}$	6207	5359	4180	1438	3958

（2）爆压。炸药爆炸瞬间，高温高压气体在未向外膨胀做功之前，对周围介质造成

的最大压力称为爆压。工业炸药因完成爆炸反应的时间只有十万分之一秒左右，在这一瞬间可把爆炸气体产物加热升温至2000～5000℃，产生的爆压可达$1.5\times10^{10}\sim3.0\times10^{10}$Pa左右。这样高的爆压是由于压缩能的积聚而造成的，这是对外做功的必要条件。

（3）爆温。炸药爆炸时爆炸中心能达到的最高温度叫爆温，即爆炸热量尚未耗散、全部赋存于爆炸产物时爆炸产物所能达到的最高温度。常用工业炸药的爆温在2000～3000℃之间，单质炸药的爆温在3000～5000℃之间。

（4）爆炸功。炸药爆炸过程的做功能力叫作爆炸功。通常是用爆炸产物作绝热膨胀时，从起始膨胀至温度到炸药初温时所做的全功来表示。用实验方法测得几种炸药的爆炸功数值如表3－5所示。

表3－5　几种炸药的爆炸功

炸药名称	硝化甘油	TNT	黑索金	硝酸铵	硝铵炸药
爆炸功值/$kJ\cdot kg^{-1}$	2.59×10^7	1.76×10^7	2.63×10^7	6.02×10^7	$(3\sim4)\times10^6$

由于炸药爆炸时化学反应不完全以及侧向扩散等造成能量损失，真正有效的爆炸功往往只占炸药爆炸全功的一小部分，约为10%。对于爆破破岩来说，岩石在爆破时的压缩、变形，应力波在岩体内的传播以及岩石的破碎和抛掷等，均属于有用功，而爆破地震、空气冲击波以及过度粉碎和过分抛掷等，均属于无用功。爆破中应尽量设法增加有用功的比例，即提高炸药的能量利用率。

3.5.2　炸药的猛度及其测定

3.5.2.1　猛度的概念

炸药的猛度是指炸药爆炸时对爆破对象的冲击、破碎能力，用它表征炸药的做功功率、爆破产生应力波和冲击波的强度。它是衡量炸药爆炸特性和爆炸作用的重要指标。

对于某种爆破介质，如果爆破的总作用采用总冲量表示，则炸药的猛度可用动作阶段给出的冲量即爆炸总冲量的先头部分来确定。这部分冲量主要取决于炸药的爆轰压力。因此，炸药的密度和爆速愈高，猛度也愈高。

炸药的总冲量与其爆热的平方根成正比，即$I\propto\sqrt{Q_V}$。因此，爆热相同或相近的炸药，其冲量大体相同或相近。

3.5.2.2　猛度的测定

炸药猛度的试验测定方法有多种，其原理都是找出与爆轰压力或头部冲量相关的某个参量作为猛度的相对指标。铅柱压缩法仍是目前普遍采用的测定方法。

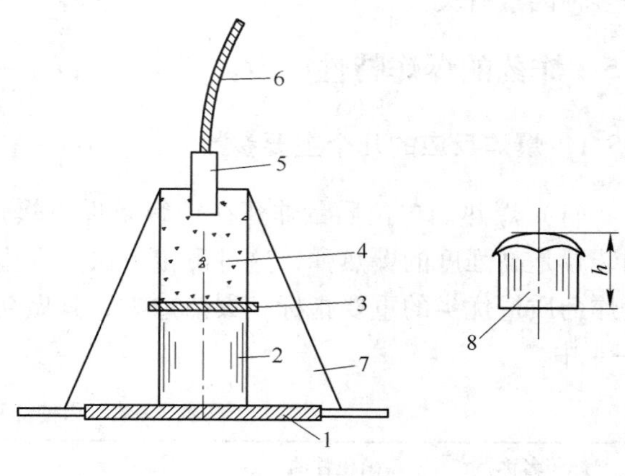

图3－13　铅柱压缩法猛度测定

1—钢砧；2—铅柱；3—钢片；4—炸药；5—火雷管；6—导火索；7—细绳；8—爆后铅柱

铅柱压缩法简单易行，应用广泛。试验时将纯铅制成高60mm、直径40mm的铅柱，置于钢砧上（见图3－13）；铅柱上端放置一块厚 10mm、直径为 41.5mm 的钢片，钢片上端放置重 50g、直径 40mm、密度为 $1g/cm^3$ 的药柱试样，并捆扎固定在钢砧上。药柱用牛皮纸做外壳，中心插入 8 号雷管进行引爆，爆炸后铅柱压缩。用压缩前铅柱的高度 60mm 与压缩后铅柱的高度 h 的差值 Δh 表示该炸药的猛度（mm），即：

$$炸药猛度 = 60 - h \tag{3-12}$$

3.5.3 炸药的爆力及其测定

3.5.3.1 爆力的概念

笼统地说，爆力是反映炸药爆轰在介质内部做功的性能，是衡量炸药爆炸作用性能的重要指标。

炸药能量对外界做功的原因是在于炸药爆炸瞬间迅速释放出化学能，将爆炸生成的气体产物立即加热到数千摄氏度的高温，并在气体产物中造成数万兆帕的高压状态，导致气体产物向周围急速膨胀而做功。炸药这种爆炸做功的能力，通常称为爆力。它主要取决于爆热和所产生气体的多少。

3.5.3.2 炸药爆力的测定

试验测定炸药爆力的方法也很多，其原理是找出与炸药做功能力有关的某个参量，来作为相对爆力的指标。常用的是铅铸扩孔法（又称特劳茨法）和抛掷漏斗对比法。

（1）铅铸扩孔法。用纯铅铸成直径为 200mm、高 200mm 的圆柱体，柱体轴心处钻有一直径为 25mm 的小孔，孔深 125mm，铅铸体重 80kg 左右，如图 3-14 所示。试验时，将受试炸药 10g 用锡箔纸作外壳制成 $\phi = 24mm$ 的药柱，一端插入 8 号雷管，一并装入铅柱轴心孔内，然后用由 144 孔/cm^2 的筛筛选过的石英砂填满圆孔，引爆后圆孔被扩大成梨形空腔，如图 3-14（b）所示。清除孔内残物，注水测量被扩后梨形空腔容积。扩孔前、后容积的差值，作为炸药爆力指标，单位 mL。

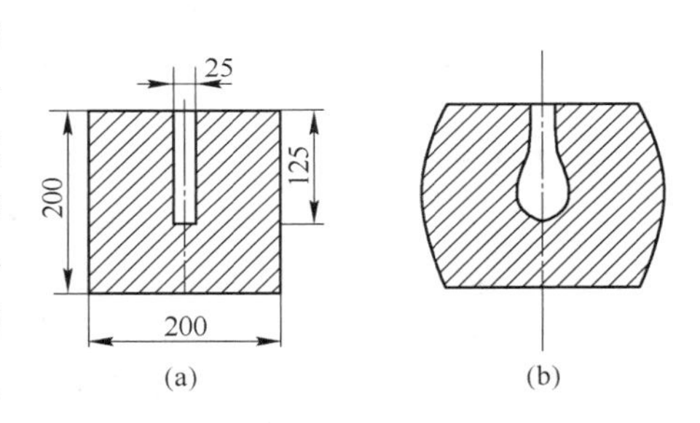

图 3-14 铅铸扩孔法爆力测定

（a）爆炸前；（b）爆炸后

因环境温度对试验结果有影响，故规定标准试验温度为 15℃。若试验时的环境温度不同于标准温度，扩孔值应按测试规范进行修正。

（2）抛掷漏斗对比法。在生产现场，常使用爆破抛掷漏斗作为比较炸药爆破做功能力评判的标准。其原理是利用埋入均质岩土中的炸药卷爆破形成的漏斗形爆坑（即爆破漏斗）体积，来比较不同炸药威力的大小。这种测定方法，没有统一规定的标准。因此，只有在同一具体条件（同一均质岩土、同一药量、同一药卷埋深等）下测定的结果才有可比性。否则，由于条件不同，测得结果变化很大，就会失去可比性。

测定方法是在均质岩土中钻一炮孔，然后将炸药集中装入孔底（药卷内插入雷管），填塞炮孔后引爆。爆后在地面产生一个爆破漏斗（见图 7-10），测出漏斗直径 D 值（各个方向多测几次，取平均值）和漏斗深度 H 值，然后按下式计算漏斗体积 $V(m^3)$：

$$V=\frac{1}{12}\pi D^2 H \tag{3-13}$$

式中 D——爆破漏斗直径平均值，m；

H——爆破漏斗可见深度，m。

漏斗体积的大小就表征了受试炸药爆力的大小。

3.5.4 聚能效应及其应用

在爆破工程中，人们会看到雷管尾部有半球形或圆锥形凹穴，这是为什么呢？另外，在药量相等的情况下，同是圆柱形药包，平底药包与穴底药包表现出来的爆炸能力却有方向性的区别，这又是为什么？要回答这些问题，就要了解药包的聚能效应。

3.5.4.1 聚能效应原理

图3－15所示为药包破甲试验。采用四种不同形式的药包进行对比：平底药包、纸锥药包、金属锥底药包、适当离开靶板的金属锥底药包。它们为同一药种，装药密度与药量均相等，但起爆后破甲效果却不相同。

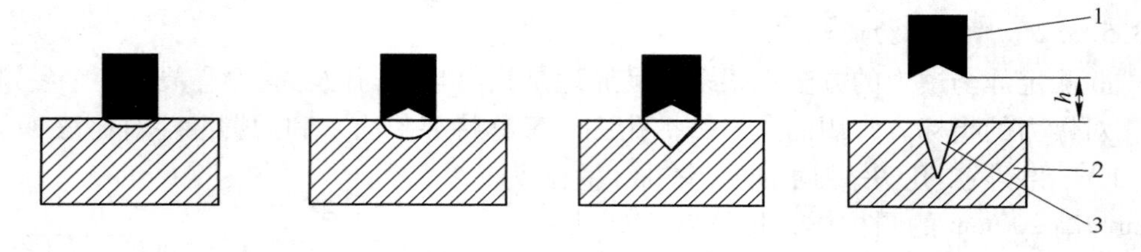

图3－15 药包破甲试验

1—药包；2—靶板；3—穿甲深度；h—炸高

上述对比试验证明一个道理：药包一端做成凹穴状，就能起到聚能作用；当凹穴的材质和规格不同时，聚能的程度也不同，即炸药的能量分布情况不同。

炸药爆炸后其能量主要是以爆轰产物的高温、高压气流形式向外传播，这种高温、高压气流又叫爆能流。从图3－15不难看出：由于聚能穴的存在，爆轰产物的运动轨迹发生聚焦现象。聚能流使爆能集中的程度取决于聚能穴形状和穴面的光滑程度。在使用金属聚能穴且锥高与锥底直径比例合适时，聚能流速度可达15000～100000m/s，大大超过炸药的爆速；聚能流的压力可达数十万兆帕，也大大超过炸药的平均爆压值。因此聚能效应可以获得极大的穿透能力。

聚能药包的形状确定之后，对应存在着一个聚能焦点，在该焦点处聚能流速度与能量密度最大。聚能焦点距药包的距离叫炸高。正确选择炸高，可获得最大穿透效果。

实践证明，带金属罩的聚能穴能量集中程度较大，这是因为金属本身在聚能流作用下被挤出，形成高速金属微粒子流，密度更大，能量更为集中。金属聚能穴的形状、锥角、高度和厚度均影响着聚能流的集中度和穿透能力，一般为圆锥形，锥角45°～55°，高度为底圆直径的1.5～2倍，以厚度为0.75～1mm的金属聚能穴为最佳。

3.5.4.2 聚能效应的具体应用

（1）工业雷管都带有聚能穴，可提高局部起爆能力；

(2) 露天或井下二次破碎用的药包，其端部作成聚能穴，叫聚能药包，其破碎大块的效果十分明显，尤其在裸露药包爆破时更甚；

(3) 常用药包的底部做成聚能穴，可提高炸药的殉爆距离，从而增强对相邻药包起爆能力；

(4) 用专门聚能药包处理残炮，可以穿透未爆药包的炮泥，使处理拒爆炮孔的安全性大为改善；

(5) 军事上的穿甲弹、油气井使用的射孔弹、炼钢炉出钢口堵结时使用的处理药包等，都是聚能穴应用的生动例子。

本章小结

爆炸现象比较常见，其中炸药爆炸属于化学爆炸。化学爆炸必须同时具备三个要素；炸药的化学反应有四种不同的形式（热分解、燃烧、爆炸和爆轰），并且在一定条件下可以互相转化。

炸药的起爆和传爆是物理过程和化学过程的同时作用。起爆能根据形式不同可分为热能、机械能和爆轰冲能三种；感度是表征炸药起爆难易程度的指标；起爆的安全可靠对工程爆破有非常重要的影响。炸药爆炸的相关性能影响炸药在实际工程中的应用，如间隙效应、聚能效应等。

氧平衡是炸药的一个重要参数，它关系到炸药能量的利用程度和爆破现场有毒有害气体的多少。最理想的炸药是零氧平衡的炸药。

炸药的各种爆炸参数（爆力、猛度、爆热、爆温、爆压、爆速等）反应了炸药的性能，它们直接影响炸药爆炸时的爆破效果，在工程实际中应根据这些指标选择适当的炸药。

重要概念

爆炸　炸药　氧平衡　起爆　感度　传爆过程　爆轰波　炸药爆炸参数　猛度　爆力　径向间隙效应　聚能效应

复习思考题

3-1　化学爆炸的三要素是什么，为什么要同时具备？

3-2　炸药化学反应的形式有几种，各有什么特征，它们之间的关系如何，对工程爆破中保管和使用炸药有什么启示？

3-3　起爆和传爆是一回事吗，为什么？

3-4　试用活化理论解释炸药的起爆。

3-5　炸药的敏感度指什么，它用什么指标来衡量，研究炸药的敏感度有何实际意义？

3-6　炸药受冲击、摩擦等机械能作用为什么会发生爆炸，研究它有何意义？

3-7　影响炸药稳定传爆的因素有哪些，为什么？

3-8　炸药的氧平衡是怎么回事，混合炸药的氧平衡对其使用有何影响？

3-9　已知2号岩石硝铵炸药的配比（硝酸铵85%、TNT 11%、木粉4%），求其氧平衡率。

3-10　什么是炸药的爆容、爆热、爆温、爆压，它们对炸药性能有何影响？

3-11 如何测定炸药爆速，原理是什么？

3-12 径向间隙效应是如何产生的，它对工程爆破有何不利影响，采用什么措施可以防止径向间隙效应的危害？

3-13 何为殉爆距离，它有何意义？

3-14 炸药的猛度和爆力有何区别与联系？

3-15 聚能效应是如何产生的，在工程爆破中如何利用这种效应？

4 工业炸药

本章要点及学习目的

工业炸药是工程爆破中使用的主要材料，它的性能对爆破效果有着直接的影响作用。了解炸药的分类、成分和性能，不仅有助于在生产中正确选择炸药种类，而且有助于安全、正确地保管和使用炸药。

在隧道开挖、矿床开采和土石方工程中，由于矿石和岩石一般都比较坚硬，强度高且整体性强，直接依靠人力或机械进行开挖是无法完成的，而使用炸药进行爆破则是一种行之有效的方法。

炸药是工程爆破中使用的主要材料，在工程爆破中可对周围介质（矿、岩、混凝土等）产生强烈的破碎作用。炸药在采掘、交通、水电、水利、地质、农田、化工、建材、森工等工农业建设和军工中都有着广泛的应用。

根据工程爆破中不同介质和要求，所用的炸药品种是不相同的，其性能也有较大的差异，本章主要介绍有关工业炸药的成分、性能及适用条件等相关知识。

4.1 炸药及工业炸药分类

4.1.1 炸药及其特点

炸药是一种在一定外能作用下可发生高速化学反应、并释放出大量热量和生成大量气体的物质。概言之，炸药是一种能把它所集中的能量在瞬间释放出来的物质。

从本质上分析，炸药具有如下几个特点：

(1) 所含能量高度集中。炸药与其他一般燃料相比较，其单位容积所含热量很高。这一点可由炸药爆炸与燃料燃烧所释放出来的热量差异来予以说明。

从表 4－1 看出，单位质量炸药爆炸时的放热量比相同质量的燃料与空气混合燃烧时所产生的热量少，但单位体积炸药爆炸时的放热量比相同体积的燃料燃烧产生的热量大几百倍。这说明炸药能量的密度大，所含能量集中。

表 4－1 几种炸药和燃料的能量比较

物质名称		单位质量的热量/$kJ \cdot kg^{-1}$	单位体积的热量/$J \cdot L^{-1}$	物质名称		单位质量的热量/$kJ \cdot kg^{-1}$	单位体积的热量/$J \cdot L^{-1}$
炸药	TNT	4222	6772	燃料	碳氢混合物（完全燃烧）	8945	17.1
	黑索金	6207	9948		氢氧混合物（完全燃烧）	13501	7.1
	硝化甘油	5359	8569				

注：表中炸药的密度 $\rho = 1.6 g/cm^3$。

从功率角度看，炸药所含的能量在瞬间（常以微秒或毫秒量级表示）释放出来，可以达到相当大的理论功率，产生巨大的做功效果，这是一般燃料无法比拟的。

（2）包含了爆炸反应所需的元素或基团。炸药本身同时拥有进行爆炸反应所需的氧化剂和可燃剂。当其受到一定的外能激发后，不需要外界物质参与即可进行高速爆炸反应。

（3）具有相对稳定的物质结构。一般地说，在常温常压的环境中，炸药并不是“一触即发”的极不稳定的物质，特别是工业用炸药是比较稳定的。因为在炸药分子中，化学性活泼的碳、氢原子与氧原子之间，间隔有化学性稳定的氮原子，形成相对稳定的化学键，使炸药处于暂时相对稳定状态。当受到足够外能作用时，碳、氢原子与氮原子的化学键断开并相互发生急剧的化学反应，形成稳定的新的化学结构，组成新分子，并释放出大量能量，这时才发生爆炸反应。

4.1.2 工业炸药及其要求

区别于一些特殊用途的炸药类型（如军用炸药等），工业炸药是指可大规模生产并广泛应用于采矿、公路、铁路、水电等工程建设中的炸药。其性能和质量对爆破效果和爆破安全有直接的影响，一般应满足如下要求：

（1）爆炸性能良好，有足够的威力以满足各种矿石和岩石爆破的要求。

（2）有较低的机械感度和适度的起爆感度，既能保证生产、贮存、运输和使用的安全，又能保证顺利起爆。

（3）炸药配比接近于零氧平衡，以保证爆炸产物中有毒有害气体生成量少，不超过安全规定所允许的标准。

（4）有适当的稳定贮存期，在贮存期内，不会变质失效。

（5）原料来源广泛，加工工艺简单，操作安全，且价格便宜。

4.1.3 工业炸药的分类

炸药分类的方法很多，一般可分别按照炸药的使用用途、使用场合和炸药的主要成分进行分类。

4.1.3.1 按使用用途分类

（1）起爆药。起爆药是一种对外能作用特别敏感的炸药。当其受较小的外能作用时（如受机械、热、火焰的作用），均易激发而产生爆轰，且反应速度极快，故工业上常用它来制造雷管，最常用的有二硝基重氮酚（DDNP）和氮化铅。

（2）猛性炸药。与起爆药相比，猛性炸药的敏感度较低，通常要在一定的起爆源（如雷管）作用下才会发生爆轰。猛性炸药具有爆炸威力大，爆炸性能好的特点，因此是用于爆破作业的主要炸药种类。根据猛性炸药的构成，又可分为单质猛性炸药和混合炸药。

工业上常用的单质猛性炸药有三硝基甲苯（TNT）、黑索金和泰安等，其化学成分是单一的化合物，常用来做雷管的加强药、导爆索和导爆管的芯药以及混合炸药的敏化剂等。

混合炸药是工程爆破中用量最大的炸药，它由爆炸性物质和非爆炸性物质按一定配比混制而成。大多数工业炸药都属于混合炸药，如常用的有粉状硝铵类炸药和含水硝铵类炸药等。

（3）发射药。如常用的黑火药，其特点是对火焰极敏感，可在敞开的环境中燃烧，而在密闭条件下则会发生爆炸，但爆炸威力较弱，工业上主要用于制造导火索和矿用火箭弹。黑火药吸湿性强，吸水后敏感度会大大降低。

（4）烟火剂。烟火剂基本上是由氧化剂与可燃剂组成的混合物，其主要变化过程是燃烧，在极个别的情况下也能爆轰。一般用来装填照明弹、信号弹、燃烧弹等。

4.1.3.2 按使用场合分类

（1）煤矿许用炸药。煤矿许用炸药又称安全炸药。该类炸药主要针对有瓦斯和矿尘爆炸危险的煤矿生产环境设计，除严格要求控制其爆炸产物的有毒气体不超过安全规程所允许的量以外，还需在炸药中加入10%～20%的食盐作为消焰剂，以确保其在爆破时不会引起瓦斯和矿尘爆炸。因此，煤矿许用炸药主要用于有瓦斯和煤尘爆炸危险的矿井爆破作业，也可用于其他工程爆破作业。

（2）岩石炸药。该类炸药是一种允许在没有瓦斯和矿尘爆炸危险、通风环境较差、作业空间狭窄的环境中使用的炸药类型，其特点是有毒有害气体的生成量受到严格的限制和规定，因此可适用于没有瓦斯和矿尘爆炸危险的各种地下工程中。

（3）露天炸药。露天炸药是指适用于各种露天爆破工程的炸药类型。由于露天爆破用药量大，且爆破场地空间开阔，通风条件较好，故这类炸药的爆炸生成物中有毒有害气体含量相对允许大一些。

（4）特种炸药。泛指用于特种场合爆破的炸药类型。如在爆炸金属加工、复合、表面硬化工艺及金属切割、石油射孔、震源弹中使用的炸药。

4.1.3.3 按主要成分分类

（1）硝铵类炸药。指以硝酸铵为主要成分（一般达80%以上）的炸药。由于硝酸铵为常用的化工产品，来源广泛，易于制造且成本低廉，故这种炸药也是目前国内外用量最大、品种最多的炸药类型。

（2）硝化甘油炸药。该类炸药的组成以硝化甘油为主要成分。由于感度高危险性大，近年来铵油炸药的大量使用逐步地取代了硝化甘油炸药，只在小直径光面爆破、油井、水下爆破中有少量使用。

（3）芳香族硝基化合物类炸药。主要是苯及其同系物的硝基化合物，如梯恩梯、黑索金等。

（4）其他炸药。指不属于以上三类的工业炸药，如黑火药和氮化铅等。

总之，工业炸药种类较多，硝铵类炸药是目前品种最多且使用广泛的炸药。硝铵类炸药也称硝铵炸药，其主要成分一般有：

（1）氧化剂。即硝酸铵，在炸药中的作用是提供爆炸反应时所需的氧元素。

（2）还原剂（可燃剂）。常用的有梯恩梯、木粉、木炭、柴油、铝粉等。它与氧化合，进行剧烈的燃烧（氧化）反应。

（3）敏化剂。常用的有梯恩梯、二硝基萘、铝粉和一些发泡剂或发泡物质等。它的作用是增加炸药的敏感度，改善爆炸性能。

（4）加强剂。为提高炸药威力而加入的物质，如梯恩梯、铝粉等。

（5）其他成分。为满足各种不同的使用要求而加入的一些附加成分，如消焰剂（如食盐)、防潮剂（如石蜡)、疏松剂（如木粉)、黏结剂等。

以上诸成分中，氧化剂和还原剂为必要成分，其他成分则视需要而定。为了进一步了解各种硝铵炸药的组成及特性，后面章节会分别介绍常用的两大类硝铵炸药，即粉状硝铵炸药和含水硝铵炸药。

4.1.3.4 炸药的安定性

炸药的安定性是指炸药在长期贮存中保持其原有物理化学性质不变的能力，分为物理安定性和化学安定性。研究炸药的安定性，对其制造、贮存和使用均有实际意义。

物理安定性主要是指炸药的吸湿性、挥发性、可塑性、机械强度、结块、老化、冻结、收缩等一系列物理性质。物理安定性的大小取决于炸药的物理性质稳定程度。如在保管、使用硝化甘油类炸药时，由于炸药易挥发收缩、渗油、老化和冻结，导致炸药变质，严重影响保管和使用的安定性及爆炸性能；又如铵油炸药和2号岩石硝铵炸药易吸湿、结块，导致炸药变质严重，影响使用效果。

化学安定性的大小取决于炸药的化学性质及常温下化学分解速度的大小，并与贮存条件密切相关，如5号浆状炸药要求不会导致硝酸铵重结晶的库房温度是20～30℃，而且要求通风良好。

4.2 单质炸药

4.2.1 单质起爆药

4.2.1.1 雷汞

雷汞学名雷酸汞，分子式 $Hg(ONC)_2$，相对分子质量284.65，为白色或灰白色八面体结晶（白雷汞或灰雷汞)，属斜方晶系。机械撞击、摩擦和针刺感度均较高，起爆力和安定性均次于叠氮化铅。晶体密度4.42g/cm^3，表观密度1.55～1.75g/cm^3，爆发点210℃(2s)，爆燃点160℃，5℃即自行分解。湿的雷汞易与铝反应而生成极危险的雷酸盐，故雷汞不允许装入铝壳之中。

雷汞有毒，热安定性和耐压性差，同时含雷汞的击发药易腐蚀炮膛和药筒，故在我国已基本被淘汰。

4.2.1.2 叠氮化铅

叠氮化铅（简称氮化铅）的分子式为 $Pb(N_3)_2$，相对分子质量291.26。叠氮化铅爆轰成长期短，能迅速转变为爆轰，因而起爆能力大（比雷汞大几倍)。叠氮化铅还具有良好的耐压性能和良好的安全性（50℃下可储存数年)，水分含量增加时其起爆能力也无显著降低。和目前常用的其他几种起爆药相比，叠氮化铅是一种性能优良的起爆药，但也存在一定的缺点，如火焰感度和针刺感度较低，在空气中，特别是在潮湿的空气中，叠氮化铅晶体表面会生成一薄层对火焰不敏感的碱性碳酸盐。为了改善叠氮化铅的火焰感度，在装配火雷管时，常用对火焰敏感的三硝基间苯二酚铅压装在叠氮化铅的表面，用以点燃叠氮化铅，同时还可以避免空气中水分和 CO_2 对叠氮化铅的作用。另外，叠氮化铅受日光照射后容易发生分解，生产过程中容易生成有自爆危险的针状晶体等。

叠氮化铅是白色晶体，可以形成四种晶形（α^-、β^-、γ^-及δ^-)，与雷汞或二硝基重氮酚比较，其热感度较低，但起爆威力较大。叠氮化铅不因潮湿而失去爆炸能力，可用于水下起爆。由于叠氮化铅在有 CO_2 存在的潮湿环境中易与铜发生作用而生成极敏感的氮化铜，因此叠氮化铅雷管不可用铜质管壳，而必须采用铝壳或纸壳。

叠氮化铅含有重金属，有毒，对环境污染大，生产成本高，近年来在我国很少使用。

4.2.1.3 二硝基重氮酚

二硝基重氮酚，学名4,6－二硝基重氮酚，简称DDNP，分子式 $C_6H_2N_4O_5$，相对分子质量210.11。

DDNP系一种做功能力可与梯恩梯相比的单质炸药，纯品为黄色针状结晶，工业品为棕紫色球形聚晶。撞击和摩擦感度均低于雷汞及纯氮化铅而接近糊精氮化铅，火焰感度高于糊精氮化铅而与雷汞相近。起爆力为雷汞的两倍，但密度低，耐压性和流散性较差。50℃下放置30个月无挥发。微溶于四氯化碳及乙醚，25℃时在水中溶解度为0.08%，可溶于丙酮、乙醇、甲醇、乙酸乙酯、吡啶、苯胺及乙酸等。晶体密度1.639g/cm^3，表观密度0.27g/cm^3，干燥的二硝基重氮酚75℃时开始分解，熔点157℃，爆发点195℃(5s)，爆燃点180℃。由于二硝基重氮酚的原料来源广，生产工艺简单、安全，成本较低，而且具有良好的起爆性能。20世纪40年代后，DDNP作为工业雷管装药取代了雷汞，还用于装填电雷管和毫秒延时雷管及其他火工品，是目前用量最大的单质起爆药之一。

4.2.2 单质猛炸药

4.2.2.1 梯恩梯

梯恩梯，学名三硝基甲苯，英文缩写为TNT，分子式为 $C_6H_2(NO_2)_3CH_3$ 或 $C_7H_5N_3O_6$，相对分子质量为227。梯恩梯一般呈淡黄色鳞片状晶体，晶体密度1.66g/cm^3，晶体堆积密度0.9～1.0g/cm^3，熔融梯恩梯密度1.464g/cm^3(81℃)。纯梯恩梯的熔点80.65℃。梯恩梯吸湿性很小，难溶于水，易溶于甲苯、丙酮和乙醇等有机溶剂。梯恩梯的热安定性很高，在常温下贮存20年无明显变化。梯恩梯能被火焰点燃，在密闭或堆量很大的情况下燃烧，可以转化为爆炸。它的机械感度较低，但如混入细砂类硬质掺和物时容易引爆。

梯恩梯的爆炸性质与许多因素有关。通常条件下，撞击感度为4%～8%（10kg锤，25cm落高)，摩擦感度为4%～6%，爆发点为290～300℃，做功能力285～300mL，猛度16～17mm。密度为1.21g/cm^3 时，爆速4720m/s；密度为1.62g/cm^3 时，爆速为6990m/s，爆热3810～4229kJ/kg，爆容750～770L/kg。

梯恩梯有广泛的军事用途。许多炸药厂采用精制梯恩梯作雷管中的加强药或硝铵类炸药中的敏化剂。

梯恩梯也是一种有毒的物质，其粉尘、蒸气主要是通过皮肤侵入人体内，其次是通过呼吸道。在生产和使用中接触梯恩梯和铵梯炸药均有可能中毒，主要是引起中毒性肝炎和再生障碍性贫血，结果导致黄疸病、青紫病、消化功能障碍及红、白细胞减少等，严重时可致死；此外，还可以引起白内障、影响生育功能等。

4.2.2.2 黑索金

黑索金，即环三次甲基三硝胺（$C_3H_6N_6O_6$），简称RDX。黑索金为白色晶体，熔点204.5℃，爆发点230℃，不吸湿，几乎不溶于水。黑索金热安定性好，其机械感度比梯恩梯高。黑索金的爆热值为5350kJ/kg，爆力500mL，猛度（25g 药量）16mm，爆速8300m/s。由于它的威力和爆速都很高，除用作雷管中的加强药外，还可用作导爆索的药芯或同梯恩梯混合制造起爆药包。

4.2.2.3 特屈儿

特屈儿，即三硝基苯甲硝胺（$C_7H_5N_5O_8$），简称 CE。它是淡黄色晶体，难溶于水，热感度及机械感度均高，爆炸性能好，爆力475mL，猛度22mm。特屈儿容易与硝酸铵强烈作用而释放热量导致自燃。

4.2.2.4 泰安

泰安，即季戊四醇四硝酸酯（$C_5H_8N_4O_{12}$），简称 PETN。它是白色晶体，几乎不溶于水。泰安的爆力为500mL，猛度（25g 药量）15mm，爆速8400m/s。泰安的爆炸特性与黑索金相近，用途相同。

4.3 粉状硝铵炸药

常用的粉状硝铵炸药有铵油炸药、铵松蜡炸药和煤矿许用炸药，由于其组成成分不同，性能指标和适用条件也各不相同。

4.3.1 铵油炸药

铵油炸药是一种无梯炸药，主要成分是硝酸铵和柴油，是我国金属矿山应用广泛的一种钝感猛性炸药。铵油炸药的主要成分如下：

（1）硝酸铵。硝酸铵是一种应用广泛的化学肥料。纯硝酸铵为白色晶体，熔点为160.6℃，温度达300℃时便发火燃烧，高于400℃时可转为爆炸。硝酸铵是一种弱性爆炸成分，钝感，需经强力起爆后才能引爆，爆速为2000~2500m/s，爆力为165~230mL。

硝酸铵具有较强的吸湿性和结块性。吸湿现象的产生是由于它对空气中的水蒸气有吸附作用，并通过毛细管作用在其颗粒表面形成薄薄的一层水膜。硝酸铵易溶于水，因而水膜会逐渐变为饱和溶液。只要空气中的水蒸气压力大于硝酸铵饱和溶液的压力，硝酸铵就会继续吸收水分，一直到两者压力平衡时为止。硝酸铵吸水后，一旦温度下降，饱和层将部分或全部发生重结晶，形成坚硬致密的晶粒层，将硝酸铵黏结成块状。这种结块硬化过程还将因晶形变换和上部重压等原因而加剧，给加工炸药造成很大困难。

为了提高硝酸铵的抗水性，可加入防潮剂。常用的防潮剂有两类：一类是憎水性物质，如松香、石蜡、沥青和凡士林等，它们覆盖在硝酸铵颗粒表面，使它与空气隔离；另一类是活性物质，如硬脂酸钙、硬脂酸锌等，它们的分子结构一端为体积较大的憎水性基团（硬脂酸根），另一端是体积较小的亲水性基团（金属离子）；这些活性物质加入后，它们的亲水性基团将朝向外面，因而能起到防水作用。

为了防止硝酸铵吸湿后结块硬化，可在炸药中加入适量的疏松剂，如木粉等。

干燥的硝酸铵与金属作用极缓慢，有水时其作用速度加快。故溶化的硝酸铵与铜、铅和锌均起作用，形成极不稳定的亚硝酸盐，但硝酸铵不与铝、锡作用，故在制造硝铵炸药时均使用铝质工具和容器。同时，由于硝酸铵是强酸弱碱生成的盐类，故要避免与弱酸强碱生成的盐类（如亚硝酸盐、氯酸盐等）混在一起，否则也会产生安定性很差的亚硝酸铵，容易引起爆炸。

（2）柴油。柴油在炸药中作可燃剂。在柴油成分中，要求碳氢元素含量达99.5%以上。柴油来源容易，运输、使用安全，有较高的黏性和挥发性，能有效渗入炸药的颗粒中，从而保证炸药组分混合的均匀性和致密性。柴油高温时易渗油，低温时会凝固，温度适应性较差，应结合当地气温情况考虑。生产炸药时常用轻柴油，一般多采用0号、10号、20号轻柴油。在严寒冬季，为防止其冻结，可采用-10号、-20号、-35号轻柴油。由于柴油的爆热值可高达41860kJ/kg，故加入柴油可以使铵油炸药的威力大大提高。

（3）木粉。木粉主要用作疏松剂以防止炸药结块，同时还可起到可燃剂的作用。除了作疏松剂和可燃剂外，还能调节炸药的密度。要求它不含杂质、不腐朽、含水在4%以下，细度在0.83~0.38mm（20~40目）之间。

几种粉状铵油炸药的成分与性能见表4-2。

多孔粒状铵油炸药是一种较新型的工业炸药类型，它是由多孔粒状硝酸铵和柴油组成。多孔粒状硝酸铵为白色颗粒状混合物，是一种内部充满空穴和裂隙的颗粒状物质，其堆积密度一般在0.75~0.85g/cm³之间。与普通粉状硝酸铵相比，不易结块，流散性好，吸油能力强。多孔粒状铵油炸药可用于露天及地下无水爆破作业，其爆破效果近似于2号岩石铵梯炸药，该炸药的感度较低，一般用一发雷管难以引爆，须利用起爆药包进行起爆。

多孔粒状铵油炸药具有组分少、原料来源丰富、使用方便、成本低廉、不易结块、流散性好、装药时不易堵孔、性能可靠、贮存稳定、使用安全和易于机械化装药等特点，其用量正逐年提高。

几种多孔粒状铵油炸药的成分与性能见表4-2。

表4-2 铵油炸药的组分、性能及适用条件

<table>
<tr><td colspan="3" rowspan="2">组分和性能</td><td colspan="4">炸药名称</td></tr>
<tr><td>1号铵油炸药（粉状）</td><td>2号铵油炸药（粉状）</td><td>3号铵油炸药（粒状）</td><td>多孔粒状铵油炸药</td></tr>
<tr><td rowspan="3">组分/%</td><td colspan="2">硝酸铵</td><td>92±1.5</td><td>92±1.5</td><td>94.5±1.5</td><td>94.5±0.5</td></tr>
<tr><td colspan="2">柴油</td><td>4±1</td><td>1.8±0.5</td><td>5.5±1.5</td><td>5.5±0.5</td></tr>
<tr><td colspan="2">木粉</td><td>4±0.5</td><td>6.2±1</td><td></td><td></td></tr>
<tr><td colspan="3">水分（不大于）/%</td><td>0.75</td><td>0.8</td><td>0.8</td><td>0.3</td></tr>
<tr><td colspan="3">装药密度/g·cm⁻³</td><td>0.9~1.0</td><td>0.8~0.9</td><td>0.9~1.0</td><td></td></tr>
<tr><td rowspan="5">爆炸性能</td><td rowspan="2">殉爆距离（不小于）/cm</td><td>浸水前</td><td>5</td><td></td><td></td><td></td></tr>
<tr><td>浸水后</td><td></td><td></td><td></td><td></td></tr>
<tr><td colspan="2">猛度（不小于）/mm</td><td>12</td><td>18</td><td>18</td><td>15</td></tr>
<tr><td colspan="2">爆力（不小于）/mL</td><td>300</td><td>250</td><td>250</td><td>278</td></tr>
<tr><td colspan="2">爆速（不低于）/m·s⁻¹</td><td>3300</td><td>3800</td><td>3800</td><td>2800</td></tr>
<tr><td colspan="3">炸药保证期/d</td><td>（雨季）7
（一般）15</td><td>15</td><td>15</td><td>30</td></tr>
<tr><td colspan="3">适用条件</td><td>露天或无瓦斯、无矿尘爆炸危险的中硬以上矿岩的爆破工程</td><td>露天中硬以上矿岩的爆破和硐室大爆破工程</td><td>露天大爆破工程</td><td>露天大爆破工程或无瓦斯、无矿尘爆破危险的地下中深孔爆破</td></tr>
</table>

随着多孔粒状硝酸铵的大量生产，因其吸油率高，可以在现场直接与柴油混合加工成铵油炸药，因此，简化了加工工艺。另外，由于采用机械化装药，露天矿可以在装药车上加工粒状铵油炸药，并直接将其送入炮孔之中。在地下矿山，可先将多孔粒状硝酸铵装入一种移动式混药装药器中，然后用压气将硝酸铵推至装药管，同时用压气喷入经计量槽计量过的柴油，这样硝酸铵和柴油在容器下半部混合后即可装入炮孔中。

总之，铵油炸药具有原料来源广，价格低廉，加工制造简单等优点，故其使用也较为广泛。但铵油炸药缺点也不容忽视，比如容易吸湿和结块，故不能用于有水的工作面。

4.3.2 铵松蜡炸药

铵松蜡炸药是由硝酸铵、木粉、松香和石蜡混制而成。它有利于克服铵梯和铵油炸药吸湿性强、保存期短的不足，其原料来源也较符合我国资源特点。总之，它除了保持铵油炸药的优点外，还具有抗水性能良好，保存期长，性能指标也达到了2号岩石炸药标准等优点。铵松蜡炸药之所以具有良好的防水性能，主要是因为：

（1）松香、石蜡都是憎水物质，可形成粉末状防水网，防止硝酸铵吸水；

（2）石蜡还可形成一层憎水薄膜，阻止水分进入；

（3）含有柴油的铵松蜡炸药中，松香与柴油可以共同组成油膜，也能防止水分进入。

除铵松蜡炸药外，还有铵沥炸药、铵沥蜡炸药等。这些炸药的缺点是：由于石蜡和松香的燃点低，不能用于有瓦斯和矿尘爆炸危险的地下矿山；另外，这类炸药的毒气生成量也较大。

4.3.3 煤矿许用炸药

众所周知，煤矿均有煤尘，而且一般还有瓦斯涌出。所谓煤尘，是指在热能的作用下能够发生爆炸的细煤粉（粒径0.75～1.00mm以下）。煤矿瓦斯实际上是瓦斯与空气的混合物，瓦斯浓度越高，越容易发生爆炸。煤尘不仅可以单独爆炸，而且当瓦斯和煤尘达到一定浓度时，受到爆破作用还容易引起瓦斯和煤尘爆炸。所以，对煤矿许用炸药一般有如下要求：

（1）为了使炸药爆炸后不会引起矿井局部高温，要求煤矿用炸药爆热、爆温和爆压都要相对低一些；

（2）有较好的起爆感度和传爆能力，保证稳定爆轰；

（3）排放的有毒气体符合国家标准，炸药配比应接近零氧平衡；

（4）炸药成分中不含金属粉末。

在煤矿许用炸药中要加入一定的消焰剂，其作用是：

（1）吸收一定的爆热，从而避免在矿井大气中造成局部高温；

（2）对瓦斯和空气混合物的氧化反应起抑制作用，能破坏瓦斯燃烧时连锁反应的活化中心，从而阻止了瓦斯－空气混合物的爆炸。

消焰剂是煤矿许用炸药必不可少的组分，常用的消焰剂是食盐，一般占炸药成分的10%～20%。

煤矿许用炸药的种类很多，有粉状硝铵类炸药、硝化甘油类炸药、含水炸药（乳化炸药、水胶炸药）、离子交换炸药、当量炸药和被筒炸药等，可以按照满足各种场合的不同要求选择使用。表4－3是常用的煤矿许用硝铵类炸药的相关参数。

表4－3 煤矿许用硝铵类炸药的组成、性能与爆炸参数计算值

炸药品种		1号煤矿硝铵炸药	2号煤矿硝铵炸药	1号抗水煤矿硝铵炸药	2号抗水煤矿硝铵炸药	2号煤矿铵油炸药	1号抗水煤矿铵沥蜡炸药
组成/%	硝酸铵	68±1.5	71±1.5	68.6±1.5	72±1.5	78.2±1.5	81.0±1.5
	梯恩梯	15±0.5	10±0.5	15±0.5	10±0.5		
	木粉	2±0.5	4±0.5	1.0±0.5	2.2±0.5	3.4±0.5	7.2±0.5
	食盐	15±1.0	15±1.0	15±1.0	15±1.0	15±1.0	10±0.5
	沥青			0.2±0.05	0.4±0.1		0.9±0.1
	石蜡			0.2±0.05	0.4±0.1		0.9±0.1
	轻柴油					3.4±0.5	
性能	水分（不大于）/%	0.3	0.3	0.3	0.3	0.3	0.3
	密度/$g \cdot cm^{-3}$	0.95～1.10	0.95～1.10	0.95～1.10	0.95～1.10	0.85～0.95	0.85～0.95
	猛度（不小于）/mm	12	10	12	10	8	8
	爆力（不小于）/mL	290	250	290	250	230	240
	殉爆Ⅰ/cm	6	5	6	4	3	3
	殉爆Ⅱ/cm			4	3	2	2
	爆速/$m \cdot s^{-1}$	3509	3600	3675	3600	3269	2800
爆炸参数值	氧平衡/%	－0.26	1.28	－0.004	1.48	－0.68	0.67
	比容/$L \cdot kg^{-1}$	767	782	767	783	812	854
	爆热/$kJ \cdot kg^{-1}$	3584	3324	3605	3320	3178	3350
	爆温/℃	2376	2230	2385	2244	2092	2222
	爆压/Pa	3078298	3239978	3376394	3239978	2671578	1997338

注：殉爆Ⅰ是浸水前的参数；殉爆Ⅱ是浸水后的参数。

4.4 含水硝铵炸药

含水硝铵炸药包括浆状炸药、水胶炸药、乳化炸药等。它们的共同特点是将硝酸铵或硝酸钾、硝酸钠溶解于水后，成为硝酸盐的水溶液，当其达到饱和时便不再吸收水分。依据这一原理制成的防水炸药，其防水机理可简单理解为“以水抗水”。

4.4.1 浆状炸药

浆状炸药是1956年美国的库克和加拿大的法曼合作发明，并由埃列克化学公司正式投产的一种新型抗水炸药，在世界炸药史上被誉为“第三代炸药”。

简单地说，浆状炸药是由氧化剂水溶液、敏化剂和胶凝剂等基本成分组成的悬浮状的饱和水胶混合物，其外观呈半流动胶浆体，故称为浆状炸药。其成分一般为：

（1）氧化剂水溶液。浆状炸药的氧化剂水溶液主要是硝酸铵或硝酸钾、硝酸钠的混合物，它的含量占炸药总量的65%～85%，含水量占10%～20%。水作为连续相而存在，当硝酸铵等固体成分水分饱和后便不再吸收水分。水的主要作用是：

1）使硝酸铵等固体成分成为饱和溶液，不再吸水；

2）使硝酸铵等固体成分溶解或悬浮，以增加炸药的可塑性和增大炸药的密度；

3）使炸药成为细、密、匀的连续相，各成分紧密接触，提高炸药的威力。

但是，必须注意的是水为钝感物质，由于水分增加，炸药的敏感度将有所降低。

（2）敏化剂。浆状炸药敏化剂按成分不同可分为以下四类：

1）猛炸药的敏化剂。常用的有梯恩梯、黑索金、硝化甘油等，含量为6%～20%；

2）金属粉末敏化剂，如铝粉、镁粉、硅铁粉等，含量为2%～15%；

3）气泡敏化剂，如亚硝酸钠，加入量为0.1%～0.5%；

4）燃料性敏化剂，如柴油、硫黄等，含量为1%～5%。

（3）胶凝剂。它是浆状炸药的关键成分，可使氧化剂水溶液变为胶体液，并使各物态不同的成分胶结在一起，使其中未溶解的硝酸盐类颗粒、敏化剂颗粒等悬浮于其中，又可使浆状炸药胶凝、稠化，提高其抗水性能。胶凝剂有两类，一类是植物胶，主要是白笈、玉竹、田菁胶、槐豆胶、皂胶和胡里仁粉等；另一类是工业胶，主要为聚丙烯酰胺，俗称“三号剂”。植物胶用量约为2%～2.4%，聚丙烯酰胺用量约为1%～3%。

（4）交联剂。又称助胶剂，其作用是使浆状炸药进一步稠化以提高抗水性能，常用硼砂、重铬酸钾等，其含量为1%～3%。使用交联剂，可以相对减少胶凝剂的用量。

（5）表面活性剂。常用十二烷基苯磺酸钠或十二烷基磺酸钠，其作用是增加塑性，提高其耐冻能力；其次是能吸附铝粉等金属颗粒，防止与水反应生成氢而逸出。

（6）起泡剂。常用亚硝酸钠，其作用是加入后能产生氮氧化物和二氧化碳，形成气泡，以便在起爆时产生绝热压缩，增加炸药爆轰感度。这种气泡又叫敏化气泡。采用起泡剂可以相对减少敏化剂梯恩梯的用量。另外，泡沫、多孔含碳材料等也可用作起泡剂。

（7）安定剂。加入适量的尿素等，可提高胶凝剂的黏附性和炸药的柔软性，以防止炸药变质。

（8）防冻剂。加入乙二醇等可使冰点降低，增加炸药耐冻性。

浆状炸药敏感度较低，不能用普通8号雷管起爆，而需要用起爆药包来起爆。

几种国产浆状炸药的组分和性能见表4-4。

表4-4 国产浆状炸药的组分和性能

炸药品种		4号浆状炸药	5号浆状炸药	槐1号浆状炸药	槐2号浆状炸药	白云1号抗冻浆状炸药	田菁10号浆状炸药
组成/%	硝酸铵	60.2	70.2～71.5	67.9	54.0	45.0	57.5
	硝酸钾				10.0		
	硝酸钠			10.0		10.0	10.0
	梯恩梯	17.5	5.0		10.0	17.3	10.0
	水	16.0	15.0	9.0	14.0	15.0	11.2
	柴油		4.0	3.5	2.5		2.0
	胶凝剂①	（白）2.0	（白）2.4	（槐）0.6	（槐）0.5	（皂）0.7	（田菁胶）0.7
	亚硝酸钠		1.0	0.5	0.5		
	交联剂	（硼砂）1.3	（硼砂）1.4	2.0	2.0	2.0	1.0（交联发泡溶液）
	表面活性剂		1.0	2.5	2.5	1.0	3.0
	硫黄粉			4.0	4.0		2.0
	乙二醇					3.0	
	尿素	3.0				3.0	3.0

续表 4－4

炸 药 品 种		4 号浆状炸药	5 号浆状炸药	槐 1 号浆状炸药	槐 2 号浆状炸药	白云 1 号抗冻浆状炸药	田菁 10 号浆状炸药
性能	密度/$g \cdot cm^{-3}$	1.4～1.5	1.15～1.24	1.1～1.2	1.1～1.2	1.17～1.27	1.25～1.31
	爆速/$km \cdot s^{-1}$	4.4～5.6	4.5～5.6	3.2～3.5	3.9～4.6	5.6	4.5～5.0
	临界直径/mm	96	≤45		96	≤78	70～80

① 白芨粉、槐豆胶、皂角粉、田菁胶。

浆状炸药的优点是，炸药密度高，可塑性较好，抗水性强，适于有水炮孔爆破，使用安全。其缺点是，感度低，不能用普通雷管起爆，需采用专门起爆体（弹）加强起爆，理化安定性较差，在严寒冬季露天使用受到影响。

4.4.2 水胶炸药

水胶炸药实际上是浆状炸药改进后的新品种，故在国外将其列为浆状炸药。它与浆状炸药的不同之处在于其主要使用的是水溶性敏化剂，这样就使得氧化剂的耦合状况大为改善，从而获得更好的爆炸性能。水胶炸药的成分如下：

（1）氧化剂。主要是硝酸铵和硝酸钠。硝酸铵可用粉状也可用粒状。在生产水胶炸药时，将部分硝酸铵溶解成75%的水溶液，另一部分可直接加入固体硝酸铵。

（2）敏化剂。常用甲基胺硝酸盐（简称 MANN）的水溶液。甲基胺硝酸盐比硝酸铵更易吸湿，易溶于水，本身又是一种单质炸药。在水胶炸药中，它既是敏化剂又是可燃剂。甲基胺硝酸盐不含水时可直接用雷管起爆，但当其为温度小于95℃，浓度低于86%的水溶液时，不能用8号雷管起爆。因此，可用不同含量的甲基胺硝酸盐制成不同感度的水胶炸药。由于其原料来源广泛，应用较广。

（3）黏胶剂。水胶炸药具有良好的黏胶效果，因而比浆状炸药具有更好的抗水性能和爆炸威力。国内多用田菁胶、槐豆胶，国外多用古尔胶作黏胶剂。

几种国产水胶炸药的组成及性能见表 4－5。

表 4－5 几种国产水胶炸药的组成及性能

炸药系列或型号		SHJ－K 型	W－2 型	1 号	3 号
组成/%	硝酸铵（钠）	53～58	71～75	55～75	48～63
	水	11～12	5～6.5	8～12	8～12
	硝酸甲胺	25～30	12.9～13.5	30～40	25～30
	铝粉或柴油	铝粉 2～4	柴油 2.5～3		
	胶凝剂	2	0.6～0.7		0.8～1.2
	交联剂	2	0.03～0.09		0.05～0.1
	密度控制剂		0.3～0.5	0.4～0.8	
	氯酸钾		3～4		0.1～0.2
	延时剂				0.02～0.06
	稳定剂				0.1～0.4

续表 4－5

炸药系列或型号		SHJ－K 型	W－2 型	1 号	3 号
性能	爆速/km·s^{-1}	3.5～3.9	4.1～4.6	3.5～4.6	3.6～4.4
	猛度/mm	>15	16～18	14～15	12～20
	殉爆距离/cm	>8	6～9	7	12～25
	临界直径/mm		12～16	12	
	爆力/mL	>340	350		330
	爆热/J·g^{-1}	1100	1192	1121	
	储存期/月	6	3	12	12

水胶炸药的优点是抗水性强、感度较高，可用 8 号雷管起爆，并具有较好的爆炸性能，可塑性好，使用安全；缺点是成本较高，爆炸后生成的有毒气体比 2 号岩石炸药多。

4.4.3 乳化炸药

乳化炸药是美国 20 世纪 70 年代发展起来的一种新型炸药，我国在 70 年代末期开始制造。它具有威力高、感度高、抗水性良好的特点，被誉为“第四代”炸药。它不同于水包油型的浆状炸药和水胶炸药，而是以油为连续相的油包水型乳胶体。它不含爆炸性的敏化剂，也不含胶凝剂。此种炸药中的乳化剂可使氧化剂水溶液（水相或内相）微细的液滴均匀地分散在含有气泡的近似油状物质的连续介质（油相或外相）中，使炸药形成为一种灰白色或浅黄色的油包水型特殊内部结构的乳胶体，故称乳化炸药。

4.4.3.1 乳化炸药的成分

（1）氧化剂水溶液。即硝酸盐水溶液，呈细小水滴的形式存在，其含量占 55%～80%，含水量为 10%～20%。

（2）可燃剂。一般由柴油和石蜡组成，其含量约为 1%～8%，水相分散在油相之中，形成不能流动的稳定的油包水型乳胶体。

（3）发泡剂。可用亚硝酸钠、空心微玻璃球、珍珠岩粉或其他多孔性材料。发泡剂可提高炸药的感度，加入量约为 0.05%～0.1%。

（4）乳化剂。这是乳化炸药生产工艺中的关键成分，其含量约为 0.5%～0.6%。本来油与水是不相溶的，但由于乳化剂是一种表面活性剂，可用来降低油和水的表面张力，使它们互相紧密吸附，形成油包水型乳化物，这种油包水型微粒的粒径约为 2μm，因而极为有利于爆轰反应。

乳化剂多为脂肪族化合物，它可以是一种化合物，也可以是多种物质的混合物。常用山梨糖醇单月桂酸酯、山梨糖醇酐单油酸盐等。国产乳化炸药大多采用司班－80（Span－80）作乳化剂。此外还可加入一些其他物质，如铝粉、硫黄等。

4.4.3.2 乳化炸药的性能

乳化炸药的性能不但同它的组成配比有关，而且也同它的生产工艺特别是乳化技术有关。乳化炸药的主要性能特点是：

（1）抗水性强。在常温下浸泡在水中 7 天后，炸药的性能不会产生明显变化，仍可用 8 号雷管起爆，故可代替硝化甘油炸药在水下使用。

（2）爆速高。一般可达4000～5500m/s，故威力大。

（3）感度高。由于加入了发泡剂，加上乳化、搅拌加工，使氧化剂水溶液变成微滴，敏化气泡均匀地吸留在其中，故爆轰感度较高，可达雷管感度。

（4）密度可调范围宽。由于加入了充气成分，可通过控制其含量来调节炸药密度；炸药的可调密度一般在0.8～1.45g/cm³之间。

（5）安全性能好。乳化炸药对于冲击、摩擦、枪击的感度都较低，而且爆炸后毒气生成量也少，使用安全，贮存期较长。

为了实现乳化炸药在现场连续化混装，我国于1982年前后研究乳化炸药混装车及现场连续混装工艺，取得了成功，并已在某些矿山开始使用。

我国生产的乳化炸药有RL、EL、RJ等系列，表4－6中列出部分乳化炸药的成分配比和性能指标。

表4－6 部分国产乳化炸药的成分与性能

炸药系列或型号		EL系列	CLH系列	SB系列	RJ系列	WR系列	岩石型	煤矿许用型
组成/%	硝酸（钠）	65～75	63～80	67～80	58～85	78～80	65～86	65～80
	硝酸甲胺				8～10			
	水	8～12	5～11	8～13	8～15	10～13	8～13	8～13
	乳化剂	1～2	1～2	1～2	1～3	0.5～2	0.8～1.2	0.8～1.2
	油相材料	3～5	3～5	3.5～6	3～5	3～5	4～6	3～5
	铝粉	2～4	2					1～5
	添加剂	2.1～2.2	10～15	6～9	0.5～2	5～6.5	1～3	5～10
	密度调整剂	0.3～0.5		1.5～3	0.2～1			另加消焰剂
性能	爆速/km·s⁻¹	4～5.0	4.5～5.0	4～4.5	4.5～5.4	4.7～5.8	3.9	3.9
	猛度/mm	16～19		15～18	16～18	18～20	12～17	12～17
	殉爆距离/cm	8～12	2	7～12	>8	5～10	6～8	6～8
	临界直径/mm	12～16	40	12～16	13	12～18	20～25	20～25
	抗水性	极好	极好	极好	极好	极好	极好	极好
	储存期/月	6	>8	>6	3	3	3～4	3～4

4.5 新型工业炸药

随着爆破技术的发展，国内外在各种新型炸药的研制和使用方面也取得了很大的进展，比如无梯或少梯炸药、低密度炸药、高冲能炸药等的研制和应用，进一步改善了工业炸药的性能，降低了工业炸药的制造成本，丰富了工业炸药的种类。

4.5.1 岩石粉状铵梯油炸药

岩石粉状铵梯油炸药是一种少梯的工业炸药，它是工业粉状炸药的第二代产品，是由工业粉状铵梯炸药发展而来的。其关键技术是将乳化分散技术应用于粉状铵梯炸药中，在炸药的组分中加入非离子表面活性剂为主构成的复合油相，取代了部分梯恩梯，使梯恩梯的含量由11%降低至7%，达到了降低粉尘、防潮、防结块的综合效果，其组分和性能见

表4－7。

表4－7　岩石粉状铵梯油炸药的组分和性能

组分与性能			炸药名称	
			2号岩石铵梯油炸药	2号抗水岩石铵梯油炸药
组分/%	硝酸铵		87.5±1.5	89.0±2.0
	梯恩梯		7.0±0.7	5.0±0.5
	木粉		4.0±0.5	4.0±0.5
	复合油相		1.5±0.3	2.0±0.3
	复合添加剂（外加）		0.1±0.005	0.1±0.005
爆炸性能	水分/%		≤0.30	≤0.30
	猛度/mm		≥12	≥12
	爆力/mL		≥320	≥320
	爆速/m·s^{-1}		≥3200	≥3200
	殉爆距离/cm	浸水前	≤4	≤3
		浸水后	—	≤2
	有毒气体量/L·kg^{-1}		≤100	≤100
	药卷密度/g·cm^{-3}		0.95～1.10	0.95～1.10
	炸药有效期/月		6	6
	炸药有效期内	殉爆距离/cm	3	2
		水分/%	0.50	0.50

为了进一步降低梯恩梯含量，并改善炸药性能，在岩石粉状铵梯油炸药的基础上，又成功研制了4号岩石粉状铵梯油炸药。该产品的特点是梯恩梯含量降至2%，组分中选用了1号复合改性剂，解决了硝铵炸药的结块问题，提高了爆破性能与贮存性能以及防潮、防水的性能，见表4－8。

表4－8　4号岩石粉状铵梯油炸药的组分和性能

组分/%	硝酸铵	木粉	复合油相	梯恩梯	1号改性剂
	91.3±1.5	4.0±0.7	2.7±0.6	2.0±0.2	0.30±0.01
爆炸性能	水分/%		≤0.30		
	药卷密度/g·cm^{-3}		0.95～1.10		
	爆速/m·s^{-1}		≥3200		
	猛度/mm		≥12		
	殉爆距离/cm		≥4		
	爆力/mL		≥320		
	有毒气体量/L·kg^{-1}		≤100		
	有效期/d		180		
	炸药有效期内	殉爆距离/cm	≥3		
		水分/%	≤0.50		

4.5.2 膨化硝铵炸药

膨化硝铵炸药是一种新型粉状工业炸药，属无梯炸药。其关键技术是硝酸铵的膨化，膨化的实质是表面活性技术和结晶技术的综合作用过程，是硝酸铵饱和溶液在专用表面活性剂作用下，经真空强制析晶的物理化学过程。这一过程可制得具有许多微孔气泡、成为膨松状和蜂窝状的膨化硝酸铵。微孔气泡的形成，可以取代梯恩梯的敏化作用，故炸药组分中便可不用梯恩梯。岩石膨化硝铵炸药是由膨化硝酸铵、燃料油、木粉混合而成的。爆破性能优良、爆轰速度快，综合性能优于 2 号岩石铵梯炸药；产品吸湿性低，不易结块，贮存性能和物理稳定性高；安全性能好，使用可靠。其特点是炸药中不含梯恩梯，彻底消除了梯恩梯对人体的毒害和对环境的污染。该产品适用于中硬及中硬以下矿石使用，是国家重点推广的炸药品种。

目前，膨化硝铵炸药已形成了系列产品，相继推出了岩石膨化硝铵炸药、煤矿许用膨化硝铵炸药、震源药柱膨化硝铵炸药、抗水膨化硝铵炸药、低爆速型膨化硝铵炸药、高安全煤矿许用膨化硝铵炸药和高威力膨化硝铵炸药。其中，岩石膨化硝铵炸药的组分和性能见表 4－9。

表 4－9 岩石膨化硝铵炸药的组分和性能

<table>
<tr><td rowspan="2">组分/%</td><td colspan="2">膨化硝酸铵</td><td>复合油相</td><td>木 粉</td></tr>
<tr><td colspan="2">92.0 ±2.0</td><td>4.0 ±1.0</td><td>4.0 ±1.0</td></tr>
<tr><td rowspan="10">爆炸性能</td><td colspan="2">水分/%</td><td colspan="2">≤0.30</td></tr>
<tr><td colspan="2">药卷密度/$g \cdot cm^{-3}$</td><td colspan="2">0.80～1.00</td></tr>
<tr><td colspan="2">爆速/$m \cdot s^{-1}$</td><td colspan="2">≥3200</td></tr>
<tr><td colspan="2">猛度/mm</td><td colspan="2">≥12</td></tr>
<tr><td colspan="2">殉爆距离/cm</td><td colspan="2">≥4</td></tr>
<tr><td colspan="2">爆力/mL</td><td colspan="2">≥320</td></tr>
<tr><td colspan="2">有毒气体量/$L \cdot kg^{-1}$</td><td colspan="2">≤100</td></tr>
<tr><td colspan="2">有效期/d</td><td colspan="2">180</td></tr>
<tr><td rowspan="2">炸药有效期内</td><td>殉爆距离/cm</td><td colspan="2">≥3</td></tr>
<tr><td>水分/%</td><td colspan="2">≤0.50</td></tr>
</table>

4.5.3 粉状乳化炸药

粉状乳化炸药是近几年发展起来的一种炸药新品种，它是一种具有高分散乳化结构的固态炸药，属乳化炸药的衍生品种，是当前民用爆破行业发展较为迅速的炸药新品种，其科技含量高，发展迅猛。粉状乳化炸药爆炸性能优良，组分原料不含猛炸药，具有较好的抗水性，贮存性能稳定，现场使用、装药方便，是兼有乳化炸药及粉状炸药优点的新型工业炸药。它克服了现有粉状炸药混合不均匀的不足，提高了粉状炸药爆炸性能，其技术指标均高于工业粉状铵梯炸药标准规定的要求，见表 4－10。

表4-10 岩石粉状乳化炸药的组分和性能

<table>
<tr><td rowspan="2">组分/%</td><td colspan="2">硝酸铵</td><td>复合油相</td><td>水 分</td></tr>
<tr><td colspan="2">91.0±2.0</td><td>6.0±1.0</td><td>0~5.0</td></tr>
<tr><td rowspan="10">爆炸性能</td><td colspan="2">药卷密度/g·cm⁻³</td><td colspan="2">0.85~1.05</td></tr>
<tr><td colspan="2">爆速/m·s⁻¹</td><td colspan="2">≥3400</td></tr>
<tr><td colspan="2">猛度/mm</td><td colspan="2">≥13</td></tr>
<tr><td rowspan="2">殉爆距离/cm</td><td>浸水前</td><td colspan="2">≥5</td></tr>
<tr><td>浸水后</td><td colspan="2">≥4</td></tr>
<tr><td colspan="2">爆力/mL</td><td colspan="2">≥320</td></tr>
<tr><td colspan="2">撞击感度/%</td><td colspan="2">≤8</td></tr>
<tr><td colspan="2">摩擦感度/%</td><td colspan="2">≤8</td></tr>
<tr><td colspan="2">有毒气体量/L·kg⁻¹</td><td colspan="2">≤100</td></tr>
<tr><td colspan="2">有效期/d</td><td colspan="2">180</td></tr>
</table>

粉状乳化炸药设计思路的独到性在于，它巧妙地把工业胶质乳化炸药与工业粉状炸药的性能优点有机地结合起来，形成了一种新型的高性能无梯炸药。

4.5.4 其他炸药

4.5.4.1 低密度炸药

国外有人通过在铵油炸药中掺入木粉和微球，将炸药的密度降低而制成了低密度炸药，将其作为露天台阶深孔爆破的上半部装药，取得了良好的爆破效果。

在国内，淮南矿业学院（现安徽理工大学）在硝铵炸药中加入高分子发泡材料作为密度调节剂，研制出光面爆破专用炸药。该种炸药的爆速为1200~2000m/s，密度在0.3~0.7g/cm^3 之间可调。

4.5.4.2 退役发射药再利用炸药

西安204研究所利用退役发射药研制的N-1-1和N-1-2号炸药，其密度在0.85~1.39g/cm^3 之间可调，爆速为4200~6260m/s。这种炸药不仅防潮性能好，化学稳定性强，而且其成本也不高于粉状硝铵炸药。

南京理工大学1996年鉴定的“含火药浆状炸药”和HFZ粉状炸药也属于这一类炸药。

4.5.4.3 ANRUB 炸药

该炸药为国外新研制的一种“很不敏感”的炸药，其管理等级与硝酸铵相当，允许进行预混和散装运输，极大地方便了炸药混制和装药作业。

ANRUB炸药是一种低冲能炸药，由粒状硝酸铵和橡胶颗粒混合而成，橡胶占3.25%~13%。炸药的无约束稳定爆轰直径为300mm，在ϕ89mm炮孔中可以稳定传爆，爆速约为铵油炸药的80%。该炸药不仅可以减震，而且也有利于提高自由面质点的初始运动速度。

本章小结

工业炸药根据成分及用途不同可分为单质炸药和混合炸药，起爆药、猛性炸药和发射药等类别。

工业炸药中应用最多的是硝铵类炸药，其分别有铵梯炸药、铵油炸药、铵松蜡炸药、浆状炸药、水胶炸药和乳化炸药等。它们可适用于不同的爆破场合，且性能也有较大差异。当加入防火剂（消焰剂）后，即可制成煤矿许用炸药。

新型炸药的研制与应用主要有无梯和少梯炸药、低密度炸药、高冲能炸药等，膨化硝铵炸药、粉状乳化炸药、铵梯油炸药等为较为成熟的新型工业炸药。

重要概念

工业炸药　起爆药　猛性炸药　硝铵类炸药　乳化炸药　水胶炸药　新型炸药

复习思考题

4-1　工业炸药有什么特点？
4-2　工业炸药分为几类，各有什么特点？
4-3　常用炸药的主要成分是什么，各有什么作用？
4-4　如何根据施工实际选择炸药？
4-5　简述新型工业炸药的特点。

5 起爆器材

本章要点及学习目的

工程爆破是一种特殊作业，必须确保安全可靠，而在爆破中所用的炸药是一种破坏力极大的物质，所以要用起爆器材进行起爆。起爆器材包括雷管、导爆索、导爆管、导线等。只有了解了它们的原理、结构和性能及检验方法，才能在生产中合理选择和使用起爆器材。

在工程爆破中，为了使工业炸药起爆，必须由外界给炸药局部施加一定的能量，这种通过借助不同的起爆器材来施加能量使炸药爆炸的方法，称为起爆方法。

不同的起爆方法，采用不同的起爆器材，而起爆方法的发展又与爆破技术的进步密切相关。例如，我国的工程爆破中，20 世纪 50 年代初，大都采用火雷管起爆法和导爆索起爆法，主要器材是火雷管、导火索和导爆索等，到了 60 年代，随着大规模爆破、地下深孔爆破、露天台阶深孔爆破、光面爆破、微差爆破和预裂爆破等技术的发展，普遍推广电力起爆法，各种类型的电雷管相继出现；在 70 年代末、80 年代初，随着新型起爆器材导爆管的出现，非电导爆管起爆系统在全国各大矿山和其他行业都成功地得到推广使用，并进一步推动了相应起爆器材的研制和发展。目前，非电导爆管起爆系统由于成本较低、使用方便及可靠性高，已经广泛应用于各种工程爆破中，并占据了主导地位。

工程爆破对起爆器材的基本要求是使用安全可靠，简单方便，并满足：

（1）具有足够的起爆能力和传爆能力；

（2）能适应各种作业环境；

（3）延时精确；

（4）便于贮存和运输。

5.1 雷管及其性能

雷管是起爆器材中的主要品种，根据其内部装药结构的不同，分为有起爆药雷管和无起爆药雷管两大系列。其中，又根据点火方式的不同，分为火雷管、电雷管和非电雷管等品种；而且在电雷管和非电雷管中，又分别有相应的秒延时、毫秒延时系列产品。目前，毫秒延时雷管已向高精度短间隔系列产品发展。

5.1.1 有起爆药雷管

有起爆药雷管是由加强帽、起爆药、加强药，并用雷管壳组合而成的整体。根据点火形式不同，又分为火雷管、电雷管和非电雷管等。由于火雷管使用过程中安全性差，目前我国已禁止使用火雷管，此处为方便介绍电雷管和非电雷管，仅对火雷管结构进行简要介绍，这也有助于理解其他雷管的结构和原理。

5.1.1.1 火雷管

国产火雷管的结构如图5－1所示。火雷管的管壳常用的材料有纸、铜、铝等，要求有一定的强度，以起到保护起爆药和确保爆轰的作用，并要具有一定的防潮能力。火雷管按起爆能力分为10个等级，常用的品种为6号和8号火雷管，两者的装药量不同，故雷管壳长度也不同，其规格尺寸见表5－1。

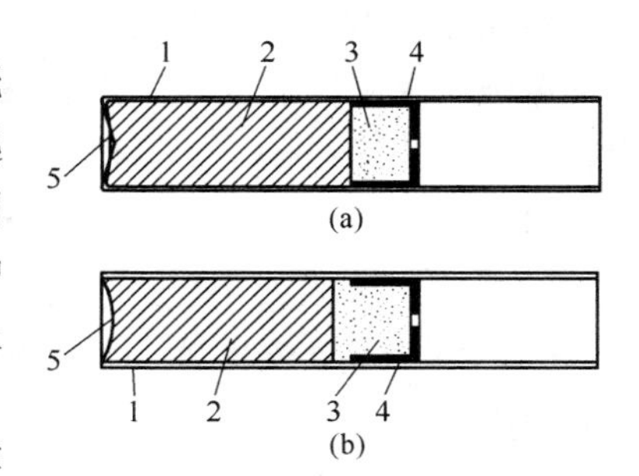

图5－1 火雷管的结构
（a）金属壳；（b）纸壳
1—管壳；2—加强药；3—起爆药；4—加强帽；5—聚能穴

火雷管一端开口，另一端封闭成窝穴状，起聚能作用。加强帽用0.2mm厚的铜片或铁片冲制而成，高6mm，中央有直径为1.9～2.1mm的小孔，外径与雷管壳的内径一致。加强帽的作用是配合管壳封闭雷管装药，防止漏药，减少外界因素对起爆药的影响，增加使用安全，防止起爆药受潮、确保雷管可靠起爆等。

表5－1 常用火雷管管壳规格尺寸

品种＼管壳规格		内径/mm	外径/mm	长度/mm
6号火雷管	金属壳	6.18～6.22	7	36±0.5
8号火雷管	金属壳	6.18～6.22	7	40±0.5
	纸壳	6.18～6.30	7.05	45±0.5
	塑料壳	6.18～6.30	7.05	49±0.5

起爆药也叫正起爆药，常用的有二硝基重氮酚（DDNP）、K.D复盐、氮化铅或其他特殊性能的药剂，它们的特点是敏感度高。起爆药装在加强药的上部并扣压加强帽封闭，它直接接受导火索的火焰作用起爆，其爆速能急速增长到稳定爆轰速度，并利用爆炸所产生的冲击波引爆加强药。加强药也叫副起爆药，常用黑索金或泰安，与起爆药相比，其敏感度低、威力大，按一定的密度要求压在雷管底部。加强药被起爆药引爆后，释放出更大的能量，从而激发雷管周围炸药的爆炸。

雷管的爆炸能力，取决于加强药密度和装药量。国产6号和8号雷管的装药量列于表5－2中。

表5－2 国产6号和8号雷管装药量

雷管号别＼炸药名称	起爆药/g			加强药/g			
	二硝基重氮酚	雷汞	氮化铅	黑索金	特屈儿	黑索金/TNT	特屈儿/TNT
6号雷管	0.3±0.02	0.4±0.02	0.1±0.02 0.21±0.02	0.42±0.02	0.42±0.02	0.5±0.02	
8号雷管	(0.3～0.36) ±0.02	0.4±0.02	0.1±0.02 0.21±0.02	(0.7～0.72) ±0.02	(0.7～0.72) ±0.02	(0.7～0.72) ±0.02	0.7～0.72 ±0.02

注：起爆药和加强药均只用三种中的一种。

实践经验表明，在爆破工程中，有时会因个别雷管质量不合格，出现拒爆现象，从而影响爆破效果和作业安全。故在爆破的准备工作中，应对雷管作必要的检验。检验的内容有：

（1）雷管是否受潮。

（2）雷管壳表面不允许有浮药、锈蚀、裂缝和出现透孔现象。

（3）管内是否有杂物，加强帽是否扣正和稳实。管内若有杂物，严禁用嘴吹或掏取，只能报废处理。

（4）每批雷管均应通过随机抽样做铅板穿孔试验和引爆标准铵梯炸药的试验。铅板厚5mm，被穿出的孔直径不小于雷管外径；一个雷管应能引爆一个药卷且爆后不留残药。

（5）是否在有效期内。纸壳雷管有效期一般为一年，其他管壳雷管为两年。

5.1.1.2 电雷管

电雷管是一种用电流起爆的雷管。实际上，电雷管在构造上仅仅是比火雷管多了一个电点火装置。

电雷管的品种较多，常用的有瞬发电雷管、延时电雷管以及特殊电雷管等。延时电雷管根据所延迟的时间间隔不同，又分为以秒为单位的秒延时电雷管和以毫秒为单位的毫秒延时电雷管（又称微差电雷管）。本节介绍瞬发电雷管和延时电雷管。

A 瞬发电雷管

瞬发电雷管由火雷管与电点火装置组合而成，如图5－2所示。其结构上分药头式和直插式两种。药头式（见图5－2（b））的电点火装置包括脚线（国产电雷管采用多股铜线或镀锌铁线，用聚氯乙烯绝缘），桥丝（有康铜丝和镍铬丝）和引火药头；直插式（见图5－2（a））的电点火装置没有引火药头，桥丝直接插入起爆药内，并取消加强帽。

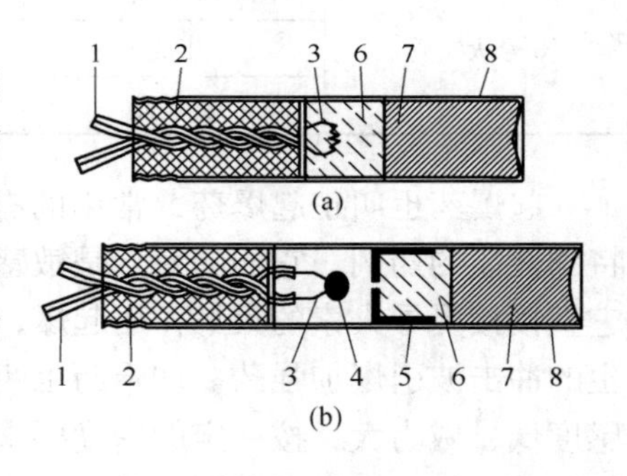

图5－2 瞬发电雷管的结构

（a）直插式；（b）药头式

1—脚线；2—密封塞；3—桥丝；4—引火药头；5—加强帽；6—起爆药；7—加强药；8—管壳

电雷管作用原理是，电流经脚线输送通过桥丝，由电阻产生热能点燃引火药头（药头式）或起爆药（直插式），一旦引燃后，即使电流中断，也能使起爆药和加强药爆炸。由于电雷管从通电到爆炸的过程是在瞬间（13ms以内）完成的，所以把它称为瞬发电雷管。

B 秒延时电雷管

秒延时电雷管，又称迟发雷管，即通电后不立即发生爆炸，而是要经过以秒量级计算的延时后才发生爆炸。其结构（见图5－3）特点是，在瞬发电雷管的引火药头与起爆药之间，加了一段精制的导火索，作为延时药，依靠导火索的长度控制延时的秒数。国产秒延时电雷管分七个延迟时间系列。这种延迟时间的系列，称为雷管的段别，即秒延时电雷管分为七段，其规格列于表5－3中。

表 5－3 国产秒延时电雷管的延迟时间

雷管段别	1	2	3	4	5	6	7
延迟时间/s	≤0.1	1.0±0.5	2.0±0.6	3.1±0.7	4.3±0.8	5.6±0.9	7±1.0
标志（脚线颜色）	灰蓝	灰白	灰红	灰绿	灰 黄	黑蓝	黑白

秒延时电雷管分整体壳式和两段壳式。整体壳式是由金属管壳将电点火装置、延时药和普通火雷管装成一体，如图 5－3（a）所示；两段壳式的电点火装置和火雷管用金属壳包裹，中间的精制导火索露在外面，三者连成一体，如图 5－3（b）所示。包裹在点火装置外面的金属壳在药头旁开有对称的排气孔，其作用是及时排泄药头燃烧所产生的气体。为了防潮，排气孔用蜡纸密封。

C 毫秒延时电雷管

毫秒延时电雷管，又称微差电雷管或毫秒电雷管。通电后，以毫秒量级的间隔时间延迟爆炸，延迟时间短，精度也较高。毫秒电雷管与整体壳式秒延时电雷管相似，不同之处在于延时药的组分。毫秒电雷管的结构如图 5－4 所示。

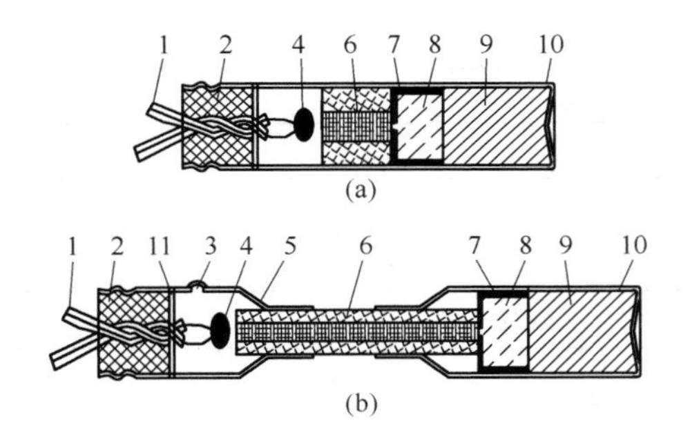

图 5－3 秒延时电雷管

（a）整体管壳式；（b）两段管壳式

1—脚线；2—密封塞；3—排气孔；4—引火药头；5—点火部分管壳；6—精制导火索；7—加强帽；8—起爆药；9—加强药；10—普通雷管部分管壳；11—纸垫

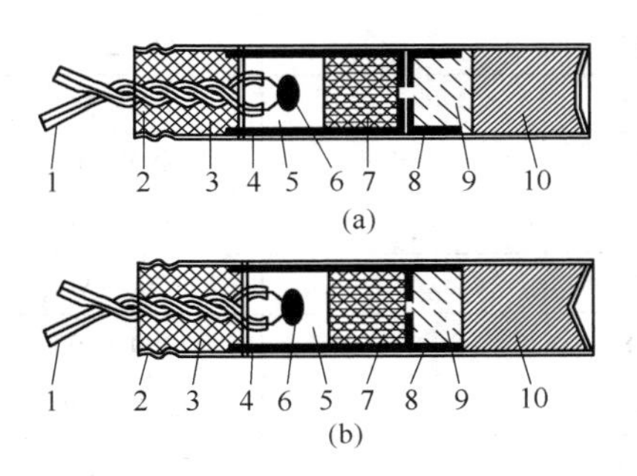

图 5－4 毫秒电雷管的结构

（a）装配式；（b）直填式

1—脚线；2—管壳；3—密封塞；4—长内管；5—气室；6—引火药头；7—压装延时药；8—加强帽；9—起爆药；10—加强药

国产毫秒电雷管的结构有装配式（见图 5－4（a））和直填式（见图 5－4（b））。装配式是先将延时药压装在长内管中，再装入普通雷管。长内管的作用是固定和保护延时药，并作为雷管的延时药燃烧时所产生气体的气室，以保证延时药在压力基本不变的情况下稳定燃烧。直填式则将延时药直接装入普通雷管，反扣长内管。

国产毫秒电雷管的延时药多以硅铁 FeSi（还原剂）和铅丹 Pb_3O_4（氧化剂）按 3∶1 的比例混合而成，并掺入适量（0.5%～4%）的硫化锑 Sb_2S_3（缓燃剂）用以调整药剂的燃速。为便于装药，常用酒精、虫胶等作黏合剂造粒。延迟时间可通过改变延时药的成分、配比、药量及压装密度来控制。部分国产毫秒电雷管各段别延迟时间见表 5－4。其中第一系列为精度较高的毫秒电雷管；第二系列是目前生产中应用最广泛的一种；第三、四系列实际上相当于小秒量秒延时电雷管；第五系列是发展中的一种高精度短间隔毫秒电雷管。

表5-4 部分国产毫秒电雷管的延迟时间 (ms)

段别	第一系列	第二系列	第三系列	第四系列	第五系列
1	<5	<13	<13	<13	<14
2	25±5	25±10	100±10	300±30	10±2
3	50±5	50±10	200±20	600±40	20±3
4	75±5	75±15	300±20	900±50	30±4
5	100±5	100±15	400±30	1200±60	45±6
6	125±5	150±20	500±30	1500±70	60±7
7	150±5	200±20	600±40	1800±80	80±10
8	175±5	250±25	700±40	2100±90	110±15
9	200±5	310±30	800±40	2400±100	150±20
10	225±5	380±35	900±40	2700±100	200±25
11		460±40	1000±40	3000±100	
12		550±45	1100±40	3300±100	
13		655±50			
14		760±55			
15		880±60			
16		1020±70			
17		1200±90			
18		1400±100			
19		1700±130			
20		2000±150			

D 电雷管灼热理论及主要特性参数

电雷管是靠通入足够强度的电流后引起桥丝灼热而引爆的。根据焦耳-楞次定律，可推导出电流通入电雷管后，雷管桥丝上产生的热量为：

$$Q = 1.27\frac{\rho L}{d^2}I^2 t \tag{5-1}$$

式中 Q——发热量，J；

ρ——桥丝电阻系数，$\Omega \cdot mm^2/m$；

L——桥丝长度，mm；

d——桥丝直径，mm；

I——电流强度，A；

t——通电时间，s。

由于电雷管桥丝的ρ、L、d均为常数，故Q依I^2而变化。

表示电雷管灼热特性的参数有电雷管全电阻、最低准爆电流、最大安全电流、发火冲能、发火时间和传导时间等。这些特性参数也是检验电雷管的质量、计算电爆网路、选择起爆电源和仪表检测的依据。

(1) 电雷管的全电阻。即每发电雷管的桥丝电阻与脚线电阻之和，它是进行电爆网路计算的基本参数。在设计网路的准备工作中，必须对整批电雷管逐个进行电阻测定，并要求在同一网路中，所选电雷管电阻差值不宜超过0.25Ω，以保证起爆的可靠性和良好的爆破效果。目前，我国不同厂家生产的电雷管，即使电阻值相等或近似，其电引火特性也各有差异；就是同厂不同批的产品，也会出现电引火特性的差异。因此，在同一电爆网路中，最好选用同厂同批生产的电雷管。

（2）最大安全电流。给电雷管通以恒定直流电，5min内不致引爆雷管的电流最大值，称为最大安全电流。此电流值的实际意义在于选择测量电雷管的仪表，仪表的工作电流不能超过此值。国产电雷管的最大安全电流，康铜桥丝为0.3～0.55A，镍铬合金桥丝为0.125A。按安全规程规定取0.03A作为设计采用的最大安全电流值，故一切测量电雷管的仪表，其工作电流不得大于此值。还需指出，杂散电流的允许值也不应超过此值。

（3）最低准爆电流。给电雷管通以恒定直流电，5min内能准确引爆雷管的最小电流称为最低准爆电流。一般规定为0.7A，在工程爆破中要求通过每发雷管的电流高于最低准爆电流，以确保可靠地引爆电雷管。

（4）电雷管的反应时间。电雷管从通入最低准爆电流开始到引火头点燃的这一时间，称为电雷管的点燃时间t_B；从引火头点燃开始到雷管爆炸的这一时间，称为传导时间θ_B；两者之和，称为电雷管的反应时间。t_B决定于电雷管的发火冲能的大小；θ_B可为敏感度有差异的电雷管成组齐爆提供条件。

（5）发火冲能。电雷管在点燃t_B时间内，每欧姆桥丝所提供的热能，称为发火冲能k_B($A^2 \cdot s$)。发火冲能是表示电雷管敏感度的重要特性参数，其计算公式为：

$$k_B = I^2 t_B \tag{5-2}$$

一般用发火冲能的倒数作为电雷管的敏感度。设电雷管的敏感度为B，发火冲能为k_B则：

$$B = \frac{1}{k_B} \tag{5-3}$$

上式表明，发火冲能大的电雷管敏感低，发火冲能小的电雷管敏感高。

（6）串联成组电雷管群的准爆条件。当电雷管串联成组起爆时，由于串组群中每个电雷管的发火冲能有差异，因此各个电雷管的电热敏感度就不相同，发火冲能低的电雷管首先被点燃爆炸，爆断网路，致使发火冲能高的电雷管发火头在还未点燃的情况下因断路而拒爆。故为了确保串联成组的雷管群准爆，必须满足下列条件：

$$t_{B,\min} + \theta_{B,\min} \geqslant t_{B,\max} \tag{5-4}$$

式中，$t_{B,\min}$、$\theta_{B,\min}$、$t_{B,\max}$分别表示串组群中发火冲能最低的电雷管的点燃时间、发火冲能最低的电雷管的传导时间和发火冲能最高的电雷管的点燃时间。

由式（5－4）可见，在串组群中当发火冲能最低（最敏感）的电雷管爆炸时，发火冲能最高（敏感度差）的电雷管的发火药头必须也点燃。只有满足此条件，串组群中的所有电雷管才能确保全部爆炸而不会拒爆。

设串组群中每发电雷管的准爆电流为I，并用I^2乘式（5－4）后，经整理可得

$$I \geqslant \sqrt{\frac{k_{B,\max} - k_{B,\min}}{\theta_{B,\min}}} \tag{5-5}$$

如前所述，单发电雷管的最低准爆电流不超过0.7A。但串组群电雷管起爆时，考虑

到网路中各电雷管的发火冲能存有差异，网路连接时的接头与导线在电流输入时均有热能损失等因素，为了确保串组群网路起爆的可靠性，安全规程规定：对于一般爆破，使用直流电源时通过每发电雷管的电流应不小于2A；使用交流电源时通过每发电雷管的电流应不小于2.5A；对于大爆破，使用直流电源时通过每发电雷管的电流应不小于2.5A；使用交流电源时通过每发电雷管的电流应不小于4A。可见，规程规定的准爆电流值要比按式（5-5）理论计算值大得多。

此外，在进行工程爆破准备工作时，必须对电雷管抽样进行质量检验，以确保作业安全和达到预期的爆破效果。除进行前述火雷管所需检验的项目外，还应做如下几方面的检验：

1）电阻值的检测。不允许电雷管有断路、短路、电阻值不稳定或超出产品说明书所规定的标准范围。电阻值常用爆破电桥检测。

2）安全电流检验。随机抽样20发电雷管，分别通入50mA的恒定直流电，持续5min，不发生爆炸为合格；同样随机抽样20发电雷管，串联起爆试验，通入2.5A恒定直流电，或通入交流电，要求通电瞬间100%爆炸。若其中有一发拒爆，则需加倍复试。

3）毫秒延时电雷管，还必须用电子测时仪器进行毫秒延时的测试。从所用的各段别中，随机抽出样品，测出电雷管实际延时的毫秒量，将结果分别对照表5-4或产品说明书中规定的毫秒量范围进行检查。若有不符，在爆破网路中就可能发生跳段，改变设计的起爆顺序，容易产生部分网路拒爆，严重影响爆破效果。

5.1.1.3 非电雷管

装配有导爆管并通过导爆管击发所产生的冲击波引爆的雷管，由于起爆不用电力故称为非电雷管，也叫导爆管雷管。其管壳多为金属材料，也分为瞬发雷管和延时雷管。延时非电雷管结构如图5-5所示。这种雷管的结构与电雷管的结构基本相同，不同之处在于多一气室。在雷管引爆时，气室的作用是用来减缓由导爆管击发所产生的冲击波的速度和压力。延时非电雷管的延迟时间见表5-5。

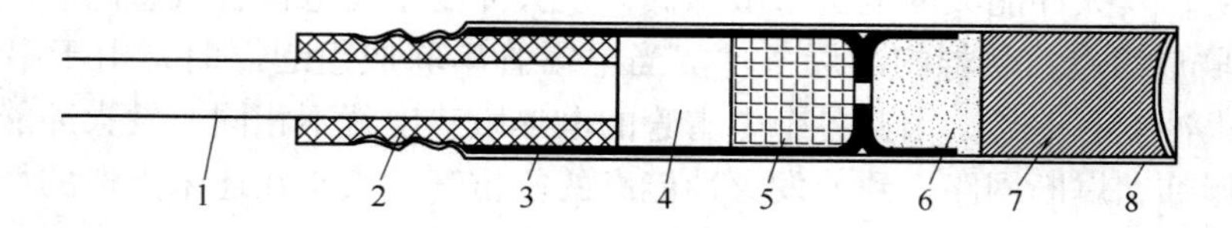

图5-5 延时非电雷管结构

1—导爆管（5~7m）；2—卡塞；3—延时管；4—气室；
5—延时药；6—起爆药；7—加强药；8—雷管壳

表5-5 延时非电雷管延迟时间

秒延时	段别	1	2	3	4	5	6	7			
	延迟时间/s	0	2.5	4	6	8	10	12			
	段别标志	S1	S2	S3	S4	S5	S6	S7			
半秒延时	段别	1	2	3	4	5	6	7	8	9	10
	延迟时间/s	0	0.5	1.0	1.5	2.0	2.5	3.0	3.6	4.5	5.5
	段别标志	HS1	HS2	HS3	HS4	HS5	HS6	HS7	HS8	HS9	HS10

续表 5－5

	段别	1	2	3	4	5	6	7	8	9	10
毫秒延时	延迟时间/ms	0	25	50	75	110	150	200	250	310	380
	段别标志	MS1	MS2	MS3	MS4	MS5	MS6	MS7	MS8	MS9	MS10
	段别	11	12	13	14	15	16	17	18	19	20
	延迟时间/ms	460	550	650	760	880	1020	1200	1400	1700	2000
	段别标志	MS11	MS12	MS13	MS14	MS15	MS16	MS17	MS18	MS19	MS20

5.1.2 无起爆药雷管

前述有起爆药雷管的内部装药，是由起爆药和加强药两部分装配而成的。尽管起爆药由过去的雷汞、氮化铅改变为二硝基重氮酚（DDNP），但其敏感度高的特性并没有改变，受热能、针刺、摩擦等外能作用后极易引爆，雷管的组装、运输、贮存和使用的安全性较差，意外事故常有发生。因此，凡是雷管生产厂家，都必须自建起爆药生产车间，自产自用。此外，在起爆药的生产过程中，除安全性差外，还排出大量含汞、铅或酚的有害废水，严重污染环境和水源，危害农作物和人的身体健康。

无起爆药雷管，是一种没有起爆药只装有加强药的新型安全雷管，其结构如图 5－6 所示。无起爆药雷管中取消了敏感度极高的起爆药，故可最大限度地减少在制造、运输、贮存和使用全过程的安全隐患，避免制造起爆药所带来的危害等，是雷管发展史上一次具有突破意义的进步。

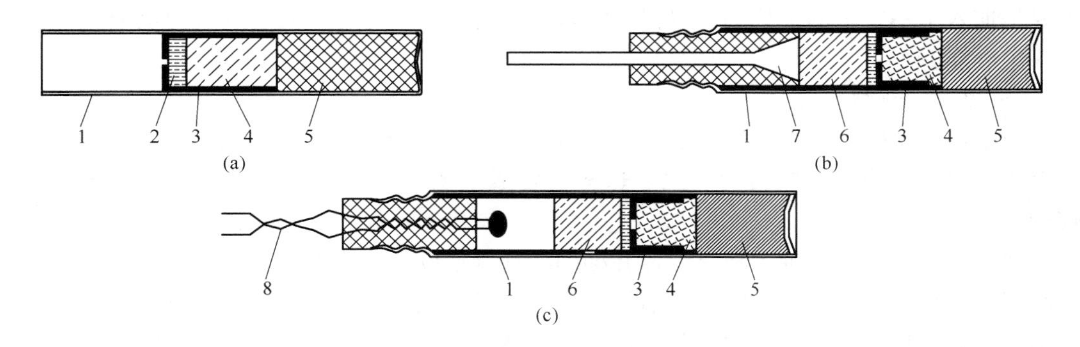

图 5－6 无起爆药雷管结构

（a）无起爆药火雷管；（b）无起爆药延时非电雷管；（c）无起爆药延时电雷管

1—雷管壳；2—点火药；3—起爆元件；4—传爆药；5—加强药；6—延时药；7—气室；8—脚线

5.1.2.1 无起爆药雷管的起爆原理

在雷管中只装加强药，即单质猛性炸药。就单质猛性炸药本身而言，要在极短的时间内由燃烧转变为爆轰是有一定困难的。但炸药在有约束（密闭）的条件下燃烧时，由于所释放出来的热量不易散发而得到叠加与加强，使温度和压力很快上升，便会迅速发生爆炸反应，即由燃烧转变为爆轰。无起爆药雷管的起爆就是利用这一原理来实现的。即利用特制的薄壁金属圆管（钢体），形成适当的约束条件，圆管内装入特定低密度猛炸药（一般用黑索金），构成起爆体。以一定的点火能量使猛炸药发生燃烧，燃烧所释放出来的热量，在薄壁金属圆管内叠加，得到加强，温度、压力急剧升高，在几微秒或几十微秒的时间内由燃烧转变为爆轰，形成较大的冲击波能量，引爆雷管底部的高密度加强药柱。

无起爆药雷管底部的加强药柱，可用一种或两种猛性炸药混合制成。分两次装药，第一次装药密度大，决定雷管的爆炸威力；第二次装药密度稍小，促进管内爆轰。

5.1.2.2 无起爆药雷管的规格系列和性能

我国的无起爆药雷管结构简单，起爆可靠，安全性和群爆性好，其爆炸威力与普通毫秒雷管相同，耐水性比普通雷管要好，有很好的实用性，是具有技术突破意义的新型产品。国产产品规格和系列齐全，有纸壳和金属壳火雷管；有电雷管（瞬发和延时雷管），秒延时有17段，毫秒管有20段；也有非电雷管（瞬发、秒延和毫秒雷管），且其性能都较稳定。

5.1.2.3 无起爆药雷管冲击感度

冲击感度低是无起爆药雷管最突出的特点，也是它与有起爆药雷管在性能上所不同的关键所在。实验表明，2kg的重锤从1.2m高处落下撞击普通雷管时爆炸率为100%；而14kg的重锤从1.4m高处落下撞击无起爆药雷管时的爆炸率为0。可见，无起爆药雷管的机械感度远比普通雷管低得多，安全性非常高。

5.1.3 煤矿许用雷管和新型雷管

5.1.3.1 煤矿许用雷管

煤矿许用雷管是允许在有瓦斯和煤尘爆炸危险的矿井爆破工程中使用的专用雷管，除其他性能和标准要求与普通雷管相同外，还必须符合煤矿安全的要求。与普通雷管相比，主要是加入了一定量的消焰剂，以保证雷管爆炸时不会引起符合安全规程规定浓度的瓦斯或煤尘爆炸。

5.1.3.2 新型雷管

为了达到特殊的起爆控制目的，人们研制了一些新型雷管，如电磁雷管和电子雷等，可以实现安全准确的起爆目的。由于这些雷管成本太高，目前在一般的工程爆破中使用较少。

如电子雷管，是一种可随意设定并准确实现延迟发火时间的新型电雷管，具有雷管发火时刻控制精度高，延迟时间可灵活设定两大技术特点。电子雷管的延迟发火时间，由其内部的一只微型电子芯片控制，延时控制误差达到微秒级，更为重要的是，雷管的延迟时间是在爆破现场组成起爆网路后才予以设定。

5.1.4 继爆管

当采用导爆索起爆网路时，由于导爆索传爆速度极快，需要采用继爆管作为延时元件。继爆管的作用原理是：当主动导爆索爆炸时，爆轰波由消爆管一端传入，经消爆管爆轰波减弱成火焰，再经长内管减速和降低一定的压力，引燃延时药。经延时后，火焰穿过加强帽小孔引爆火雷管，将爆炸作用传递给另一端从动导爆索。所以，单向继爆管具有方向性，它只能由消爆管端传向延时雷管端，其作用方向是不可逆的。为了防止生产中由于连接错误而出现拒爆现象，人们发明了双向继爆管，克服了单向继爆管的不足。继爆管的结构如图5－7所示。

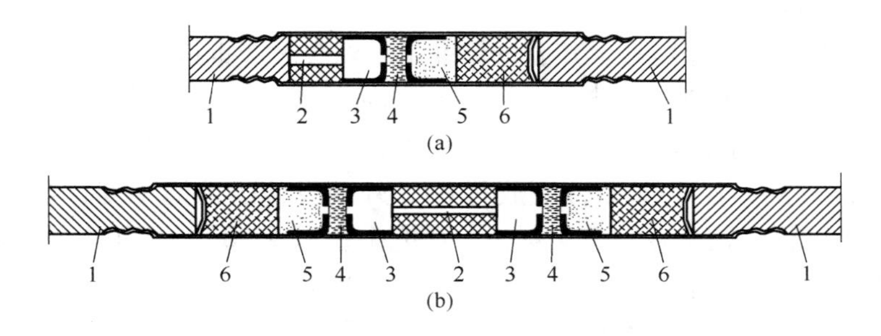

图 5-7 继爆管结构

(a) 单向继爆管；(b) 双向继爆管

1—导爆索；2—消爆管；3—长内管；4—延时药；5—起爆药；6—加强药

5.2 导爆索及其性能

5.2.1 导爆索的品种和结构

导爆索按包缠物的不同可分为线缠导爆索、塑料皮导爆索和铅皮导爆索；按用途分为普通导爆索、震源导爆索、煤矿导爆索和油田导爆索；按能量分为高能导爆索和低能导爆索。几种导爆索的每米装药量列于表 5-6 中。

表 5-6 几种导爆索的每米装药量

导爆索品种	装药量（不少于）/$g \cdot m^{-1}$	备 注
普通导爆索	11 ~ 12	
震源导爆索	37 ~ 38	
煤矿导爆索	12 ~ 14	另装有 2g/m 的消焰剂
油井导爆索	30 ~ 32 或 18 ~ 20	
低能导爆索	1.5 ~ 2.5	

普通导爆索的结构基本上与导火索相似，不同之处在于芯药是猛性炸药（黑索金或泰安）。为了使其外表与导火索有明显区别，导爆索外表涂为红色。一般要求导爆索的芯药密度和粗细均匀，外包两层纤维线、一层防潮层和一层纱包线缠绕。

普通导爆索主要用于露天台阶深孔、硐室和地下深孔的爆破，起引爆炸药的作用；油井导爆索主要用于超深油田中起爆射孔弹，它具有耐高温（≥170℃）和耐高压（≥66.6MPa）的性能，也适用于其他高温、高压条件的爆破工程；低能导爆索主要用来起爆雷管。塑料皮导爆索用于有水的工作面或水下爆破。

普通导爆索是目前产量最大、应用范围最广的一个品种，在工程爆破中的用量也最多。

5.2.2 导爆索的性能与检验

导爆索的作用主要是传递爆轰，引爆炸药，其爆速为 6500 ~ 7000m/s。导爆索本身不易燃烧，且较不敏感，需用一发工业雷管才能引爆。导爆索引爆其他炸药的能力，在一定程度上决定于芯药特性和每米导爆索的药量。

工程爆破中多用普通导爆索。其质量标准是：外表无严重折伤、油污和断线；索头不散，并罩有金属或塑料防潮帽；外径不大于6.2mm；能被工业雷管起爆，一旦被引爆能完全爆轰；用2m长的导爆索能完全引爆200g的梯恩梯（TNT）药块；在0.5m深的静水中浸2h仍能可靠传爆；在50℃条件下放置6h，外观及传爆性能不变；在－40℃条件下冷冻2h，打水手结仍能被工业雷管引爆，爆轰完全；承受500N拉力时，仍能保持爆轰性能。在使用之前，应根据爆破工程的具体要求，对上述性能作全部或部分检验，通常导爆索的传爆性能的检验是必须进行的。具体做法是将五段1m长和一段3m长的导爆索按图5－8连接，起爆后以其完全爆炸为合格。

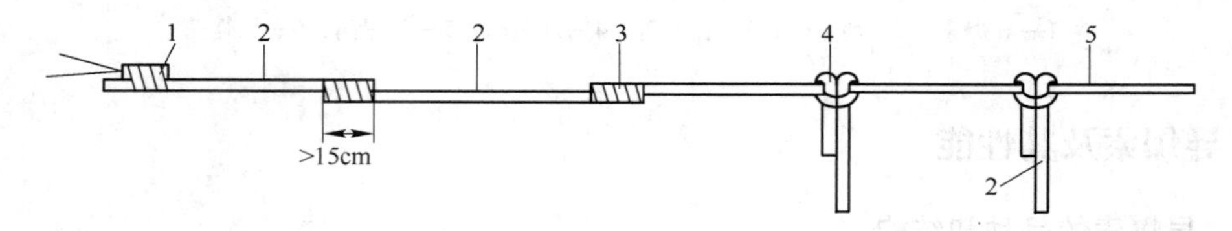

图5－8　导爆索传爆试验

1—8号雷管；2—1m长导爆索；3—搭接；4—束结；5—3m长导爆索

当导爆索与铵油炸药配合使用时，应对导爆索进行耐油试验。浸油时间和方法可视具体的应用条件确定。一般是将导爆索解散，铺放在铵油炸药的上面，然后再铺置铵油炸药在导爆索上，压置24h后，导爆索仍保持良好的传爆性能为合格。

5.3　导爆管及其性能

导爆管是于20世纪70年代由瑞典Nobel公司发明制造的一种新型传爆器材，具有安全可靠、轻便、经济、不受杂散电流干扰和便于操作等优点。它与击发元件、起爆元件和连接元件等部件组合成起爆系统，因其起爆不用电能，故称为非电起爆系统（瑞典又称Nobel起爆系统）。

5.3.1　导爆管的结构及传爆原理

导爆管是用高压聚乙烯熔后挤拉出的空心管子，外径为（2.95±0.15）mm，内径为（1.4±0.1）mm，管的内壁涂有一层很薄而均匀的高能炸药（91%的奥克托金、9%的铝粉与0.25%～0.5%的附加物的混合物，或者是黑索金与铝粉的混合物），药量为14～16mg/m。

如果按经典爆轰原理，导爆管管壁上所含炸药量极少，远远小于炸药稳定爆轰的临界直径，导爆管的传爆是不可能的。但根据管道效应原理，当导爆管被击发后，管内产生冲击波，并进行传播，管壁内表面上的薄层炸药随冲击波的传播而产生爆炸，所释放出的能量补偿冲击波在波动过程中的能量消耗，维持冲击波的强度不衰减。就是说，导爆管传爆过程是冲击波伴随着少量炸药产生爆炸的传播，并不是炸药的爆轰过程。导爆管中激发的冲击波以1600～2000m/s的速度（导爆管传爆速度）稳定传播，会发出一道闪电似的白光和不大的声响。冲击波传过后，管壁完整无损。

5.3.2 导爆管的技术性能

（1）起爆性能。导爆管可以用火帽、雷管、导爆索、电火花等凡能产生冲击波的起爆器材来击发。一发8号工业雷管可击发紧贴在其外围四周的两层（30～50根）导爆管。

（2）传爆速度。国产导爆管传爆速度一般为（1950±50）m/s，也有（1580±30）m/s的。

（3）传爆性能。国产导爆管性能良好，一根长达数千米的塑料导爆管，中间不需要中继雷管接力；导爆管内断药长度不超过10cm时，可以正常传爆。

（4）耐火性能。火焰不能激发导爆管，用火焰点燃单根或成捆导爆管时，它只像塑料一样缓慢燃烧。

（5）抗冲击性能。一般的机械冲击不能激发塑料导爆管。

（6）抗水性能。导爆管与金属雷管组合后，具有良好的抗水性能，在水下80m深处放置48h也能正常起爆。

（7）抗电性能。塑料导爆管能抗30kV以下的直流电。

（8）破坏性能。导爆管传爆时，不会损坏自身的管壁，对周围环境也不会造成破坏。

（9）塑料强度。国产塑料导爆管具有一定的抗拉强度，在5～7kg的拉力作用下，导爆管不会变细，传爆性能不变。

总之，塑料导爆管具有传爆可靠性高、使用方便、安全性好、成本低等优点，所以可以作为非危险物品运输。

表5－7为几种常用起爆器材性能比较表。

表5－7 几种常用起爆器材性能比较表

性能指标	导爆索	导爆管
外观	外径5.7～6.2mm，红或红花色	外径3mm，内径1.5mm，白色塑料管
药芯	1.2～30g/m的黑索金，呈白色	16～20mg/m的奥克托金
反应方式	爆炸	爆轰波
反应速度	爆速6500～7000m/s	1600～2000m/s
作用	传递爆炸，引爆炸药	传递爆炸，引爆雷管
防水性能	可用于水下爆炸作业	可用于水下爆炸作业
有效期	5年	2年

本章小结

雷管是装有炸药的起爆器材，它的爆炸可以引爆周围的炸药。雷管可分为火雷管、电雷管和非电雷管，按是否有延时可分为瞬发雷管、延时雷管，延时雷管按延时的精确度又可分为秒延时雷管和毫秒延时雷管。它们的结构各不相同，可以使用在不同的爆破场合。目前常用的是电雷管和非电雷管。

导爆索、导爆管和导线是传递热能、爆轰冲能或电能的传能器材，它们使爆破的引爆工作具有一定的安全空间和时间。它们传递能量的形式不同、原理不同，不同材料的组合可以有效地达到可靠、安全起爆系统的要求。

在工程爆破中应根据具体的爆破规模、爆破条件和爆破要求选用不同起爆器材，组成不同的起爆网路，以此达到预期的目的，并确保安全可靠。

重要概念

起爆器材　火雷管　电雷管　非电雷管　导爆索　导爆管

复习思考题

5-1　绘图说明电雷管（瞬发、秒延时和毫秒延时雷管）、延时非电雷管和无起爆药雷管（电雷管和非电雷管）的构造及作用原理。

5-2　解释以下术语：(1) 电雷管全电阻；(2) 最低准爆电流；(3) 最高安全电流；(4) 反应时间（点燃时间和传导时间）；(5) 发火冲能；(6) 雷管的敏感度。

5-3　无起爆药雷管与有起爆药雷管比较有哪些优点？

5-4　何谓延时雷管的段别，一般如何识别？

5-5　雷管质量检验有哪些内容？

5-6　绘图说明导爆索的构造和作用原理。

5-7　试说明导爆管的传爆原理。

5-8　导爆索有何特点，使用时应注意哪些事项？

6 起 爆 方 法

本章要点及学习目的

起爆方法是指如何利用起爆器材将药包引爆的方法，涉及爆破器材的选择和起爆网路的设计。本章主要讲述常用的非电起爆法的原理、器材选择和现场设计施工方法，以及电力起爆的基本原理和设计计算、网路连接等内容。要求理解各类起爆法的基本原理，并掌握各类方法连接组网的相关知识和技术，能根据工程实际选择合理起爆方法，从而高效、安全、低成本地完成爆破任务。

起爆方法通常是根据所采用的起爆器材和工艺特点来命名的。选用起爆方法时，要根据炸药的品种、工程规模、工艺特点、爆破效果和现场条件等因素来决定。

在爆破作业中，起爆方法直接关系到装药爆炸的可靠性、起爆效果、爆破质量、作业安全和经济效益等方面的问题。

工程爆破的起爆方法，现在主要有两大类：非电起爆法和电力起爆法。

6.1 非电起爆法

非电起爆法采用的主要器材有导爆索、继爆管、导爆管等。根据起爆器材的不同，这类起爆方法可分为导爆索起爆法、导爆管起爆法和联合起爆法。传统的火花起爆法由于安全性差已经停止使用，本书不再介绍。

6.1.1 导爆索起爆法

导爆索起爆法，是一种利用导爆索爆炸时产生的能量去引爆炸药的起爆方法。由于该法在爆破作业中，从装药、堵塞到连线等各施工程序上都没有雷管，而是在一切准备就绪，实施爆破之前才接上引爆导爆索的雷管，因此施工的安全性要比其他方法好。

此外，导爆索起爆法还有操作简单、容易掌握、节省雷管、不怕雷电和杂电影响可在炮孔内实施分段装药爆破等优点，因而在爆破工程中广泛采用。

导爆索被水或油浸渍过久后，会失去或减弱传递爆轰的能力。所以在铵油炸药的药卷中使用导爆索时，必须用塑料布包裹，使其与油源隔离开，避免被炸药中的柴油浸蚀而降低或失去爆轰性能。

6.1.1.1 导爆索的连接方法

导爆索传递爆轰波的能力有一定的方向性，顺传播方向最强。因此在连接网路时，必须使每一支路的接头迎着传爆方向，夹角应大于90°。导爆索与导爆索之间的连接，应采用图6-1所示的搭接、水手结、T形结等。

因搭接的方法最简单，所以被广泛使用。搭接长度一般为10～20cm，不得小于10cm。搭接部分用胶布捆扎。有时为了防止线头芯药散失或受潮引起拒爆，可在搭接处增加一根短导爆索。在复杂网路中，导爆索连接头较多的情况下，为了防止弄错传爆方

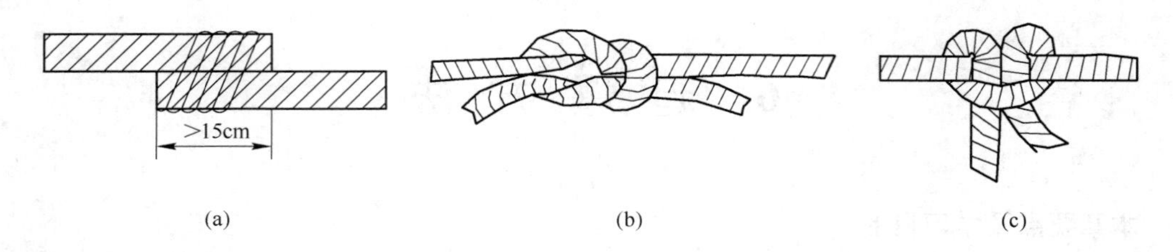

图6－1 导爆索间连接形式
（a）搭接；（b）水手结；（c）T形结

向，可以采用图6－2所示的三角形连接法。这种方法不论主导爆索的传爆方向如何，都能保证可靠地传爆。

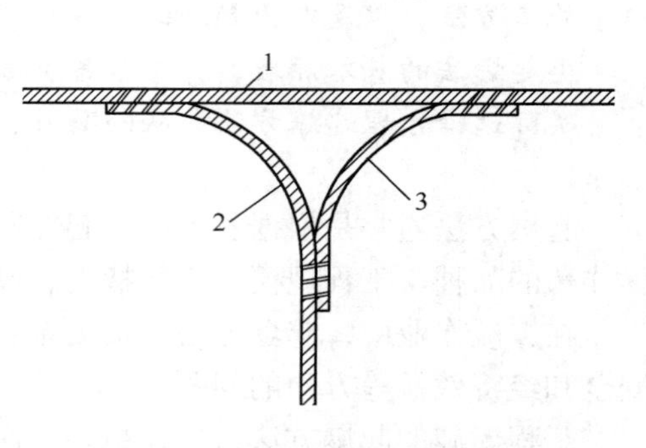

图6－2 导爆索的三角形连接
1—主导爆索；2—支导爆索；3—附加支导爆索

导爆索与雷管的连接方法比较简单，可直接将雷管捆绑在导爆索的起爆端，不过要注意使雷管的聚能穴端与导爆索的传爆方向一致。导爆索与药包的连接则可采用图6－3所示的方式，将导爆索的端部折叠起来，防止装药时将导爆索扯出。

药室爆破时，在起爆体中为了增加导爆索的起爆能量，可制作导爆索起爆结。即取一根长4m左右的导爆索，将其一端折叠约0.7m长的一段双线，然后平均折叠三次，外围用单根导爆索紧密缠绕成图6－4所示的导爆索结。然后把这一索结装入起爆箱中做成起爆体。

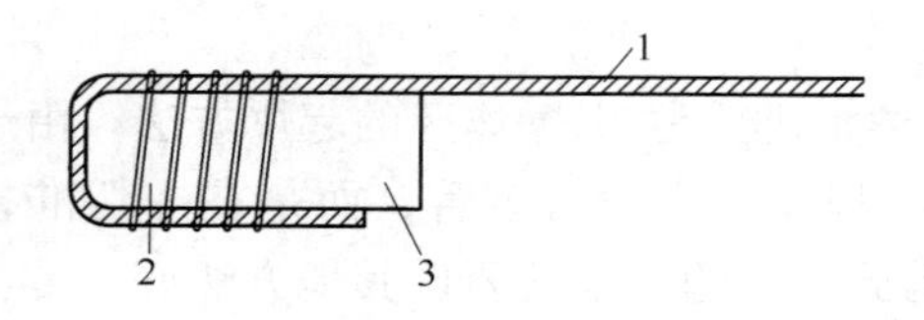

图6－3 导爆索与药包连接
1—导爆索；2—药包；3—胶布

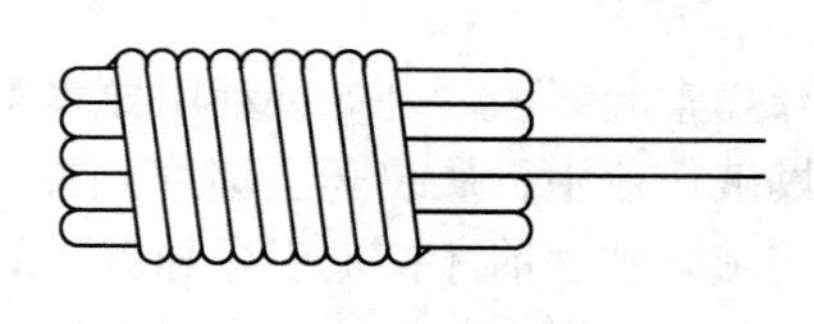

图6－4 导爆索结

6.1.1.2 导爆索起爆网路的形式

导爆索起爆网路的形式比较简单，无需计算，只要合理安排起爆顺序即可。但在敷设网路时必须注意，凡传爆方向相反的两条导爆索平行敷设或交叉通过时，两根导爆索的间距必须大于40cm。

通常采用的导爆索网路形式有：

（1）串联网路。如图6－5所示，将导爆索依次从各个炮孔引出串联成一网路。串联网路操作十分简单，但如果有一个炮孔中导爆索发生故障，就会造成后面的炮孔产生拒爆。所以，除非小规模爆破，并要求各炮孔顺序起爆，一般很少使用这种串联网路。

（2）并簇联网路。如图6－6所示，把从各炮孔引出的导爆索集中在一起，捆扎成簇，再与主导爆索连接。

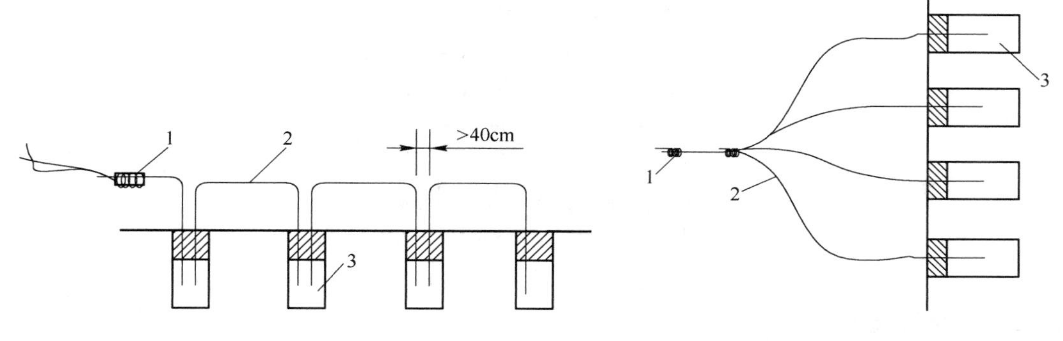

图 6－5　导爆索串联网路

1—雷管；2—导爆索；3—药包

图 6－6　导爆索并簇联网路

1—雷管；2—导爆索；3—药包

（3）分段并联网路。如图 6－7 所示，将各炮孔中的导爆索引出，分别与事先敷设在地面上的主导爆索连接。主导爆索起爆后，可将爆炸能量分别传递给各个炮孔，引爆孔内的炸药。为了确保导爆索网路中的各炮孔内炸药可靠起爆，可使用双向分段并联网路（见图 6－8）。这是一种在大量爆破中常用的网路，分段起爆是利用继爆管的延时来实现的。

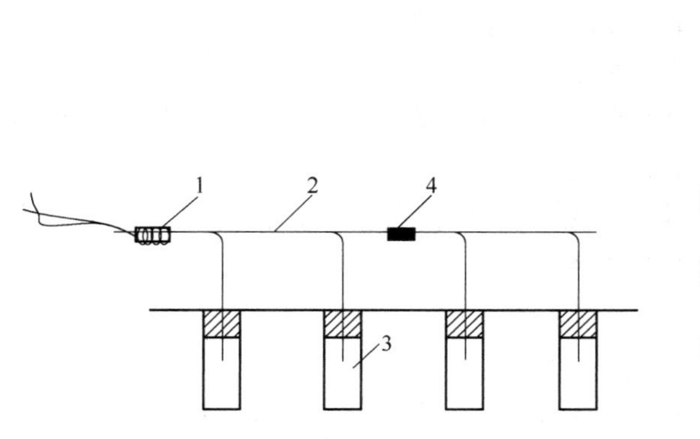

图 6－7　导爆索分段并联网路

1—雷管；2—导爆索；3—药包；4—继爆管

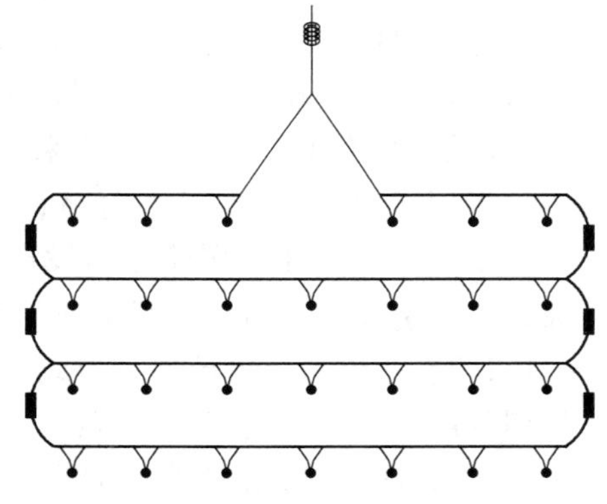

图 6－8　导爆索双向分段并联网路

6.1.1.3　导爆索网路微差起爆法

导爆索的爆速一般为 6500～7000m/s。因此，导爆索网路中，所有炮孔内的装药几乎是同时爆炸。若在网路中接上继爆管，可实现微差爆破，从而提高导爆索网路的应用范围。导爆索继爆管微差起爆网路如图 6－9 所示。

6.1.1.4　评价

导爆索使用方便，安全性好，但成本相对较高。在某些特殊爆破条件下，如工作面有杂电和雷电危害时，不能使用电力起爆，可使用导爆索起爆法。此外，由于导爆索价格昂贵，一般只在大爆破或重要爆破工程中采用。

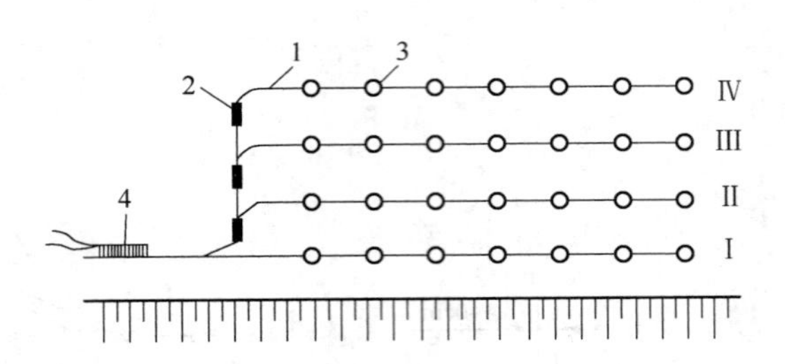

图6-9　导爆索继爆管微差爆破网路

1—导爆索；2—继爆管；3—炮孔；4—起爆雷管

6.1.2　导爆管起爆法

导爆管起爆法的主体是塑料导爆管。起爆网路由击发元件、传爆元件、连接元件和起爆元件所组成。

6.1.2.1　导爆管起爆法网路组成及起爆原理

（1）网路组成。

1）网路中的击发元件是用来击发导爆管的，有击发枪、电容击发器、普通雷管和导爆索等。现场爆破多用后两种。

2）传爆元件是由导爆管与非电雷管装配而成。在网路中，传爆元件爆炸后可再击发更多的支导爆管，传入炮孔实现成组起爆，如图6-10所示。

3）起爆元件多用8号雷管与导爆管组装而成。根据需要可用瞬发或延时非电雷管，将其装入药卷置于炮孔中，起爆炮孔内的所有装药。

4）连接元件有塑料连接块，用来连接传爆元件与起爆元件。在爆破现场塑料连接块很少用，多用工业胶布，既方便经济，又简单可靠。

（2）起爆原理。主导爆管被击发产生冲击波，引爆传爆雷管，再击发支导爆管产生冲击波，最后引爆起爆雷管，起爆炮孔内的装药。

6.1.2.2　导爆管网路的连接形式

导爆管网路常用的连接形式有：

（1）簇联法。传爆元件的一端连接击发元件，另一端的传爆雷管（即起爆元件）外表周围簇联各支导爆管，如图6-11所示。簇联支导爆管与传爆雷管多用工业胶布缠裹。

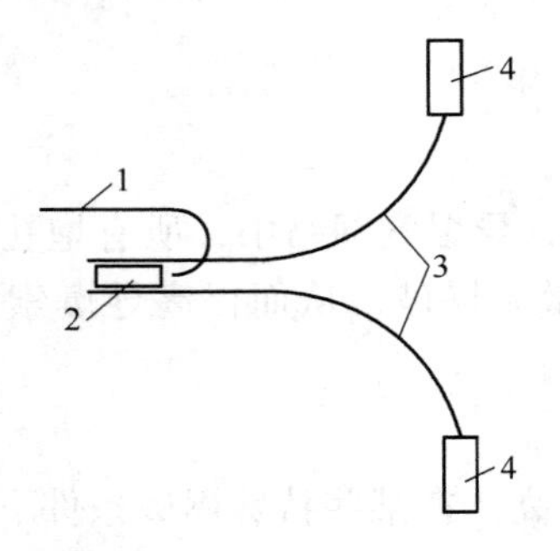

图6-10　传爆元件

1—主导爆管；2—非电传爆雷管；3—支导爆管；4—起爆雷管

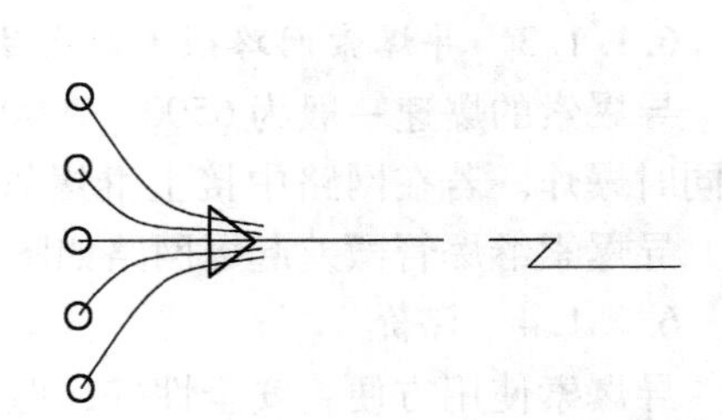

图6-11　导爆管簇联网路

（2）串联法。导爆管的串联网路如图 6－12 所示，即把各起爆元件依次串联在传爆元件的传爆雷管上，每个传爆雷管的爆炸就可以击发与其连接的分支导爆管。

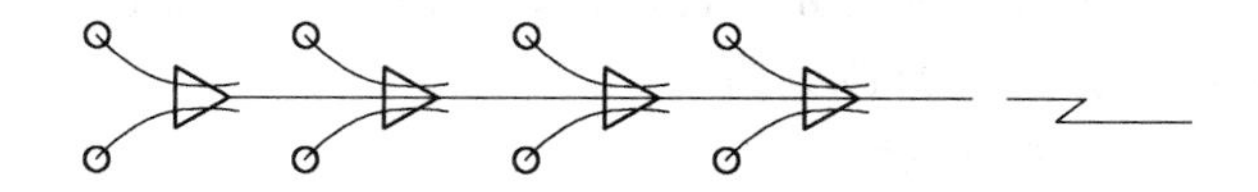

图 6－12 导爆管串联网路

（3）并联法。导爆管并联起爆网路的连接如图 6－13 所示。

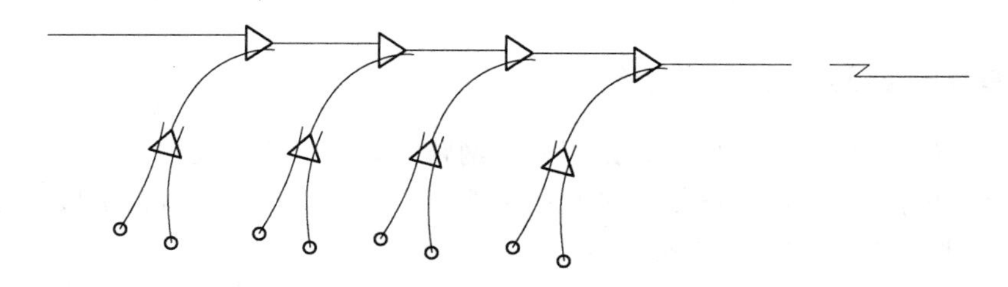

图 6－13 导爆管并联网路

6.1.2.3 导爆管复式起爆网路

在一些重要的爆破场合，为保证起爆的可靠性，可采用导爆管复式起爆网路，其可靠性比前述的各种导爆管单式起爆网路要高。复式起爆网路如图 6－14 和图 6－15 所示。其中复式交叉起爆网路可靠性最高。

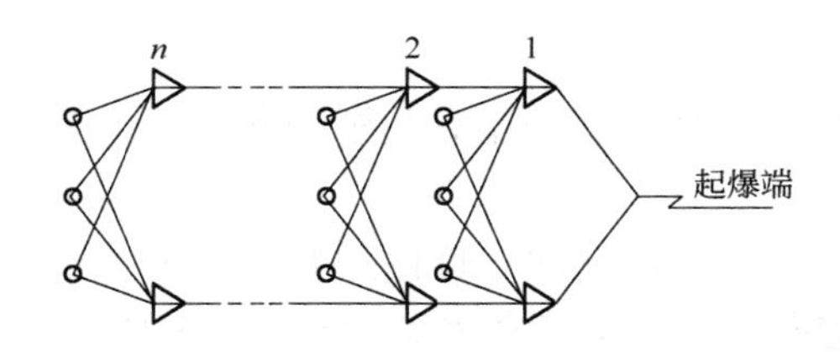

图 6－14 导爆管复式起爆网路

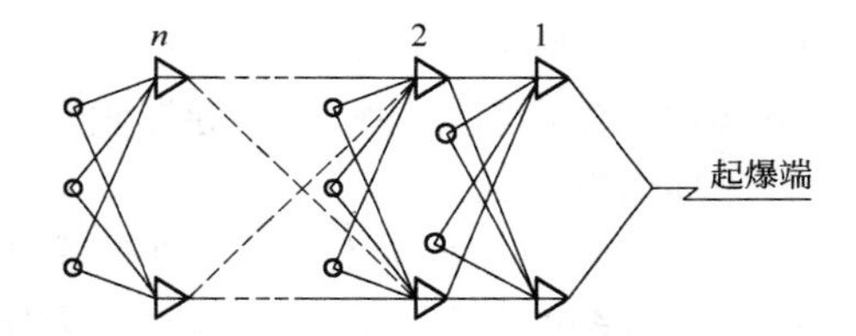

图 6－15 导爆管复式交叉起爆网路

6.1.2.4 导爆管起爆网路的延时

导爆管起爆网路必须通过使用延时非电雷管才能实现微差爆破。我国也生产与电雷管段别相对应的非电毫秒雷管，其毫秒延迟时间及精度均与电雷管相同。

导爆管起爆的延时网路，一般分为孔内延时网路和孔外延时网路。

（1）孔内延时网路。在这种网路中，传爆雷管（传爆元件）全用瞬发非电雷管，而装入孔内的起爆雷管（起爆元件）根据实际需要使用不同段别的延时非电雷管。当干线导爆管被击发后，干线上各传爆瞬发非电雷管顺序爆炸，相继引爆各炮孔中的起爆元件，通过孔内各起爆雷管的延时作用过程来实现微差爆破。

（2）孔外延时网路。在这种网路中，炮孔内的起爆非电雷管用瞬发非电雷管，而网路中的传爆雷管按实际需要用延时非电雷管。孔外延时网路生产上一般不用。

但必须指出，使用导爆管延时网路时，不论是孔内延时还是孔外延时，在配备延时非电雷管和决定网路长度时，都必须按照下述原则：在起爆网路中，在第一响产生的冲击波到达最后一响的位置之前，最后一响的起爆元件必须被击发，并传入孔内。否则，第一响所产生的冲击波有可能赶上并超前网路的传播，破坏网路，造成拒爆。这是由于冲击波的传播速度大于导爆管的传爆速度所造成的。

6.1.2.5 导爆管起爆法的评价

（1）优点：操作简便；使用安全、准确、可靠；能抗杂散电流、静电和雷电；导爆管运输安全。

（2）缺点：不能用仪表检测网路连接质量；爆炸时产生冲击波，不适用有瓦斯或矿尘爆炸危险的地方，如地下煤矿等。

6.1.3 导爆管与导爆索联合起爆网路

导爆管与导爆索联合起爆网路，由于具有网路可靠、可有效实现多段微差起爆、连接简单且安全性好等优点，在工程爆破中应用很普遍，广泛应用于大规模爆破，如地下大规模的爆破落矿和露天台阶深孔爆破。

6.1.3.1 网路的组成

导爆管与导爆索联合起爆网路由击发元件（电雷管或击发枪）、传爆元件（导爆索）、连接元件（工业胶布等）和起爆元件（导爆管和延时非电雷管装配）四部分组成。

传爆元件用导爆索，由于其传爆速度快，是导爆管传爆速度的3倍多，所有起爆元件可看成是同时被击发的，这给炮孔内的延时雷管实现延时起爆创造了良好条件。第一响炮孔群爆破所产生的冲击波对后继各响没有任何影响，因为所有后继炮孔群也同时被击发。联合起爆网路如图6－16所示。

6.1.3.2 网路起爆原理

由雷管的爆炸引爆导爆索，导爆索爆炸击发导爆管，进而引爆孔内起爆雷管，再由起爆雷管爆炸引爆炸药。

中深孔爆破中，每排炮孔的导爆管采用簇联。为了保证同一排内炮孔起爆的可靠性，并消除药卷装药时的径向间隙效应，排内所有炮孔可采用导爆管和导爆索复式起爆网路，如图6－17所示。只要排内炮孔中有一发雷管爆炸，复式网路中所有炮孔的装药都能同时爆炸。

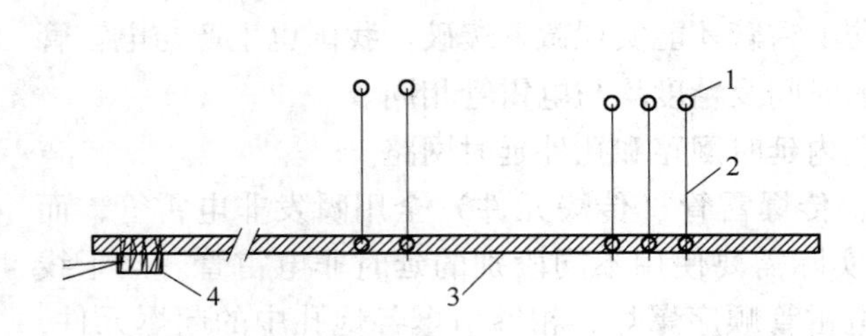

图6－16 导爆管与导爆索联合起爆网路
1—炮孔；2—起爆元件（导爆管起爆雷管）；
3—传爆元件（导爆索）；
4—击发元件（电雷管）

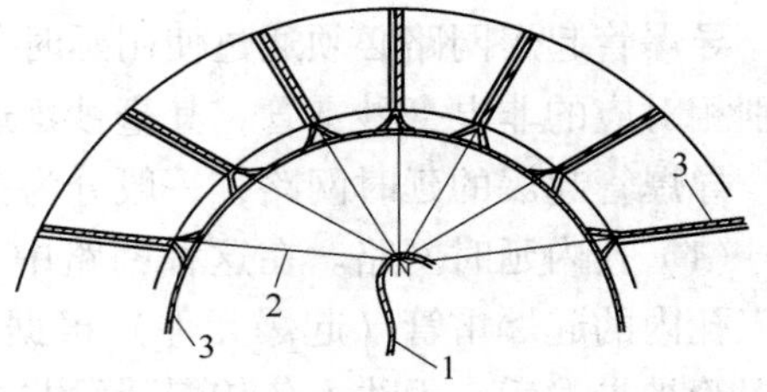

图6－17 排内导爆管与导爆索复式网路连接
1—主导爆索；2—导爆管网路；
3—导爆索辅助网路

6.2 电力起爆法

利用电雷管通电后起爆产生的爆炸能引爆炸药的方法，称为电力起爆法。电力起爆法使用的主要器材是电雷管。这种起爆法具有许多其他起爆法所不及的优点，主要表现在：

（1）从准备到整个施工过程中的各个工序，如挑选雷管、连接起爆网路等，都能用仪表进行检查，并能根据设计计算数据及时发现施工和网路连接中的质量和错误，从而保证了爆破的可靠性和准确性。

（2）能在安全隐蔽的地点远距离起爆药包群，使爆破工作能在安全条件下顺利进行。

（3）能准确地控制起爆时间和药包群之间的爆炸顺序，可保证良好的爆破效果。

（4）可同时起爆大量雷管等。

因此，电力起爆法使用范围十分广泛，无论是露天或井下、小规模或大规模爆破，还是其他工程爆破中均可使用。

同时，电力起爆法也有如下缺点：

（1）普通电雷管不具备抗杂散电流和抗静电的能力。所以，在有杂散电流的地点或露天爆破遇有雷电时，危险性较大，此时应避免使用普通电雷管。

（2）电力起爆准备工作量大，操作复杂，作业时间较长。

（3）电爆网路的设计计算、敷设、连接的技术要求较高，操作人员必须要有一定的技术水平。

（4）需要可靠的电源和必要的仪表设备等。

6.2.1 对电爆网路设计的基本要求

（1）电源可靠，电压稳定，容量足够。

（2）网路简单、可靠，便于计算、连线和导通。

（3）要求每个雷管都能获得足够的准爆电流，尽量使网路中各雷管电流强度比较均匀；雷管串联使用时，必须满足串组雷管准爆电流的要求。

6.2.2 电爆网路的组成及各部分的选择

电力起爆法是由电雷管、导线和电源三部分组成的起爆网路来实施的。网路各部分的选择和要求如下：

6.2.2.1 电雷管的选择

由于电雷管电热性能的差异，有时会引起串联电雷管组的拒爆。因此，在一条网路中，特别是大爆破时，应尽量选用同厂、同型号和同批生产的产品，并在使用前用专用爆破电桥进行雷管电阻的检查。目前大多数工程爆破在选配雷管时，电阻差值允许范围一般为$\pm(0.1 \sim 0.2)\Omega$，最大不超过0.25Ω。也有个别矿山，在加大起爆电流的条件下，对电雷管电阻值的要求并不严格。进行微差爆破时，还要根据起爆顺序和特定的爆破目的，选用不同段别的毫秒延时电雷管，做到延时合理、一致和顺序准确。

6.2.2.2 导线的选择

在电爆网路中，应采用绝缘良好、导电性能好的铜芯线或铝芯线做导线。铝芯线抗折断能力不如铜芯线，但价格便宜，故应用较多。铝芯线的线头包皮剥开后极易氧化，所以接线时必须用砂纸擦去氧化物，露出金属光泽，方能连接，不然电阻会增大，致接触不良。大量爆破时，网路导线用量较大，有时还分区域(或支路)。为了便于计算和敷设,通常将导线按其在网路中的不同位置划分为脚线、端线、连接线、区域线(支线)和主线。

(1) 脚线。雷管出厂就带有长为2m、直径为0.4～0.5mm的铜芯或铁芯塑料包皮绝缘地线。

(2) 端线。是指用来接长或替换原雷管脚线，使之能引出炮孔口的导线，或用来连接同一串组中相邻炮孔内雷管脚线引出孔外的部分；其长度根据炮孔深度与孔间距来定，截面一般为0.2～0.4mm^2，常用多股铜芯塑料皮软线。

(3) 连接线。指连接各串联组或各并联组的导线，常用截面积为2.5～16mm^{2}的铜芯或铝芯塑料线。

(4) 区域线。是连接连接线至主线之间的导线，常用截面6～35mm^{2}的铜芯或铝芯塑料线。

(5) 主线（又称母线）。指连接电源与区域线的导线，因它不在爆落范围内使用，一般用动力电缆或专设的爆破用电缆包皮线，可多次重复使用。爆破规模较小时，也可选用16～150mm^{2}的铜芯或铝芯塑料线或橡皮包皮线。主线电阻对网路总电阻影响很大，应选用合适的断面规格。

实际工作中，应尽量简化导线规格，脚线与端线、连接线和区域线可选用同一规格导线。

6.2.2.3 电源的选择

电力起爆网路可采用交流供电，也可采用直流供电。常用的起爆电源有照明电源、动力电源和起爆器。

(1) 交流电源。照明和动力线路均属交流电源，其输出电压一般为380V和220V，具有足够容量，是电力起爆中常用的可靠电源，尤其在起爆线路长、雷管多、药量大、网路复杂、准爆电流要求高的地下中深孔大量爆破中，是比较理想的电源。

(2) 直流电源。电容式起爆器是一种很好的直流电源。我国生产的电容起爆器品种较多，可根据爆破现场、规模和一次爆破雷管数量等合理选用不同容量的起爆器。电容式起爆器体积小、重量轻、便于携带、瞬间起爆电流大，适用于中、小规模工程爆破串联网路起爆。常用的YJ系列起爆器如表6－1所示。

表6－1 YJ系列起爆器

主要技术参数 / 产品型号名称	准爆铜脚线电雷管数/发	准爆铁脚线电雷管数/发	允许最大负载电阻/Ω	引爆脉冲电压/V	供电电源/V	充电时间/s	单机质量/kg	电池规格/号
YJZ－50型	50	25	170	500	3	3	0.2	5
YJZ－200型	200	100	620	1600	4.5	5	0.4	5
YJGY－500型	500	250	1500	3000	7.5	10	1.8	1
YJGN－1000型	1000	500	900	1800	7.5	15	2.0	1
YJQL－1500型	1500	750	1350	2700	7.5	20	2.5	1
YJQL－4000型	4000	2000	1800	3600	13.5	30	7.5	1
YJQL－6000型	6000	3000	450	900	14.8	35	12.5	1

6.2.3 电爆网路计算

电爆网路按雷管连接方式的不同可分为串联、并联和混合联三种，网路的计算按一般电路的串联、并联和混联电路进行计算。

6.2.3.1 串联

串联是将电雷管一个接一个互相成串地连接起来，再与电源连接的方法，如图6－18所示。其优点是连线简单，操作容易，所需总电流小，导线消耗少；缺点是网路中若有一个雷管断路，会使整条网路断路而拒爆。计算公式如下：

（1）电爆网路总电阻 $R(\Omega)$

$$R = R_x + nr \tag{6-1}$$

式中 R_x——导线电阻，Ω；

n——串联电雷管个数；

r——单个电雷管电阻，Ω。

（2）网路总电流 $I(\mathrm{A})$

$$I = U/(R_x + nr) \tag{6-2}$$

式中 U——电源电压，V。

6.2.3.2 并联

并联是将所有电雷管的脚线分别连在两条导线上，然后把这两条导线与电源连接起来的方法，如图6－19所示。其优点是不会因为其中一个雷管断路而引起其他雷管的拒爆，网路的总电阻小；缺点是网路的总电流大，连接线消耗量多，若有少数雷管漏接时，检查不易发现。

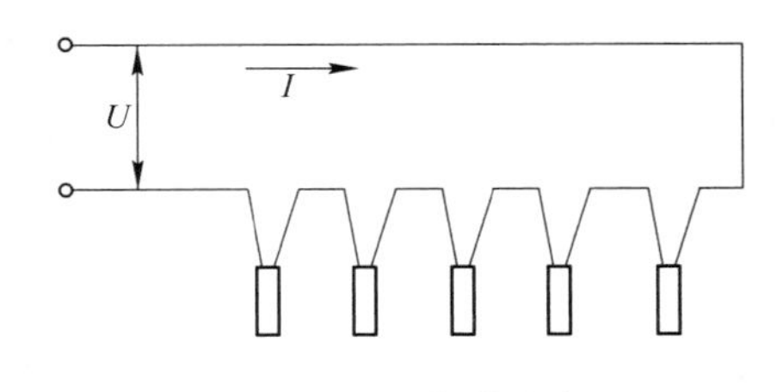

图6－18 串联网路

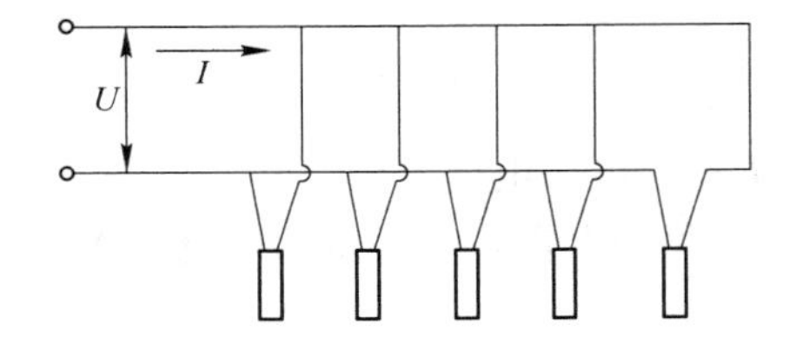

图6－19 并联网路

（1）电爆网路总电阻 $R(\Omega)$

$$R = R_x + \frac{r}{m} \tag{6-3}$$

式中 m——并联电雷管个数；

其他符号意义同前。

（2）网路总电流 $I(\mathrm{A})$

$$I = U/R = U\Big/\left(R_x + \frac{r}{m}\right) \tag{6-4}$$

式中 U——电源电压，V。

（3）每个电雷管所获得的电流 $i(\mathrm{A})$

$$i = I/m = U/(mR_x + r)r \tag{6-5}$$

6.2.3.3 混合联

混合联是在一个电爆网路中由串联和并联进行组合连接的混合连接方法，可进一步分为串并联和并串联，如图6-20和6-21所示。串并联是将若干个电雷管串联成组，然后将若干个串联组又并联在两根导线上，再与电源连接。并串联是将若干组并联的电雷管组串联在一起，再与电源线连接。

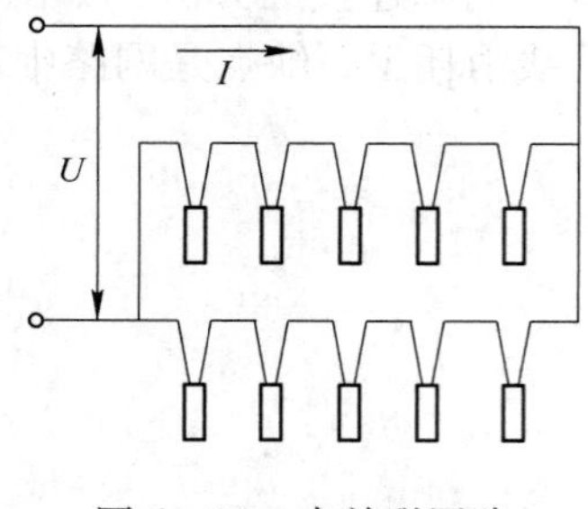

图6-20 串并联网路

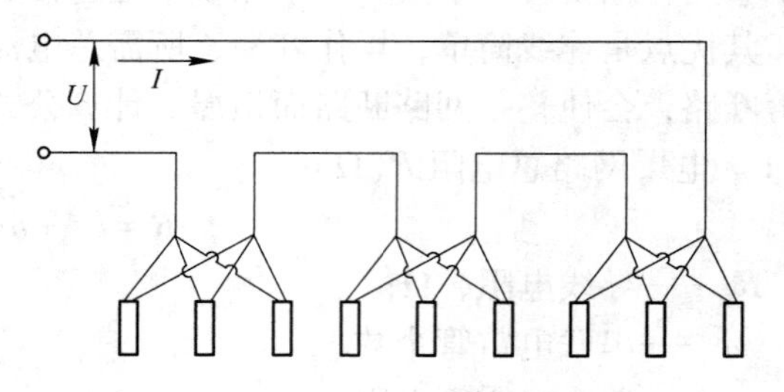

图6-21 并串联网路

(1) 电爆网路总电阻 $R(\Omega)$

$$R = R_x + \frac{nr}{m} \tag{6-6}$$

式中 m——串并联时，为并联组的组数；并串联时，为一组内并联的雷管个数；

n——串并联时，为一组内串联的雷管个数；并串联时，为串联组的组数。

其他符号意义同前。

(2) 网路总电流 $I(\mathrm{A})$

$$I = \frac{U}{R_x + \dfrac{nr}{m}} \tag{6-7}$$

式中 U——电源电压，V。

(3) 每个电雷管所获得的电流 $i(\mathrm{A})$

$$i = \frac{I}{m} = \frac{U}{mR_x + nr} \tag{6-8}$$

(4) 电爆网路最佳连接计算。在电爆破网路中电雷管的总数是已知的，而电雷管总数 $N = mn$，即 $n = N/m$，将 n 值代入式（6-8）得

$$i = \frac{I}{m} = \frac{mU}{m^2R_x + Nr} \tag{6-9}$$

为能在电爆网路中满足每个电雷管均获得最大电流的要求，必须对混联网路中串联或并联进行合理分组。从式（6-9）可知，当 U、N、r 和 R_x 固定不变时，则通过各组或每个电雷管的电流为 m 的函数。为求得合理的分组组数 m 值，可将式（6-9）对 m 进行微分，令其值等于零，便可求得 m 的最优值（此时电爆网路中每个电雷管可获得最大电流值），即

$$m = \sqrt{\frac{Nr}{R_x}} \tag{6-10}$$

计算后 m 值应取整数。

同理可得

$$n = \sqrt{\frac{NR_x}{r}} \tag{6-11}$$

上述计算说明，对于混联电爆网路，当采用式（6-10）和式（6-11）计算出串联 n 值和并联 m 值时，在同等 U、r、R_x、N 条件下，电爆网路中流经每个电雷管的电流值最大。上述计算应注意：

1）计算时，仅计算 m 或 n 一个数值即可，计算的数值取整数时要注意能被另一个数整除，即满足 $N=nm$；

2）计算得到 n 个（组）串与 m 个（组）并时电流最大，并不能就断定已满足成组电爆网路准爆条件，一定要将所求的 n、m 取值后带入式（6-8）验算，确定使 $i \geqslant I_{准}$。

（5）电爆网路最大起爆能力计算。设式（6-8）中的 $i=I_{准}$，由变换可得

$$n = \frac{U}{I_{准}\,r} - \frac{mR_x}{r} \tag{6-12}$$

则网路中电雷管总数 N 为

$$N = nm = \frac{Um}{I_{准}\,r} - \frac{m^2R_x}{r} \tag{6-13}$$

式（6-13）中，N 是 m 的函数，对 m 求导可得

$$\frac{\mathrm{d}N}{\mathrm{d}m} = \frac{U}{I_{准}\,r} - \frac{2R_x m}{r} \tag{6-14}$$

令 $\frac{\mathrm{d}N}{\mathrm{d}m}=0$，得

$$m = \frac{U}{2R_x I_{准}} \tag{6-15}$$

同理可得

$$n = \frac{U}{2rI_{准}} \tag{6-16}$$

对于混联电爆网路，当采用式（6-15）和式（6-16）计算出串联 n 值和并联 m 值时，在同等 U、r、R_x 条件下可起爆的电雷管数量最多。上述计算应注意：

1）m、n 分别计算并取相近整数；

2）m、n 取值后应带入式（6-8）验算，确定使 $i \geqslant I_{准}$。

混联网路的优点是同时具有串联和并联的优点，可同时起爆大量的电雷管。在大规模爆破网路中，混联网路还可以采用多种变形方案，如串并并联，并串并联等方案。这两种连接方案的网路如图6-22所示。

电爆网路设计是否合格，一是起爆电源容量是否合格；二是通过每一发雷管的电流是否符合要求。成组电雷管的最低准爆电流比单发电雷管要大，规程规定起爆成组电雷管时，对一般爆破，通过每一发雷管的电流，直流电不小于2A，交流电不小于2.5A；对大爆破，通过每一发雷管的电流，直流电不小于2.5A，交流电不小于4A。

6.2.4 电力起爆法的操作要点

有了质量合格的电雷管和设计合理的爆破网路后，为了可靠、安全、准确地起爆，在

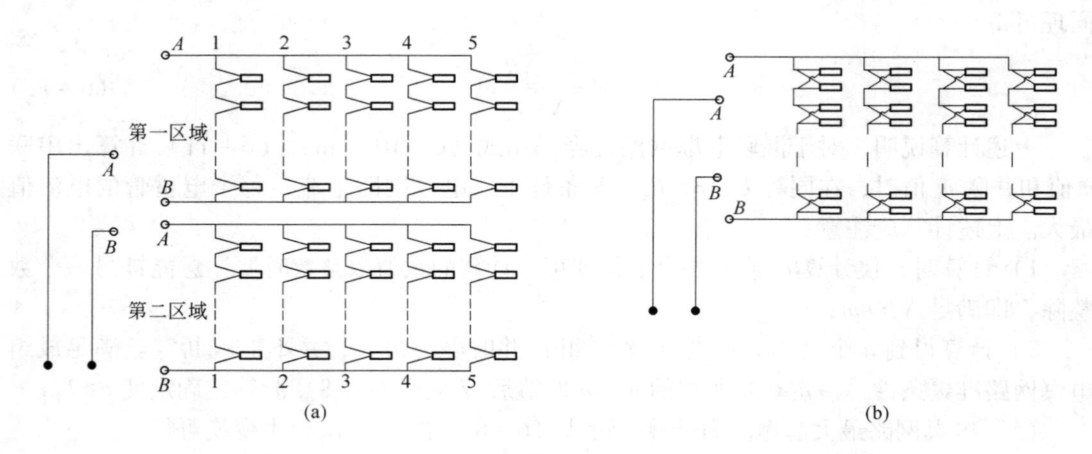

图 6－22 混合连接网路的变形方案

（a）串并并联连接方案；（b）并串并联连接方案

操作过程中，还应该注意下述几方面：

（1）雷管检查合格后，应使其脚线短路，最好用工业胶布包好短路线头。按电雷管段数分别挂上标记牌，放入专用箱，按设计要求运送到爆破现场，再根据现场布置分发到各炮孔的位置。装药时应严防捣断雷管脚线，脚线应沿孔壁顺直。

（2）连接网路时，操作人员必须按设计接线。连线人员不得使用带电的照明。无关人员应退出工作面。整个网路的连接必须从工作面向爆破站方向顺序进行。连好一个单元后便检测一个单元，这样能及时发现和纠正问题。在连接过程中，网路的不同部位采用不同的接头形式，如图 6－23 所示。图中，（a）、（b）是常用于雷管脚线之间的接头形式；（c）是多用于端线和连接线之间的接头形式；（d）是用于细导线与粗导线之间的接头形式；（e）为连接线与区域线之间或区域线之间的接头形式；（f）是多用于区域线与主线之间或多芯导线之间的接头形式。

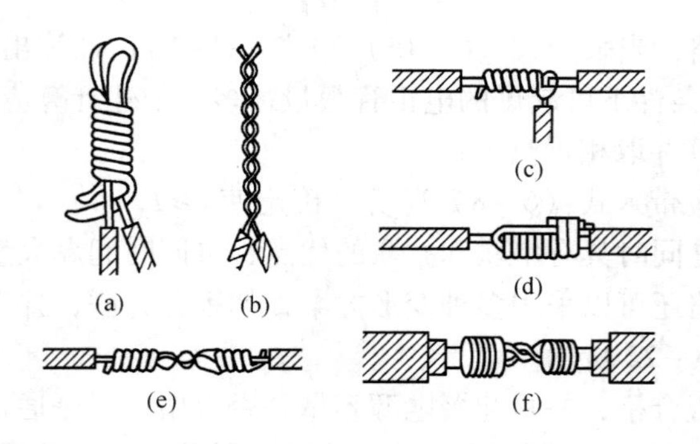

图 6－23 爆破网路常用接头形式

（a），（b）脚线接头；（c）端线和连接线接头；（d）细导线与粗导线接头；（e）连接线与区域线接头；（f）区域线与主线接头

实践证明，接头不良，会造成整条网路的电阻变化不定，因而难以判断网路电阻产生误差的原因和位置。为了保证有良好接线质量，应注意下述几点：

1）接线人员接线前应先擦净手上的泥污，刮净线头的氧化物、绝缘物，露出金属光泽，以保证线头接触良好；作业人员不准穿化纤衣服；

2）接头应牢固扭紧，线头应有较大接触面积；

3）各个裸露接头彼此应相距足够距离，更不允许相互接触，形成短路；为避免线头接触岩、矿或落入水中，应用绝缘胶布缠裹；

4）敷线时，应留有10% ~15%的富余长度，以防过紧拉断网路；

5）建立安全信号及警戒制度，认真检查后才能合闸起爆；

6）整条网路连好后，应有专人按设计进行复核。

（3）电爆网路的电阻检查与故障排除。安全规程规定："爆破主线与起爆电源或起爆器连接之前，必须检测全电阻。总电阻值应与实际计算值符合（允许误差 ±5%）。若不符合，禁止连接"。

检查网路电阻时，应始终采用同一爆破电桥或内阻校对过的同类电桥，避免出现误差。在正常情况下，由于接头多的影响，实测电阻常会大于计算电阻。若差值超过 ±5% 时，应分析和检查发生故障的原因和地点。一般用二分之一淘汰法寻找，即把整条网路一分为二，分别测这两部分的电阻，并与设计计算的电阻比较，符合计算的为正常区，反之为故障区。再将故障区一分为二，进行检测。这样不断缩小范围，直至找到故障点并加以排除为止。

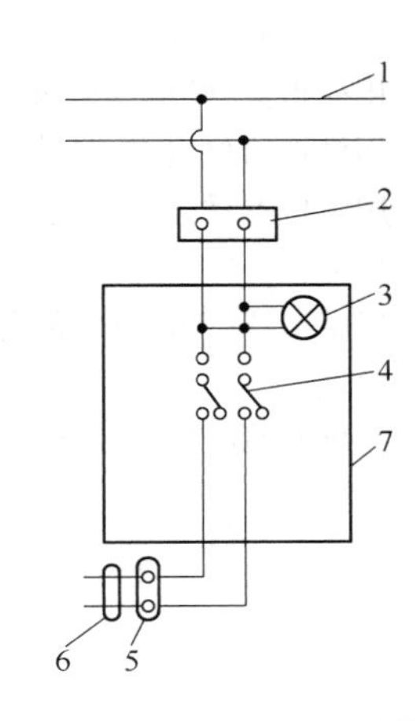

图6-24 电力起爆开关装置
1—电源线路；2—保险栓；
3—指示灯；4—开关；
5—插座；6—插销；
7—带锁木箱

（4）起爆站的选择。采用起爆器起爆时，起爆站可比较机动灵活地选择在安全地点，网路主线可在起爆前随时敷设和检查。

采用交流电源起爆时，专用电源位置是固定的，必须预先设置专用的起爆箱（双刀双置开关），如图6-24所示。电源在起爆时不作其他用途。

无论采用何种方式起爆，闭锁起爆电源是必须严格执行的，而且闭锁木箱的钥匙应由负责爆破的专人随身携带，不得转交他人。

起爆时，必须有明确规定的指令、操作步骤以及安全信号。

本章小结

选择合理的起爆方法是有效完成预期爆破的重要内容。

导爆索起爆法是用雷管击发导爆索，导爆索传爆并引爆其周围的炸药，通过继爆管可实现微差爆破。

导爆管起爆法是目前应用较广泛的方法，通过击发导爆管，导爆管传爆并引爆其末端的雷管，可实现各种形式的起爆。

为保证可靠起爆，可采用导爆管复式起爆网路，也可采用导爆管与导爆索联合起爆网路。

电力起爆法由于其可检查性而具有较高的可靠性，主要用在无静电、杂电干扰的地方，网路连接方式有串联、并联和混合联。

重要概念

起爆方法　起爆网路　导爆索起爆法　导爆管起爆法　复式起爆法　联合起爆法　电力起爆法

复习思考题

6-1　常见的起爆方法有哪些？试述其所用材料、起爆原理、优缺点和适用条件。

6-2　用模拟器材组一个导爆索起爆法的起爆网路。操作中要注意什么？

6-3　用模拟器材组一个导爆管起爆法的起爆网路。操作中要注意什么？

6-4　用模拟器材组一个电力起爆法的起爆网路。如何确保起爆网路的设计是合格的，操作中要注意什么？

6-5　用模拟器材组一个导爆管与导爆索联合起爆法的起爆网路。操作中要注意什么？并说明其起爆原理。

6-6　起爆网路的微差爆破是如何实现的？试按不同的网路分别说明。

7　爆破破岩机理

本章要点及学习目的

炸药爆炸的瞬间是如何将岩石破坏的呢？本章通过实验讲述了爆破的内部作用和外部作用，并用力学知识对它进行了解释，对与爆破破岩机理有关的爆破漏斗理论、利文斯顿原理、装药量计算原理作了介绍。本章要理解炸药爆炸时对周围介质（岩石和矿石）破坏的原理及影响爆破效果的相关因素，从而为掌握工程爆破的设计原理打下基础。

在工程爆破中，利用炸药爆炸来破碎岩体，至今仍然是一种最有效和应用最广泛的手段。在炸药爆炸作用下，岩体是如何破碎的呢？多年来国内外众多学者对此进行了探索，提出了许多理论和学说。然而由于岩石的不均质性和各向异性等，以及炸药爆炸本身的高速瞬时性，给人们揭示岩石的破碎规律造成了种种困难，迄今对岩石的爆破破碎机理，仍然了解不够。

但是，科技工作者在长期的生产实践和科学实验中，总结了许多很有价值的经验，尤其是高速摄影技术和计算机模拟技术的出现，有力地促进了爆破破岩机理的研究。利用这一技术，借助爆破模拟试验，对爆破过程中在岩体内外发生的应力、应变、破裂和飞散等现象进行观察测定，并用计算机进行计算分析，进一步取得了岩石在爆炸作用下破碎机理的研究成果，提出了种种假说和经验公式。它们一般能反映某些客观规律，在生产上具有一定的指导意义和应用价值。

本章主要根据目前生产和科研中已经揭示出的一些规律，介绍岩石在炸药爆炸作用下发生破碎的原理，使我们对岩石破碎的本质有所理解，并能正确地运用岩石破碎规律进行爆破设计和施工，从而达到最佳爆破效果。

7.1　爆破破岩的原理

炸药在岩体内爆炸时所释放出来的能量，是以冲击波和高温高压的爆生气体形式作用于岩体。由于岩石是一种不均质和各向异性的介质，因此在这种介质中的爆破破碎过程，是一个十分复杂的过程，要完全认识这样一个复杂过程是困难的。为了揭示爆破破碎过程的本质，这里结合目前的一些研究成果，就集中药包在无限介质和一个自由面条件下的岩石破碎过程作扼要的叙述。

7.1.1　爆破的内部作用

下面在炸药类型一定的前提下，对单个药包爆炸作用进行分析。

岩石内装药中心至自由面的垂直距离称为最小抵抗线，通常用 W 表示。对于一定的装药量来说，若最小抵抗线 W 超过某一临界值（称为临界抵抗线 W_e）时，可以认为药包处在无限介质中，此时药包爆炸后在自由面上不会看到地表隆起的迹象。也就是说，爆破作用只发生在岩石内部，未能达到自由面。药包的这种作用，叫做爆破的内部作用。

炸药在岩石内爆炸后，会引起岩体产生不同程度的变形和破坏。如果设想将经过爆破作用的岩体切开，便可看到如图 7－1 所示的剖面。根据炸药能量的大小、岩石可爆性的难易和炸药在岩体内的相对位置，岩体的破坏作用可分近区、中区和远区三个主要部分，亦即压缩粉碎区、破裂区和震动区三个部分。

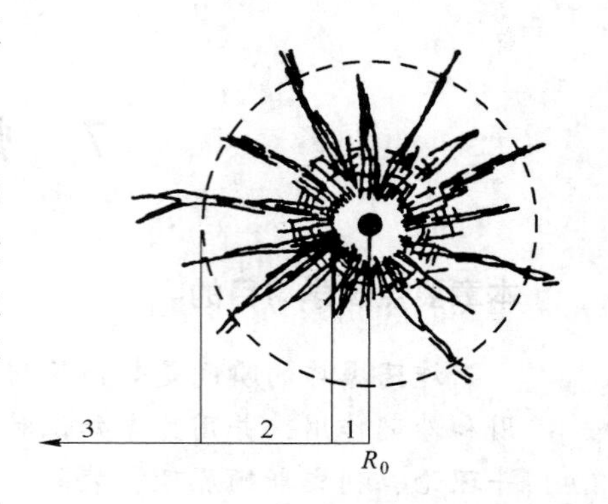

图 7－1 药包在无限岩体内的爆炸作用

R_0—药包半径；

1—近区（压缩粉碎区），（2～7）R_0；

2—中区（破裂区），（8～150）R_0；

3—远区（震动区），大于(150～400)R_0

7.1.1.1 压缩粉碎区的形成特征

所谓爆破近区是指直接与药包接触、邻近的那部分岩体。炸药爆炸后，会产生两三千摄氏度以上的高温和几万兆帕的高压，形成每秒数千米速度的冲击波，伴之以高压气体在微秒量级的瞬时作用在紧靠药包的岩壁上，致使近区的坚固岩石被击碎成为微小的粉粒（约为 0.5～2mm），并把原来的药室扩大成空腔，称为粉碎区；如果所爆破的岩石为塑性岩石（如黏土质岩石、凝灰岩、绿泥岩等），则近区岩石被压缩成致密坚固的硬壳空腔，称为压缩区。

爆破近区的范围与岩石性质和炸药性能有关。比如，岩石密度越小，炸药威力越大，空腔半径就越大。通常压缩粉碎区约为药包半径 R_0 的 2～7 倍，破坏范围虽然不大，但却消耗了大部分爆炸能。工程爆破中应该尽量减少压缩粉碎区的形成，从而提高炸药能量的有效利用。

7.1.1.2 破裂区的形成特征

炸药在岩体中爆炸后，强烈的冲击波和高温、高压爆轰产物将炸药周围岩石破碎压缩成粉碎区（或压缩区）后，冲击波衰减为应力波。应力波虽然没有冲击波强烈，剩余爆轰产物的压力和温度也已降低，但是它们仍有很强大的能量将爆破中区的岩石破坏，形成破裂区。

通常破裂区的范围比压缩粉碎区大得多，比如压缩粉碎区半径一般为（2～7）R_0，而破裂区的半径则为（8～150）R_0。所以，破裂区是工程爆破中岩石破坏的主要部分。破裂区主要是受应力波的拉应力和爆轰产物的气楔作用形成的，如图 7－2 所示。由于应力作用的复杂性，破裂区中有径向裂隙、环向裂隙和剪切裂隙。

（1）径向裂隙的产生。当粉碎区形成后，冲击波衰减成应力波，其压力已低于岩石的抗压强度，不足以压坏岩石，但能仍以弹性波的形式向岩石周围传播，相应地使岩石质点产生径向位移，其径向压应力 σ_1 导致切向拉应力 σ_2 的产生。因为岩石的抗拉强度仅为其抗压强度的 1/50～1/10，当 σ_2 大于岩石的抗拉强度时，该处岩石即被拉断，构成与粉碎区贯通的径向裂隙，并以相当于应力波波速的 0.15～0.4 倍的速度向外延伸，如图 7－2（a）所示。与此同时，爆破气体作用在爆炸空腔的岩壁上，形成准静应力场。在高压气体的膨胀、挤压、气楔作用下，径向裂隙继续扩展和延伸，并且在裂隙尖端处的气体压力下引起应力集中，加速裂隙的扩展，形成靠近粉碎压缩区的内密外疏、开始宽末端细的径向裂隙网。

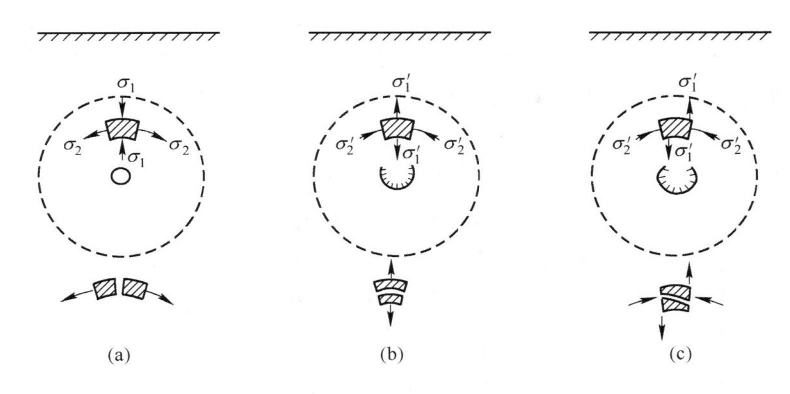

图7－2 破裂区裂隙形成应力作用示意图

（a）径向裂隙；（b）环向裂隙；（c）剪切裂隙

σ_1—径向压应力；σ_2—切向拉应力；σ'_1—径向拉应力；σ'_2—切向压应力

（2）环向裂隙和剪切裂隙的形成。在冲击波、应力波作用下，岩石受到强烈的压缩，积蓄了一部分弹性变形能。当粉碎区空腔形成、径向裂隙展开、压力迅速下降到一定程度时，原先在药包周围的岩石释放出在压缩过程中积蓄的弹性变形能，并转变为卸载波，形成与压应力波作用方向相反的径向拉应力 σ'_1 使岩石质点产生反向的径向运动。当此径向拉应力 σ'_1 大于岩石的抗拉强度时，该处岩石被拉断形成环向裂隙，如图7－2（b）所示。

在径向裂隙与环向裂隙形成的同时，由于径向应力与切向应力作用的共同结果，岩石受到剪切应力的作用，还可能形成剪切裂隙，如图7－2（c）所示。

（3）破裂区。应力作用首先形成了初始裂隙，接着爆轰气体的膨胀、挤压、气楔作用助长裂隙的延伸和扩展，只有当应力波与爆轰气体衰减到一定程度后才能停止裂隙扩展。这样，随着径向裂隙、环向裂隙和剪切裂隙的形成、扩展、贯通，纵横交错、内密外疏、内宽外细的裂隙网将岩体分割成大小不等的碎块。靠近粉碎区处岩块细碎，远离粉碎区处大块增多，或只出现延伸的径向裂隙。在应力和气楔的共同作用下，最终在（8～150）R_0 范围内构成了破裂区。

7.1.1.3 震动区效应

爆破近区（压缩粉碎区）、中区（破裂区）以外的区域称为爆破远区或爆破震动区。该区的应力波已大大衰减，渐趋于正弦波，部分非正弦波性质的小振幅振动，仍具有一定强度，足以使岩石产生轻微破坏。当应力波衰减到不能破坏岩石时，只能引起岩石质点作弹性振动，形成地震波。

爆破地震瞬间的高频振动可引起原有裂隙的扩展，严重时可能导致露天边坡滑坡、地下井巷冒顶片帮以及地面或地下建（构）筑物破裂、损坏或倒塌等。地震波是构成爆破公害的危险因素。因此必须掌握爆破地震波危害的规律，采取降震措施，尽量避免和防止爆破地震的严重危害。

7.1.2 爆破的外部作用

在最小抵抗线的方向上，岩石与另一种介质（空气或水等）的接触面，称为自由面，也叫临空面。当最小抵抗线 W 小于临界抵抗线 W_e 时，炸药爆炸后除发生内部作用外，自由面附近也发生破坏。也就是说，爆破作用不仅只发生在岩体内部，还可达到自由面附近，引起自由面附近岩石的破坏，形成鼓包、片落或漏斗。这种作用叫做爆破的外部作用。

7.1.2.1 爆破实验

根据生产实践中的体会，可在实验室做以下实验：

（1）长杆实验。最简单的试验是采用岩石长杆模型进行的爆破试验。如图 7－3 所示，取一根加工成圆柱形或正方形断面（5cm×5cm 或 7cm×7cm）的长杆（长 1.0m 左右），用雷管起爆端部药包后可见到以下现象：①近药端石杆被粉碎，稍远处有裂隙，分别形成粉碎区和裂隙区；②远药端石杆被破坏成块状，形成片落区，越向药包端则碎块厚度越大；③在粉碎区、裂隙区与片落区之间，石杆无明显破坏而只有弹性变形，形成震动区；④炸药量不同，各区的范围也不同；当药量增大到一定程度后，粉碎、裂隙与片落三区扩大，震动区不复存在。

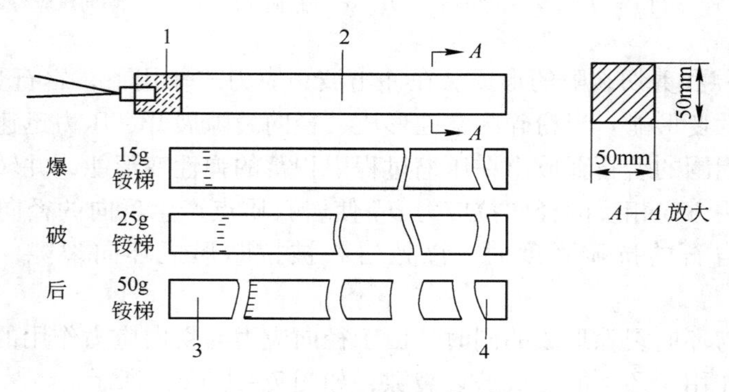

图 7－3 长杆破坏试验

1—炸药；2—大理石长杆；3—粉碎区；4—片落区

（2）水泥板实验。如图 7－4 所示，取一块具有一定厚度的水泥板，将一面平整为自由面 b，另一面加载，其上放一只雷管和几十克炸药。爆炸后加载端被冲击波和爆生气体粉碎飞散，而在自由面端则出现片落，片落石块抛出一定距离，这就是反射拉伸波拉断作用的结果。

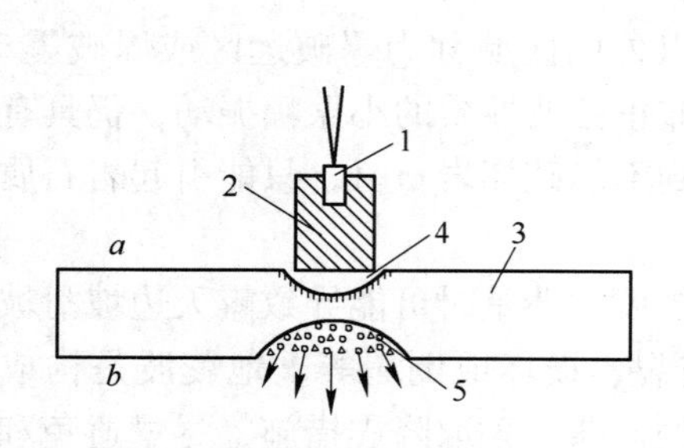

图 7－4 水泥板试验

a—加载面；b—自由面；

1—雷管；2—炸药；3—水泥板；

4—粉碎区；5—片落区

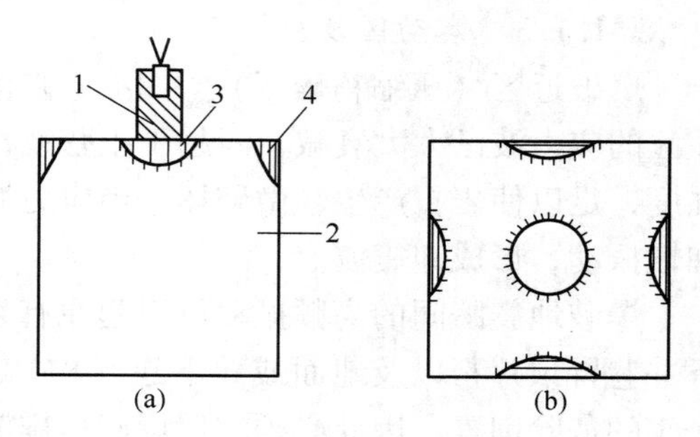

图 7－5 立方体试验

（a）侧视；（b）俯视

1—炸药；2—立方体岩块；

3—粉碎区；4—片落区

（3）立方体实验。如图 7－5 所示，将 8 号雷管置于立方体岩块上一定数量的炸药内，起爆后，可见试件在另外的几个面上出现了片落破坏。

上述实验中，三个试验分别代表空间上一、二、三维爆破作用时的破坏情况，被爆岩体均会在与空气接触的一面出现片落破坏，这种现象最早由霍普金森（Hopkinson）发现并进行了研究，所以称为霍普金森现象。一般用应力反射来进行解释，即当入射压应力波遇到自由面时，一部分或全部反射为方向完全相反的拉伸应力波。如果反射拉伸应力和入射压应力叠加之后所合成的拉应力超过岩石的极限抗拉强度时，自由面附近的岩石即被拉断成小块，或片落，或形成爆破漏斗。

（4）内部药包爆破试验。如图 7－6 所示，在相同的岩体内离地表不同深度处分别设置药量相同的药包，起爆后效果各不相同。

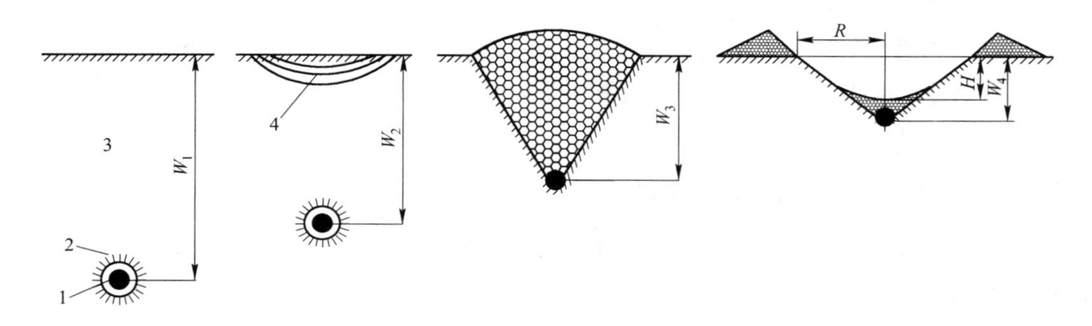

图 7－6 内部药包爆破试验

1—粉碎区；2—裂隙区；3—震动区；4—片落区

从上述四个试验均可看到，在一定条件下进行爆破，会在炸药周围形成粉碎区，在粉碎区外围一定距离会出现裂隙区，在远离炸药的一端会出现片落区，而在裂隙区和片落区之间不会破坏而只受到震动，形成震动区。

7.1.2.2 爆破破岩原因分析

目前对岩石爆破破碎机理认识较为统一的有三种理论：

（1）气体破坏论。该理论认为岩石主要是被爆炸生成气体的压力作用破坏的。爆破时产生的大量气体以极高的压力作用于炸药周围的岩石，使之产生压应力场，此应力场一方面造成径向岩石位移，另一方面还引起切向拉应力，所以岩体是在压、拉、剪等气体引起的复杂应力场中被破坏和抛掷的。这种理论完全忽视了冲击波的作用。

（2）应力波反射拉断破坏论。该理论认为当爆轰波传到岩壁时，在岩石内产生压应力波，此应力波是由冲击波能引起的。当应力波在岩内以放射状向外传播到自由面时，自由面上两种介质密度与波速有差异，造成应力波的折射与反射，此反射波是由自由面向爆炸中心传播的，这就在自由面处造成拉应力。由于岩石的抗拉强度仅为抗压强度的 1/50～1/10，故岩石是从自由面端（远炸药端）起被拉应力拉断的。这种理论只单纯强调冲击波的作用，忽视了爆生气体压力的作用。

（3）共同作用破碎论。该理论认为岩石的破碎是冲击波和爆生气体综合作用的结果，是动作用和静作用兼而有之，只不过是作用的阶段和区域不同，近区以冲击波作用为主，远区以反射拉伸应力与气体膨胀共同作用。生产实践和试验研究证明，这种理论较客观、全面地反映了爆破破岩的原理，因而被学术界所公认。

综合上述试验和理论，可以归纳出下列几点重要结论：

（1）应力波来源于爆轰冲击波，它是破碎岩石的能源，但气体产物的静膨胀作用同样是十分重要的能源。

（2）坚硬岩石中，因其波阻抗值大（达$(10\sim25)\times10^5$g/(cm^2·s)），冲击波作用明显，而软岩中波阻抗值低（为$(2\sim5)\times10^5$g/(cm^2·s)），则气体膨胀作用明显，这一点在选择炸药爆速和确定装药结构时应加以考虑。

（3）粉碎区为高压作用结果，因岩石抗压强度大且处在三向受压状态，故粉碎区范围不大；裂隙区为应力波作用结果，其范围取决于岩性。片落区是应力波从自由面处反射的结果，此处岩石处于拉应力状态，由于岩石的抗拉强度极低，故拉断区范围较大；震动区为弹性变形区，岩石未被破坏。

（4）大多数岩石坚硬有脆性，易被拉断。这就启示我们，应当尽可能为破岩创造拉断的破坏条件。应力反射面的存在是有利条件，在工程爆破中，如何创造和利用自由面是爆破技术中的重要问题。

7.1.3 自由面对爆破破坏作用的影响

自由面在爆破破坏过程中起着重要作用，它是形成爆破漏斗的重要因素之一。自由面既可以形成片落漏斗，又可以促进径向裂隙的延伸，并且还可以大大减少岩石的夹制性，有了自由面，爆破后岩石才能从自由面方向破碎、移动和抛掷。

（1）自由面数目的影响。自由面数越多，爆破破岩越容易，爆破效果也越好。当岩石性质、炸药情况相同时，随着自由面的增多，炸药单耗将明显降低，其近似关系如表7－1所示。

表7－1 自由面数目与炸药单耗的关系

自由面个数	1	2	3	4	5	6
炸药单耗/kg·m^{-3}	1	0.7～0.8	0.5～0.6	0.4～0.5	0.3～0.4	0.2～0.3

（2）炮孔方向与自由面的夹角。如图7－7所示，当其他条件不变时，炮孔与自由面的夹角越小，爆破效果越好。

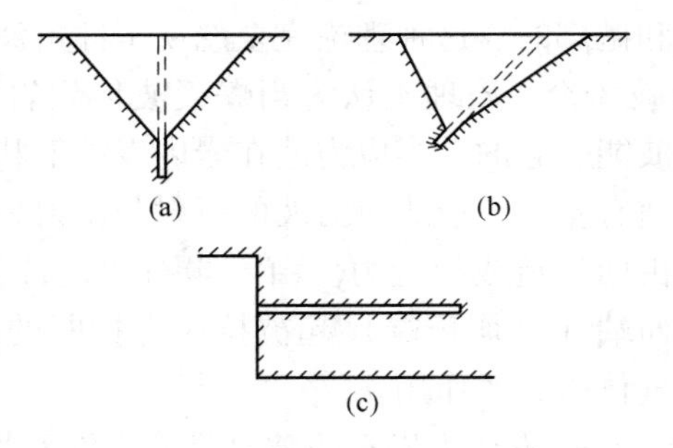

图7－7 炮孔与自由面之间的夹角关系

（a）垂直于自由面；（b）与自由面成较小夹角；（c）平行于自由面

（3）炮孔与自由面的相对位置。如图7－8所示，当其他条件不变时，炮孔位于自由面的上方时，爆破效果较好（但此时可能大块产出率较高）；炮孔位于自由面的下方时，爆破效果较差。

以上简单论述了自由面对爆破效果的影响，在实践中要注意灵活应用。

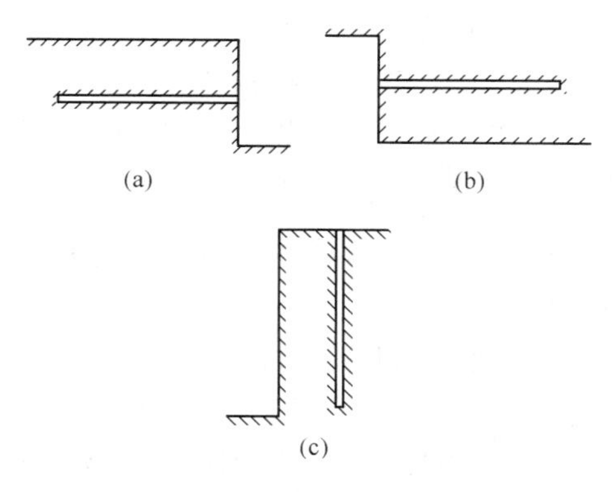

图7－8 炮孔与自由面之间的位置关系

（a）位于自由面下方；（b）位于自由面上方；（c）位于自由面一侧

7.2 爆破漏斗及利文斯顿爆破理论

7.2.1 爆破漏斗

7.2.1.1 爆破漏斗形成过程

在工程爆破中，往往是将炸药包埋置在一定深度的岩体内进行爆破。设一球形药包，埋置在距平整地表下一定深度的坚固均质的岩石中进行爆破。如果埋深相同，药量不同；或者药量相同，埋深不同，爆炸后则可能产生近区、中区、远区，或者还产生片落区以及爆破漏斗。图7－9中（a）～（f）所示是药量和埋深一定情况下爆破漏斗形成的过程。爆破漏斗是受应力波和爆生气体共同作用的结果，其一般过程简述如下。

在均质坚固的岩体内，当有足够的炸药能量，并与岩体可爆性相匹配时，在相应的最小抵抗线等爆破条件下，炸药爆炸产生两三千摄氏度以上的高温和几万兆帕的高压，形成每秒几千米速度的冲击波和应力场，见图7－9（a），作用在药包周围的岩壁上，使药包附近的岩石或被挤压，或被击碎成粉粒，形成了压缩粉碎区（近区），见图7－9（b）。此后，冲击波衰减为压应力波，继续在岩体内自爆源向四周传播，使岩石质点产生径向位移，构成径向压应力和切向拉应力的应力场。由于岩石抗拉强度仅是抗压强度的1/50～1/10，当切向应力大于岩石的抗拉强度时，该处岩石被拉断，形成与粉碎区贯通的径向裂隙。

高压爆生气体膨胀的气楔作用助长了径向裂隙的扩展。由于能量的消耗，爆生气体继续膨胀，但压力迅速下降。当爆源的压力下降到一定程度时，原先在药包周围岩石被压缩过程中积蓄的弹性变形能释放出来，并转变为卸载波，形成朝向爆源的径向拉应力。当此拉应力大于岩石的抗拉强度时，岩石被拉断，形成环向裂隙。

在径向裂隙与环向裂隙出现的同时，由于径向应力和切向应力共同作用的结果，又形

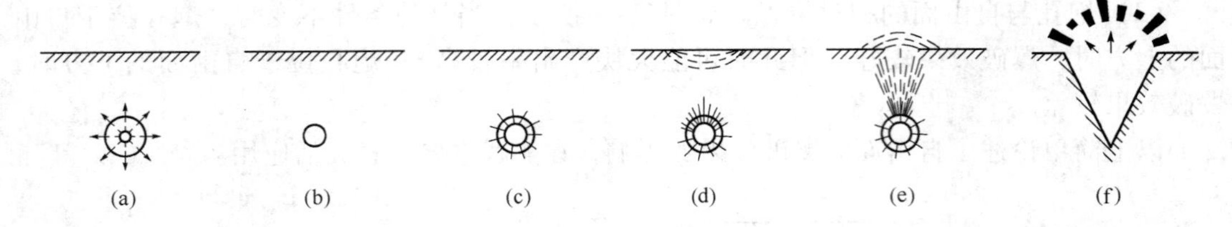

图 7－9 爆破漏斗形成过程示意图

(a) 炸药爆炸形成的应力场；(b) 粉碎压缩区；(c) 破裂区（径向裂隙和环向裂隙）；(d) 破裂区和片落区（自由面处）；(e) 地表隆起、位移；(f) 形成爆破漏斗

成剪切裂隙。纵横交错的裂隙，将岩石切割破碎，构成了破裂区（中区），见图 7－9（c），这是岩石被爆破破坏的主要区域。

当应力波向外传播到达自由面时产生反射拉伸应力波。当该拉应力大于岩石的抗拉强度时，地表面的岩石被拉断形成片落区，见图 7－9（d）。

在径向裂隙的控制下，破裂区可能一直扩展到地表，或者破裂区和片落区相连接形成连续性破坏，见图 7－9（e）。

与此同时，大量的爆生气体继续膨胀，将最小抵抗线方向的岩石表面鼓起、破碎、抛掷，最终形成倒锥形的凹坑，见图 7－9（f），此凹坑称为爆破漏斗。

7.2.1.2 爆破漏斗的几何参数

设一球状药包在自由面条件下爆破形成爆破漏斗的几何尺寸如图 7－10 所示。其中爆破漏斗三要素是指最小抵抗线 W，爆破漏斗半径 r 和漏斗作用半径 R。最小抵抗线 W 表示药包埋置深度，是岩石爆破阻力最小的方向，也是爆破作用和岩块抛掷的主导方向。爆破时部分岩块被抛出漏斗外，形成爆堆；另一部分岩块抛出之后又回落到爆破漏斗内。

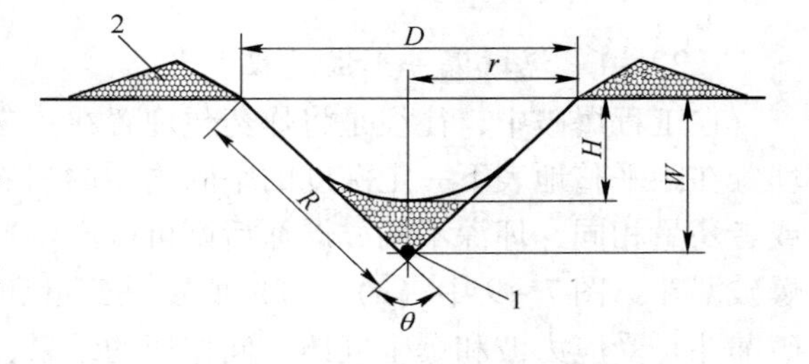

图 7－10 爆破漏斗参数

D—爆破漏斗直径；H—爆破漏斗可见深度；r—爆破漏斗半径；W—最小抵抗线；R—漏斗作用半径；θ—漏斗展开角；1—药包；2—爆堆

在工程爆破中，经常应用爆破作用指数 n，这是一个重要的参数，它是爆破漏斗半径 r 和最小抵抗线 W 的比值，即

$$n = r/W \tag{7-1}$$

7.2.1.3 爆破漏斗的四种基本形式

爆破漏斗是一般工程爆破最普遍、最基本的形式。根据爆破作用指数 n 值的大小，爆破漏斗有如下四种基本形式（见图 7－11）：

(1) 标准抛掷爆破漏斗（见图 7－11（c））。$r = W$，即爆破作用指数 $n = 1$，此时漏斗展开角 $\theta = 90°$，形成标准抛掷漏斗。在确定不同种类岩石的单位炸药消耗量时，或者确定和比较不同炸药的爆炸性能时，往往用标准爆破漏斗的体积作为检查的依据。

(2) 加强抛掷爆破漏斗（见图 7－11（d））。$r > W$，即爆破作用指数 $n > 1$，漏斗展开角 $\theta > 90°$。当 $n > 3$ 时，爆破漏斗的有效破坏范围并不随炸药量的增加而明显增大，实

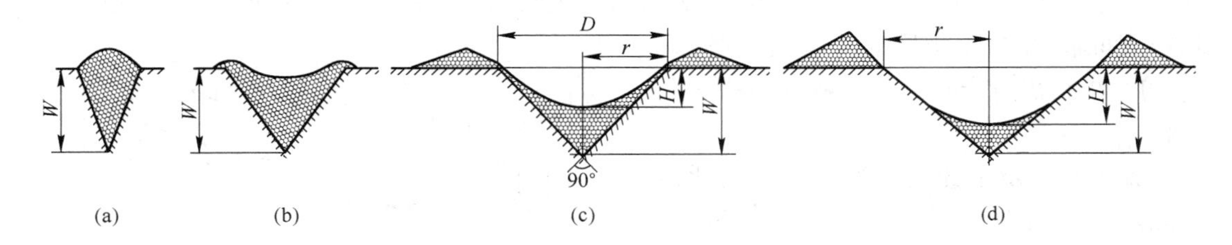

图 7-11 爆破漏斗的四种基本形式

（a）松动爆破漏斗；（b）减弱抛掷爆破漏斗（加强松动漏斗）；（c）标准抛掷爆破漏斗；（d）加强抛掷爆破漏斗

际上，这时炸药的能量主要消耗在岩块的抛掷上。在工程爆破中加强抛掷爆破漏斗的作用指数为 $1<n<3$，根据爆破具体要求，一般情况下取 $n=1.2\sim2.5$。这是露天抛掷大爆破或定向抛掷爆破常用的形式。

（3）减弱抛掷爆破漏斗（图 7-11（b））。$r<W$，即爆破作用指数 $n<1$，但大于 0.75，即 $0.75<n<1$，称为减弱抛掷漏斗（又称加强松动漏斗）。它是井巷掘进常用的爆破漏斗形式。

（4）松动爆破漏斗（图 7-11（a））。爆破漏斗内的岩石被破坏、松动，但并不抛出坑外，不形成可见的爆破漏斗坑。此时 $n\approx0.75$。它是控制爆破常用的形式。$n<0.75$，不形成从药包中心到地表面的连续破坏，即不形成爆破漏斗。例如工程爆破中采用的扩孔（扩药壶）爆破形成的爆破漏斗就是松动爆破漏斗。

在工程爆破中，要根据爆破的目的选择爆破漏斗类型。如在筑坝、山坡公路的开挖爆破中，应采用加强抛掷爆破漏斗，以减少土石方的运输量；而在开挖沟渠的爆破中，则应采用松动爆破漏斗，以免对沟体周围破坏过大而增加工作量。

7.2.2 利文斯顿爆破理论

利文斯顿（C. W. Livingston）在不同岩石、不同炸药量、不同埋深的爆破漏斗试验的基础上，提出了以能量平衡为准则的岩石爆破破碎的爆破漏斗理论。他认为炸药在岩体内爆破时，传给岩石能量的多少和速度的快慢，取决于岩石的性质、炸药性能、药包重量、炸药的埋置深度、位置和起爆方法等因素。在岩石性质一定的条件下，爆破能量的多少取决于炸药量的多少、炸药能量释放的速度与炸药起爆的速度。假设有一定数量的炸药埋于地下某一深处爆炸，它所释放的绝大部分能量被岩石所吸收。当岩石所吸收的能量达到饱和状态时，岩体表面开始产生位移、隆起、破坏以致被抛掷出去。如果没有达到饱和状态时，岩石只呈弹性变形，不被破坏。因此，炸药量与炸药埋置深度可用如下经验公式表示：

$$L_e = E_b Q^{1/3} \tag{7-2}$$

式中 L_e——炸药埋置临界深度，它表征岩石表面开始破坏的临界值，也是岩石只产生弹性变形而不被破坏的上限值，m；

E_b——岩石变形能系数；

Q——炸药量，kg。

利文斯顿从能量的观点出发，阐明了岩石变形能系数 E_b 的物理意义。他认为在一定炸药量条件下，岩石表面开始破裂时，岩石可能吸收的最大能量数值为 E_b。超过此能量，岩石表面将由弹性变形变为破裂。所以，E_b 的大小是衡量岩石爆破性能难易的一个指标。

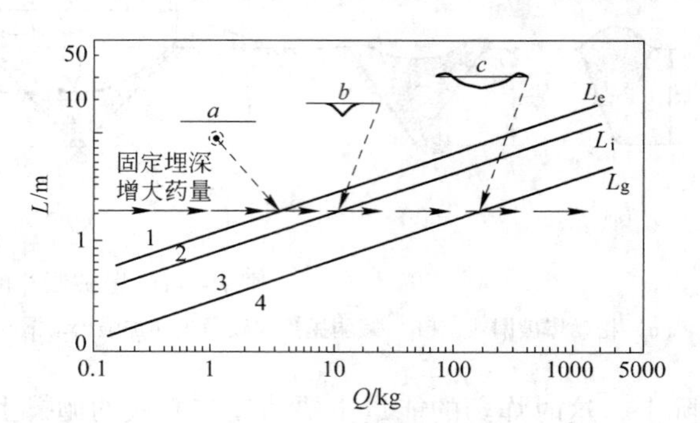

图 7－12 不同药量、不同埋深爆破岩石变形破坏分布图

1—弹性变形带；2—冲击破裂带；3—破碎带；4—空爆带；a—片落开始；b—冲击破裂带上限漏斗；c—破裂带上限漏斗；L_e—临界深度；L_i—最佳深度；L_g—过渡深度

如果将该定量药包从地下深处逐渐移向地表（自由面），则越接近地表爆破时，传给岩石的能量比例相对越少，而传给空气的能量比例相对越多。

如果炸药包埋置深度不变，而改变炸药量，则爆破效果与上述能量释放和吸收的平衡关系是一致的。

据此，利文斯顿将岩石爆破破坏效果与能量平衡关系划分为四个带（见图 7－12）：

（1）弹性变形带。当岩石爆破条件一定，炸药量很小，或者炸药埋置较深时，爆破后地表岩石不遭破坏，炸药的能量全部被岩石所吸收，岩石质点只产生弹性变形，爆后岩石又恢复到原状。此时炸药的埋深上限称为临界深度 L_e（临界抵抗线 W_e）。

（2）冲击破裂带。当岩石性质和炸药条件一定时，减少炸药埋深（$W < L_e$），炸药爆炸后，地表岩石破裂、隆起、破坏和抛掷，形成爆破漏斗。当爆破漏斗体积达到最大值时，炸药能量得到充分利用，此时炸药的埋深称为最佳深度 L_i（最佳抵抗线 W_i）。

（3）破碎带。当炸药埋深逐渐减小时（$W < L_i$），地表岩石更加破碎，漏斗体积减少，炸药爆炸时消耗于岩石破碎、抛掷和响声的能量更多。此时的炸药埋深称为过渡深度 L_g。

（4）空爆带。当炸药埋深很浅时，药包附近的岩石粉碎，岩块抛掷更远。此时消耗于空气的能量远远超过消耗于岩石的能量，形成强烈的空气冲击波。

所以认为：

空爆带：$L_g \geqslant W \geqslant 0$。

破碎带：$L_i \geqslant W \geqslant L_g$。

冲击破裂带：$L_e \geqslant W \geqslant L_i$。

弹性变形带：$W > L_e$。

从以上对四个带的分析可见，根据生产爆破的要求和岩石具体特性，合理确定炸药埋深（最小抵抗线 W）和炸药量，对于工程爆破中获得适当的爆破漏斗类型，得到最优的爆落量和抛掷量，提高爆破效率，获得较好的经济效益，有着重大意义。对于实际工程，一般要求 $L_e \geqslant W \geqslant L_g$，并根据爆破类型和其他参数确定合理的 W 值。

7.3 群药包爆破岩石破坏特征

前面论述了单药包爆破岩石破碎机理方面的问题。在实际的工程爆破中，单药包爆破极少采用，往往需用群药包爆破才能达到目的。群药包爆破应力分布变化情况要比单药包爆破时复杂得多，因此，研究群药包的爆破作用机理，对于合理选择爆破参数具有重大的指导意义。

7.3.1 单排成组药包齐发爆破

为了解成组药包爆破应力波的相互作用情况，有人在有机玻璃中用微型药包进行了模拟爆破试验，并同时用高速摄影装置将试块的爆破破坏过程摄录下来进行分析研究。分析研究后认为，当药包同时爆破，在最初几微秒时间内应力波以同心球状从各爆点向外传播。经十几微秒后，相邻两药包爆轰波相遇，产生相互叠加，于是在模拟试块中出现复杂的应力变化情况，应力重新分布，沿炮孔连心线得到加强，而炮孔连心线中段两侧附近则出现应力降低区。

应力波和爆轰气体联合作用爆破理论认为，应力波作用于岩石中的时间虽然极为短暂，然而爆轰气体产物在炮孔中却能较长时间地维持高压状态。在这种准静态压力作用下，炮孔连心线各点上产生切向拉伸应力，最大应力集中于炮孔连心线同炮孔壁相交处，如图7-13所示。因而拉伸裂隙首先出现在炮孔壁，然后沿炮孔连心线向外延伸，直至贯通相邻两炮孔。这种解释很有说服力，而且生产现场也证明相邻齐发爆破炮孔间的拉伸裂隙是从孔壁沿连心线向外发展的。

产生应力降低区的原因，可由图 7－14 作如下解释：由于两相邻药包爆破引起的应力波相遇并产生叠加作用，使得在相邻两药包的辐射状应力波直角相交处出现应力降低区。先分析左边药包的情况。取某一点岩石单元体，单元体沿炮孔的径向方向出现压应力 δ_1，在法线方向上则出现衍生拉应力 δ_2（见图 7－14（a））；同样右边的药包爆破也产生类似的结果（见图 7－14（b））。同排两相邻药包齐发起爆，使所取岩石单元体中由左边药包爆轰引起的 δ_1 正好与右边药包爆轰引起的 δ_2 相互抵消，这样就形成了应力降低区。

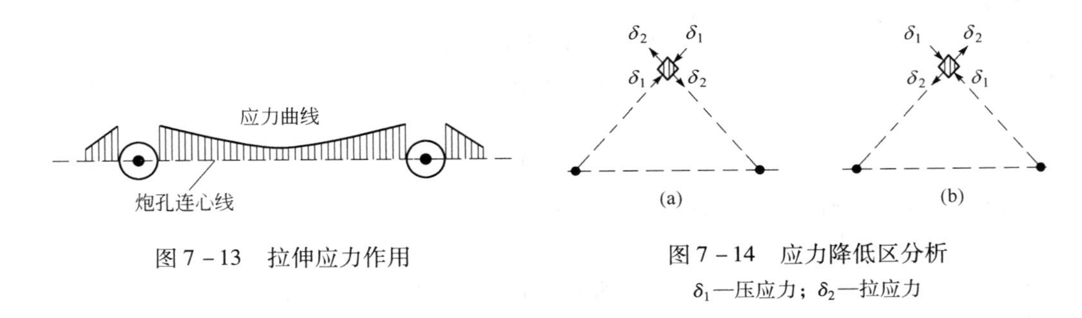

图 7－13　拉伸应力作用

图 7－14　应力降低区分析
δ_1—压应力；δ_2—拉应力

由此可见，适当增大相邻炮孔距离，并相应减少最小抵抗线，避免左右相邻药包爆轰所引起的压应力和拉应力相互抵消作用，有利于减少大块的产生。此外，相邻两排炮孔的梅花形布置比矩形布置更为合理，这一点已经被生产中采用大孔距、小抵抗线爆破取得的良好效果所证明。

7.3.2 多排成组药包齐发爆破

多排成组药包齐发爆破所产生的应力波，相互作用的情况比单排齐发爆破时更为复杂。一方面，在前后两排炮孔所构成的四边形岩石中，从各药包爆轰传播来的应力波互相叠加，会造成应力极高的状态，使岩石破碎效果得到改善。另一方面，多排成组药包齐发爆破时，只有第一排炮孔爆破具有优越的自由面条件，后继各排炮孔爆破均受到较大的夹制作用。所以多排成组药包齐发爆破效果不佳，工程实际中很少应用，一般被微差爆破所代替。

7.4 装药量计算原理

7.4.1 装药量计算公式

针对所需爆破的岩石体积，恰当地确定所用炸药量，是爆破工程中极为重要的一项工作。它直接关系到爆破效果、成本和安全等，进而影响凿岩、铲装运等工作的技术经济效果。多年来已经有很多人做了大量的调查研究工作，但受矿岩物理力学性质等自然条件的限制，精确计算药量的问题至今还没有获得十分完善的解决。人们在生产实践中积累了不少经验，提出了各种各样的计算装药量的经验公式，例如：

$$Q = C_1 W^2 + C_2 W^3 + C_3 W^4 \tag{7-3}$$

式中 Q——装药量，kg；

C_1，C_2，C_3——系数；

W——最小抵抗线，m。

式（7-3）的物理意义是，装药量由三部分组成：第一部分是用于克服岩石内部分子间的凝聚力，使漏斗内的岩石得以从岩石中分离出来形成爆破漏斗，它的大小与漏斗的面积（即自由面）的大小成正比；第二部分则用于使漏斗内的岩石产生破碎，它与被破碎岩石（爆破漏斗）的体积成正比；第三部分是被破碎的岩石向外抛掷一定距离所需要的。

若忽略式中的第一、三部分，式（7-3）就变成了 $Q = CW^3$，可认为所需炸药量与被爆破岩石的体积（爆破漏斗）成正比，即所谓的“体积公式”。学者沃奥班（Vauban）首先提出，在一定的岩石条件和装药量的情况下，爆落的土石方体积与所用的装药量成正比，即

$$Q = qV \tag{7-4}$$

式中 q——炸药单耗，指爆破单位体积岩石（或矿石）所需的炸药量，kg/m^3；

V——爆破漏斗体积，m^3。

如果装药集中，按前述定义，标准抛掷爆破时，爆破作用指数 $n=1$，即 $r=W$，所以爆破漏斗体积为

$$V = \frac{1}{3}\pi r^2 W \approx W^3 \tag{7-5}$$

标准爆破装药量则为

$$Q_B = qW^3 \tag{7-6}$$

在岩石性质、炸药品种和药包埋深都不变的情况下，只改变装药量（增加或减少），也可获得加强抛掷爆破漏斗或减弱抛掷爆破漏斗等各种类型的爆破漏斗。这样，适用于各种类型抛掷爆破的装药量计算公式为

$$Q_P = f(n) qW^3 \tag{7-7}$$

式中 $f(n)$——爆破作用指数函数。

标准抛掷爆破的 $f(n)=1$；加强抛掷爆破的 $f(n)>1$；减弱抛掷爆破的 $f(n)<1$。在具体计算 $f(n)$ 的问题上，前苏联学者鲍列斯阔夫的经验公式得到了广泛应用，即

$$f(n)=0.4+0.6n^3 \tag{7-8}$$

所以，装药量计算公式为

$$Q_P=(0.4+0.6n^3)qW^3 \tag{7-9}$$

7.4.2 炸药单耗 q 的确定

在生产实践中，炸药单耗 q 的数值，应考虑多方面的因素来加以确定。确定的方法主要有：

(1) 查表（设计手册），参考定额或有关资料数据；

(2) 参照条件相似的工程爆破参数；

(3) 做标准爆破漏斗实验求得。

综上所述，装药量的计算原则是，装药量的多少取决于要求爆破的岩石体积、爆破类型及岩石的可爆性等。但是，爆破质量（块度）问题的重要性，随着采矿工作的发展日益突出，却没有在公式中反映出来。虽然如此，但体积公式一直沿用至今，给人们提供了估算装药量的依据。在长期的生产实践中，爆破设计与施工人员都用体积为依据，结合各个工程爆破的矿（岩）石性质和爆破要求，改变不同的炸药单耗，进行装药量计算。

上述计算公式都是以单个自由面和单药包爆破为前提的，然而在生产实践中，通常是以群药包爆破矿岩的，而且为了改善爆破效果，也常利用多自由面爆破。计算平行炮孔群爆时的装药量，一般先按具体情况确定每个炮孔所能爆下矿岩体积，再分别求出每个炮孔的装药量，累计总装药量；计算扇形炮孔群爆时的装药量，先按一排炮孔所能爆下矿岩体积，再分别求出各排炮孔的装药量，累计总装药量。经验比较丰富的爆破设计与施工单位，可用一次爆破的总矿岩体积，乘以单位耗药量，求出总装药量，再加上装药散耗系数（机械装药不超过10%），最后结合实际情况分配到各个炮孔中。

本章小结

炸药爆炸时对周围岩石的破坏，根据爆破类型不同分为内部作用和外部作用，并可用静力学和动力学知识对它进行解释。常见的有气体破坏理论、应力波反射拉断破坏理论和共同作用破碎理论三种，比较被认可的是共同作用破碎理论。

内部作用是炸药埋置较深时地表无可见破坏的破坏形式。粉碎压缩区、破裂区和震动区是表征炸药爆炸时对周围介质的破坏程度和破坏范围的三个区。

自由面和最小抵抗线是影响爆破外部作用的重要因素。外部作用是工程爆破中最常见的形式，爆破漏斗是炸药爆炸的破坏结果。爆破漏斗理论是工程爆破中合理选择爆破类型、选择相关参数和确定装药量的理论基础。按爆破作用指数不同，爆破漏斗可分为加强抛掷爆破漏斗、标准抛掷爆破漏斗、加强松动爆破漏斗和松动爆破漏斗四种类型，在工程爆破中可根据爆破施工的目的确定。

群药包起爆的破岩机理与单个药包起爆的破岩机理是不一样的，它往往会在不同的区域引起应力的加强和降低，所以在工程实际中往往应用较大的炮孔密集系数（即大孔距、

小排距)，并采用交错布孔的方式。

装药量理论是工程爆破中确定装药量的基本理论，其主要形式是体积公式，一般用 $Q=qV$ 表示，即装药量与炸药性能及岩石的可爆性有关，同时与要爆破的岩石体积大小成正比。

重要概念

爆破破岩　外部作用　内部作用　自由面　最小抵抗线　爆破漏斗　爆破作用指数　利文斯顿原理　装药量计算原理　体积公式

复习思考题

7-1　简述爆破的内部作用。
7-2　简述爆破的外部作用（爆破漏斗的形成过程）。
7-3　利文斯顿爆破漏斗理论有何意义?
7-4　爆破漏斗分为几类，这对工程爆破有何意义?
7-5　什么是自由面，什么是最小抵抗线，它们对工程爆破有何意义?
7-6　多排成组炮孔齐发起爆在工程爆破中为什么基本不用?
7-7　工程爆破中为何要采用大孔距、小排距的布孔方式?
7-8　工程爆破中如何确定装药量?

8 浅眼爆破

本章要点及学习目的

本章介绍了工程爆破中的装药和填塞，讲述了工程爆破中广泛应用的浅眼爆破的特点以及在井巷掘进和采场崩矿中设计与施工的具体内容。应重点掌握浅眼爆破在实际工程中的设计和施工技术，并能理论联系实际，灵活应用。

浅眼爆破是指炮眼直径小于50mm，眼深在5m以内的炮眼爆破，它是目前工程爆破中应用广泛的主要方法之一。

浅眼爆破法设备简单，方便灵活，工艺简单，只要严格掌握药量计算，并根据岩石性质调整爆破参数，就能达到爆破要求，所以适用范围较为广泛。例如，井巷掘进，硐室开挖，露天小台阶采矿，地下浅眼崩矿，二次破碎，边坡、危石处理爆破，建筑石料、公路、铁路石方工程，隧道、沟渠、桥涵基础开挖石方等，都可用浅眼爆破法。

浅眼爆破法使用的凿岩机械主要是手持式带气腿的凿岩机，常采用的有YT-30、YT-24、7655、YTP-26、YSP-45型等，它们以压缩空气为动力；在较为偏僻少量爆破的地方也可采用内燃式轻型凿岩机。凿岩时应进行湿式作业。炸药一般多采用2号岩石（铵梯）炸药，有水的炮孔常用含水硝铵炸药（如水胶炸药、乳化炸药），或采取防水措施进行爆破。药卷直径为32～35mm，少数情况下采用25～30mm的小直径炸药或38～45mm的大直径药卷。

浅眼爆破的爆破参数（W、a、q、Q、L等）应根据矿（岩）石特性、爆破条件和爆破材料等因素确定。

浅眼爆破在施工前，应清理工作面，如查清炮眼数目，清除炮眼内积水或泥渣等，方能进行装填。每个炮眼的装药量应严格按设计要求装填，炮眼装药后剩余部分炮孔填塞炮泥并加以捣固。起爆药包一般放置于眼底第二个药卷位置，雷管聚能穴朝向眼口，进行反向爆破；或将起爆药包置于眼口第二个药卷位置，雷管聚能穴朝向眼底，进行正向爆破。实践经验证明反向爆破比正向爆破的效果好得多。

浅眼爆破过去采用导火索、火雷管起爆法，但由于安全性差，目前已被淘汰。导爆管起爆可以实现远距离一次点火，安全性好。用电雷管起爆法起爆时，一定要防止杂散电流的危害，装药前电雷管脚线必须短路，连接时裸露接头不允许接触岩石、管道，接头不能相互接触。

8.1 装药与堵塞

8.1.1 装药结构

在炮孔爆破中，应先将炸药和起爆药包装入炮孔内，再将孔口用炮泥进行堵塞。不同的爆破类型和爆破要求，炮孔内的装药形式是不一样的：

（1）根据起爆药包在炮孔内的位置不同，可分为正向起爆、中部双向起爆和反向起爆三种方式。

（2）根据炸药在炮孔内的分布是否充分，分为耦合装药和不耦合装药。不耦合装药又分为径向不耦合装药和轴向不耦合装药（见图 8-1）。这种装药结构主要是为减少爆破时炸药对周围的破坏作用，常用于预裂爆破和光面爆破。

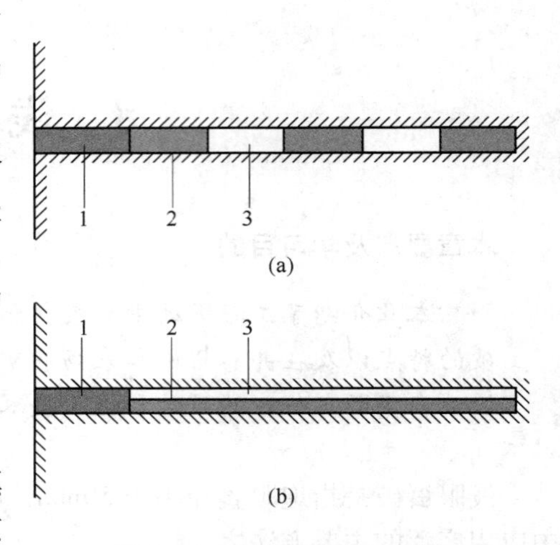

图 8-1 不耦合装药示意图
（a）轴向不耦合装药；（b）径向不耦合装药
1—堵塞；2—炸药；3—空气间隙

8.1.2 堵塞

将炮孔内装药后留下的空间用一定材料充填起来称为堵塞（亦称充填）。堵塞所用材料习惯上称为炮泥或充填材料。

8.1.2.1 堵塞的作用

（1）提高爆破效果。良好的堵塞可以阻碍爆炸气体过早扩散，使炮孔在相对较长时间内处于高压状态，增加冲击波的冲击力，提高炸药能量的利用率，取得较好的爆破效果。

（2）有利于爆破安全。良好的堵塞，可使炸药在爆炸中充分氧化，既可提高炸药爆速，又可减少有毒有害气体生成量。对于露天爆破而言，还可以减少飞石的危害。在井下煤矿炮孔爆破中，堵塞可以降低爆生气体逸出工作面的速度和压力，减少引燃瓦斯、煤尘的可能性，同时还由于堵塞阻止了爆破产生的火焰和灼热固体颗粒从炮孔中喷出，也有利于防止瓦斯和煤尘爆炸。

8.1.2.2 堵塞的方法

为了介绍方便，将各种爆破方法的堵塞情况在此一并介绍，常用的堵塞方式如图 8-2 所示。具体工程应用时要注意以下几点：

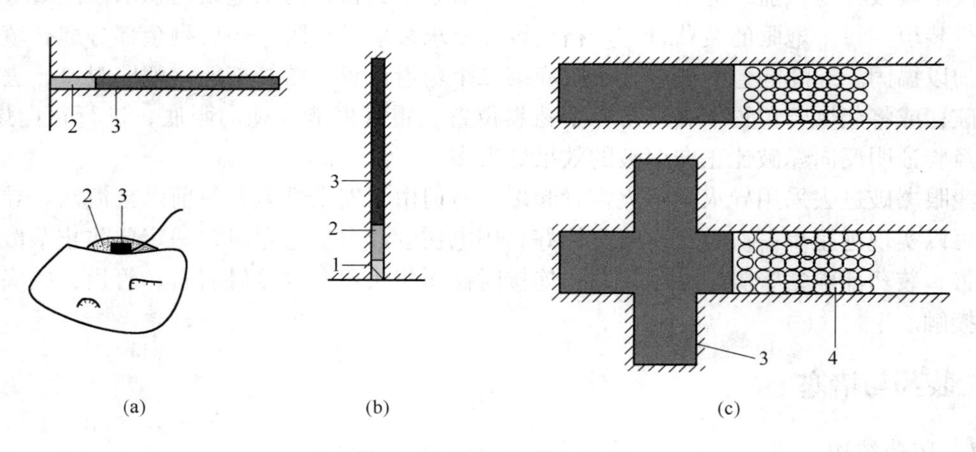

图 8-2 常用的堵塞方式
（a）炮泥堵塞（浅眼或覆土爆破）；（b）炮孔加木楔（深孔爆破）；（c）成袋砂土石（硐室爆破）
1—木楔；2—炮泥；3—药包；4—袋装砂土石

（1）炮泥多用1∶3配比的黏土与砂子混合物，再加15%～20%的水制成；深孔爆破时因炮泥用量大，可用木楔代替部分炮泥；硐室爆破堵塞量更大，故用袋装（或散装）砂土石代替炮泥。

（2）堵塞长度应与最小抵抗线和孔径相适应，小直径炮眼堵塞长度应不小于40cm，深孔堵塞长度应不小于100cm。

（3）堵塞材料严禁使用石块、易燃物品，避免产生飞石危害和有毒有害气体。

（4）在堵塞时，严禁捣固直接接触药包的堵塞材料或用堵塞材料直接冲击起爆药包，以避免捣固时用力过大造成药包中的雷管冲击受压引起爆炸事故。

8.1.2.3 装药系数与炮眼利用率

（1）装药系数。爆破工程中常采用装药系数这个术语。装药长度 L_1 与炮孔长度 L 的比值 Ψ 称为装药系数，其意义如图8－3所示。Ψ 可用式（8－1）表示：

$$\Psi=\frac{L_1}{L} \tag{8-1}$$

式中 Ψ——装药系数；

L_1——装药部分的炮眼长度，m；

L——炮眼总长，m。

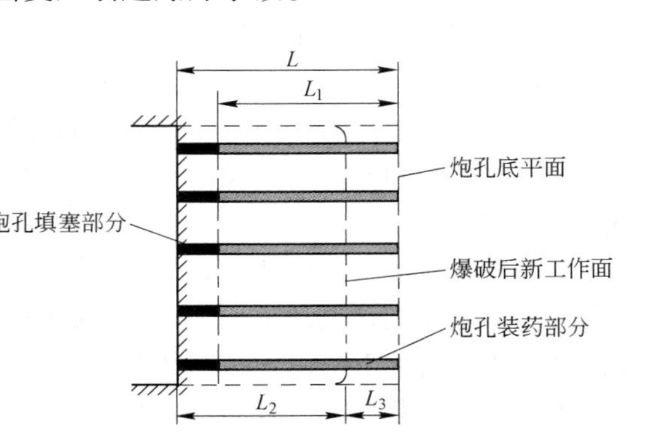

图8－3 装药长度和残眼示意图

（2）炮眼利用率。爆破后炮眼长度的大部分被爆落，这部分称为炮眼的有效长度 L_2，而未爆落的那部分眼深称为残眼 L_3。由于岩石阻力与夹制力的存在，残眼是经常存在的，如图8－3所示。炮眼有效长度 L_2 与眼深 L 之比，称为炮眼利用率 η，即

$$\eta=\frac{L-L_3}{L}=\frac{L_2}{L} \tag{8-2}$$

式中 η——炮眼利用率，用小数或百分数表示；

L——炮眼的平均长度，m；

L_3——残眼的平均长度，m。

η 值高，说明可用较少的炮眼总长获取较多的爆破土石方量或掘进进尺，故又可称 η 为爆破效率或掘进率。η 的高低主要取决于被爆岩体的可爆性和炮孔长度、所用炸药的性能及自由面情况等因素，目前生产中 η 值多为70%～80%。

（3）提高炮眼利用率的途径。主要有：

1）改善装药质量。主要措施是改进装药的耦合条件，减少药包与孔壁间隙；保证药包直径大于炸药的临界直径；使装药密度达到最优值，改进目前生产中装药密度偏低的现象（美国矿务局的试验数据说明，将60mm直径的药包装入80mm直径的炮孔中，会使岩石受到的爆破应力值减弱30%，可见爆能利用很不充分）；改善装药结构，采用如图8－1所示的空气间隔装药；保证掏槽眼的装药长度；改善药包防潮条件（如采用防水套或改用防水型炸药）；以及合理布置起爆药包位置、保证堵塞质量。

2）保证炮眼的数量和钻孔质量，使眼位、方向、孔距准确。

3）合理布置炮孔（参见后面“炮眼排列方式”相关内容介绍）。

4）保证起爆顺序和准确的起爆时间间隔，尽量采用导爆管起爆或电力起爆等延时精确的方法。

8.2 井巷掘进爆破技术

井巷掘进是矿山生产中重要的作业，也是交通隧道掘进、水利水电工程中常见的作业，它主要包括平巷、斜井、天井、硐室和竖井的开凿。目前工程中主要用浅眼爆破方法来施工，炮眼长度多为2～4m、直径30～46mm。

井巷掘进时，爆破条件往往很差，技术要求严格。其技术上的特点是：爆破自由面少，一般只有一个，且多与炮孔方向垂直；自由面不大，炮眼密度较大，药量较多；但总炮孔数不大，爆破网络较简单；炮眼间的排列必须妥善解决；巷道规格要求严格，既要防止超挖增大成本和破坏井巷稳定性，又要防止欠挖致使巷道过窄而无法使用，要求严格控制井巷轮廓。

浅眼爆破法虽然操作技术简单，但它的效果好坏直接影响到每一掘进循环的进尺、装岩和支护等工作能否顺利进行。因此，如何提高爆破效果和质量，不断改进爆破技术，提高掘进速度，对地下矿山生产和其他井巷掘进具有重要意义。

通常，对井巷掘进爆破的要求有：第一，巷道断面规格、井巷掘进方向和坡度要符合设计要求；第二，炮眼利用率高，材料消耗少，成本低而掘进速度快；第三，块度均匀，爆堆集中，以利提高装岩效率；第四，爆破对井巷围岩震动和产生的裂隙少，周壁平整，以保证井巷的稳定性，确保掘进作业的安全。

掘进爆破中需正确解决的技术问题是：确定爆破参数，选择炮眼排列方式，采用正确的控制轮廓措施，采取有效的施工安全措施。

8.2.1 井巷掘进时的炮眼排列

正确地布置工作面的炮眼是获得良好爆破效果的前提。

8.2.1.1 工作面炮眼的分类及作用

工作面上布置的炮眼按其作用不同可分为掏槽眼、辅助眼和周边眼。对于平巷和斜巷而言，周边眼又可分为顶眼、底眼和帮眼。各类炮眼的排列及其爆破崩落范围如图8－4所示。

掏槽眼的作用是将自由面上某一部位岩石首先掏出一个槽子，形成第二个自由面，以此为其余的炮眼爆破创造有利条件。掏槽眼的爆破比较困难（只有一个垂直炮眼的自由面），因此，在选择掏槽形式和位置时应尽量利用工作面上岩石的薄弱部位。为了提高爆破效果，充分发挥掏槽作用，掏槽眼应比其他炮眼加深10～15cm，装药量增加15%～20%。

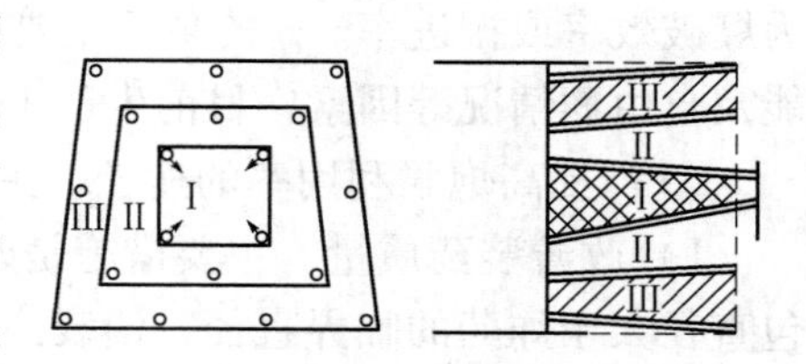

图8－4 各类炮眼的爆落范围
Ⅰ—掏槽眼的爆落范围；Ⅱ—辅助眼的爆落范围；Ⅲ—周边眼的爆落范围

辅助眼的作用是进一步扩大槽子体积和增大爆破量，并为周边眼爆破创造有利条件。

周边眼的作用是使爆破后的井巷断面规格和形状能达到设计的要求。周边眼的眼底一般不应超出巷道的轮廓线，但在坚硬难爆的岩石中可超出轮廓线 10～20cm。这些炮眼应力求布置均匀，以便充分利用炸药能量。辅助眼和周边眼的眼底都应落在同一个垂直于巷道轴线的平面上，尽量使爆破后新工作面平整。

根据岩石的可爆性不同，辅助眼间距一般可取 0.4～0.8m，周边眼间距取 0.5～1.0m，周边眼眼口距巷道轮廓线 0.1～0.3m。

8.2.1.2 掏槽眼的形式及应用条件

根据巷道断面、岩石性质、凿岩机械和地质构造等条件，掏槽眼排列形式有很多种，归总起来又分成倾斜掏槽和垂直掏槽两大类。此外，还有两种相结合的混合掏槽。

A 倾斜掏槽

倾斜掏槽的特点是，掏槽眼与自由面（即工作面）斜交。对每个掘进工作循环来说，倾斜掏槽眼的数目较少，掏槽眼爆破后，所形成的槽子内的碎石容易抛出。但是，倾斜掏槽的应用受巷道宽度的限制，炮眼深度也受到限制。

倾斜掏槽有多种形式，掏槽形式的选择主要决定于巷道断面、岩石性质和岩层条件。其基本形式有如下几种：

(1) V 形或楔形掏槽。V 形或楔形掏槽是倾斜掏槽中应用最早的一种。每个 V 形包括一对从工作面两点钻凿而眼底接近相会的炮眼，通常用 2～4 对炮眼。每对炮眼的眼底间距一般约为 10cm，眼口距约为 30～60cm。为了获得最大的循环进尺，V 形的角度应当在巷道断面所允许的条件下尽量大些。在平巷中，V 形或楔形掏槽又分为垂直楔形和水平楔形（见图 8-5）。除在特殊岩层条件下有时采用水平楔形掏槽外，通常都采用垂直楔形掏槽，因其钻眼较容易。

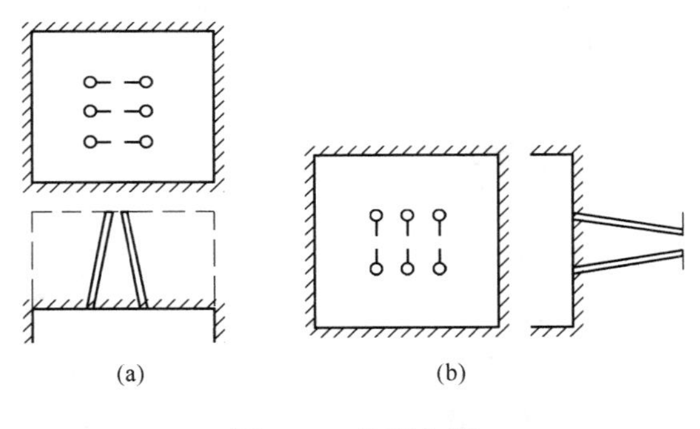

图 8-5 楔形掏槽

(a) 垂直楔形；(b) 水平楔形

楔形掏槽常用于中硬以上断面大于 $4m^2$ 的均质岩石巷道。楔形掏槽的主要参数可根据岩石性质，参考表 8-1 选取。掏槽眼的装药系数一般取 0.7～0.8。

表 8-1 倾斜掏槽的主要参数

岩石坚固性系数 f 值	掏槽眼间距/m		炮眼倾角/(°)		掏槽眼数目/个
	楔 形	锥 形	楔 形	锥 形	
2～6	0.50	1.00	70	70	4
6～8	0.45	0.90	68	68	4～6
8～10	0.40	0.80	65	65	6
10～13	0.35	0.70	63	63	6
13～16	0.30	0.60	60	60	6
16～20		0.4～0.5		58	6

如果需要加深炮眼或在极难破碎的岩石中掏槽，可以用双重或三重 V 形炮眼（见图 8－14），较小的掏槽炮眼称为内掏槽眼，较大的掏槽炮眼称为外掏槽眼。内掏槽眼的作用是给外掏槽眼爆破创造附加自由面，应最先起爆。V 形掏槽能将槽洞内碎岩石全部或部分抛出，形成有效自由面，为后继崩落眼创造有利的爆破条件。

（2）单向掏槽。单向掏槽属于一种变形的 V 形掏槽，适用于软岩或工作面有明显层理、节理或裂隙面岩层，可利用这些弱面进行掏槽。根据这些弱面位置不同分为顶部掏槽、底部掏槽和侧向掏槽（见图 8－6）。由于掏槽眼朝一个方向倾斜，眼底不会彼此相遇。单向掏槽要求仔细地凿岩，不能使炮孔与层理、裂隙面贯通。如果准确凿岩、装药和延期起爆，可获得较好的爆破效果，特别是当裂隙或夹层出现在巷道的底部或一侧时效果更好。这种掏槽方法适用于掘进小断面的平巷。

（3）锥形掏槽。该掏槽方法的特点是各掏槽眼均以相等或近似相等的角度向中心倾斜，眼底趋于集中但相互不贯通，爆破后形成锥形槽子。掏槽眼数多为 3～6 个，通常排成三角锥形、四角锥形或圆锥形等形式（见图 8－7），其中四角锥形使用较多。它适用于任何坚固性的岩石，掏槽效果好，且不易受层理、节理和裂隙的影响，但眼深受到巷道断面的限制，故多用于凿岩比较困难、断面大于 $4m^2$ 的平巷掏槽。圆锥形掏槽适用于圆形断面的井筒掘进。

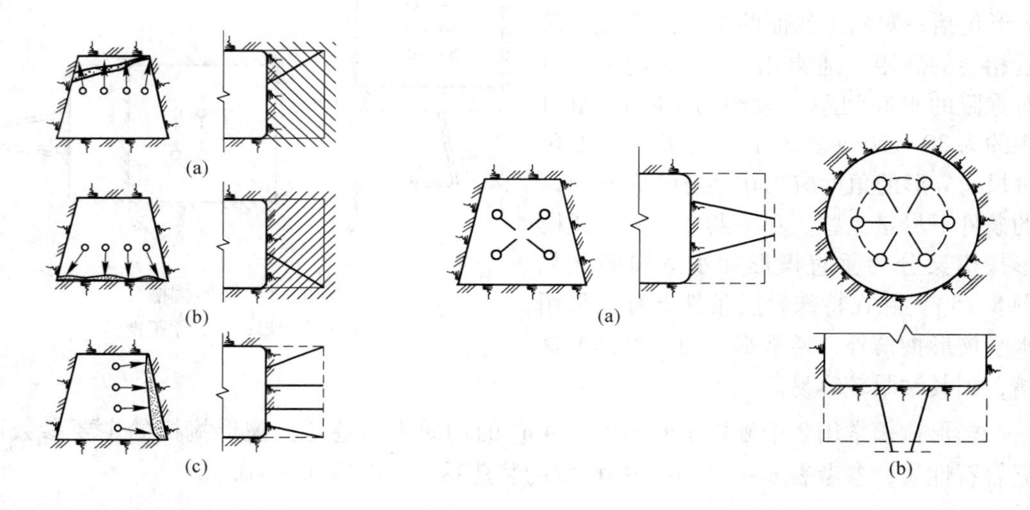

图 8－6　单向掏槽
（a）顶部掏槽；（b）底部掏槽；（c）侧向掏槽

图 8－7　锥形掏槽
（a）四角锥形掏槽；（b）圆锥形掏槽

锥形掏槽的参数视岩石的坚固性而定，可参考表 8－1 选取。

倾斜掏槽的主要优点是：

（1）适用于任何岩石，并能获得较好效果。

（2）能将槽洞内的碎岩石全部或大部分抛出，形成有效自由面，为后继炮孔的爆破创造有利条件；掏槽面积较大，适用于较大断面的巷道。

（3）槽眼位置和倾角的精度对掏槽效果的影响不是很大。

倾斜掏槽有以下缺点：

（1）钻眼方向难以掌握，要求钻工具有较熟练的技术水平，掏槽形式和参数也全凭经验。

（2）当巷道断面和炮眼深度变化时，必须相应修改掏槽爆破的几何参数；不可能设计出适用于任何断面和炮眼深度的标准掏槽方式。

（3）掏槽深度受巷道断面的限制，循环进尺同样受到限制。

（4）全断面巷道爆破情况下岩石的抛掷距离较大，爆堆分散，除给清道和装岩造成困难外，还容易崩坏支护和设备。

B 垂直掏槽（或称直线掏槽）

垂直掏槽的特点是，所有掏槽眼都平行于平巷轴线（即垂直于工作面），钻凿炮眼的深度不受限制，所以它广泛地用于小断面巷道的掘进。

在垂直掏槽中，严格平行并且在合理间距上钻凿全部炮眼是比较困难的，要求操作工要有较高的技术水平。掏槽炮眼一般靠近工作面中心，炮眼很密，爆破时容易产生带炮或拒爆，所以掏槽区留有残药的可能性是存在的，并且较难发现。钻凿时应严格清理工作面，交替变换每次爆破掏槽眼的位置。

垂直掏槽的结构取决于岩石的性质、炸药品种和炮眼直径。爆破时，一切岩石都具有随其块度而变化的碎胀性质。垂直掏槽的结构必须为这种岩石碎胀留出空间。一般第一批掏槽眼爆破最少需要有15%的空间，这对成功地破碎和清除槽子中的岩石是必不可少的。当然，碎胀系数随着岩石性质而变化。为岩石碎胀所提供的空间越大，炮眼组越能成功地将炮眼全部深度上的岩石崩落下来。

在生产实践中，用1～2个同直径的中心炮眼不装药，作为自由面和补偿空间，能获得明显的效果。

为了将槽子中破碎的岩石抛出，可在空眼底部装填1～2个炸药卷，借助它的爆炸抛掷碎石，可获得更好的效果。

垂直掏槽的形式很多，大致可分为缝形掏槽、桶形掏槽和螺旋形掏槽三类：

（1）缝形掏槽（或称龟裂掏槽）。掏槽眼布置成一条直线，各眼的轴线相互平行（见图8－8（a））：掏槽眼间距常取（1～2）d（d为空眼直径），空眼与装药眼的间距相同，利用空眼作为两相邻装药眼的自由面和破碎岩石的碎胀空间，这种方法适用于坚固或中等坚固的脆性岩石和小断面巷道。装药眼可采用瞬发雷管同时起爆，爆后掏出一条不太宽的槽子如同一条裂缝，故称缝形掏槽。

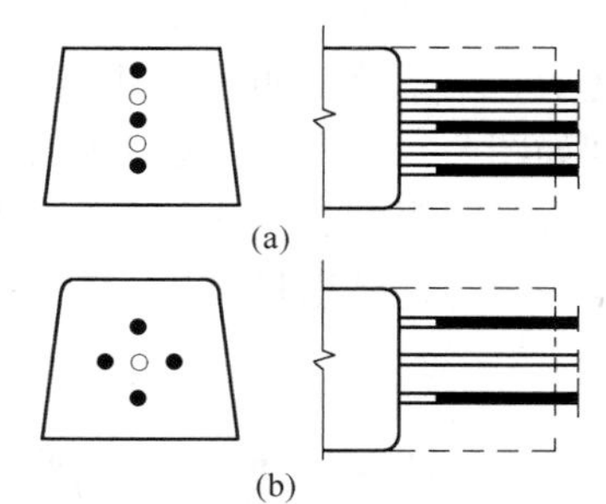

图8－8 缝形和桶形掏槽
（a）缝形掏槽；（b）桶形掏槽
•—装药眼；○—空眼

掏槽眼数目与巷道断面大小、岩石坚固性有关，常用3～7个。空眼直径可以与装药眼直径相同，也可采用直径为50～100mm的大直径空眼。当岩石为单一均质时，通常将掏槽眼布置在工作面中部；有软夹层或接触带时，可利用它们进行掏槽，爆破效果更好。由于缝形掏槽体积较小，目前在许多矿山已被桶形掏槽所替代。

（2）桶形掏槽。又称角柱形掏槽，它的各掏槽眼（药眼与空眼）间成互相平行且对称式排列。空眼直径与装药眼直径相同，或采用较大直径（75～100mm）空眼以增大人工自由面，如图8－8（b）和图8－9所示。大直径空眼人工自由面大，爆破效果好，但施工困难，需要用两种规格的凿岩设备，如果风压不够，凿岩速度慢。小直径空眼则相反。这种掏槽方法在中硬岩石中应用效果好。桶形掏槽体积大，钻眼技术也容易掌握，所以在现场应用普遍。工程实际施工中的工人和技术员创造出了许多高效的桶形掏槽变形方案，图 8－10 为可参考的几种方案。

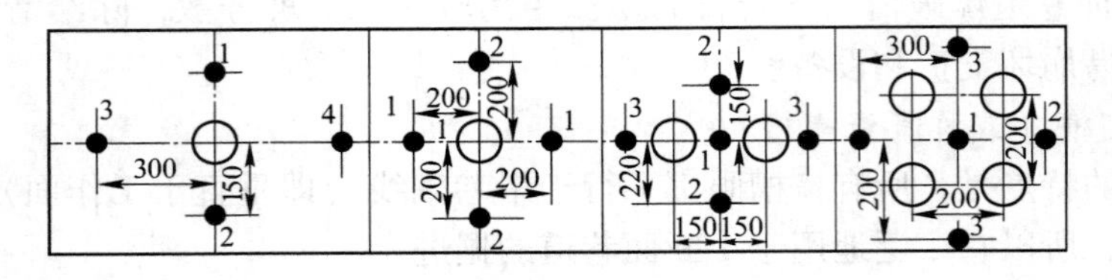

图 8－9　大直径空眼角柱形掏槽

●—装药眼；○—空眼

1～4—起爆顺序

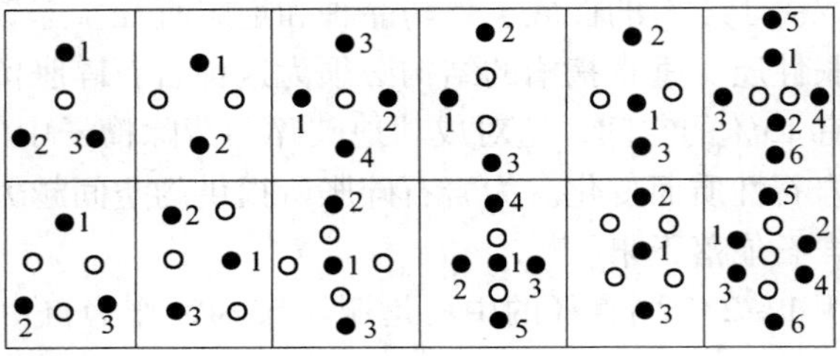

图 8－10　桶形掏槽的几种变形方案

●—装药眼；○—空眼

1～6—起爆顺序

（3）螺旋掏槽。它是由桶形掏槽演变而来的，其特点是各装药眼至空眼的距离依次递增，呈螺旋线布置，并由近及远顺序起爆，故能充分利用自由面，扩大掏槽效果，其原理如图 8－11 所示。爆破后整个槽洞为非对称角柱体形，故也称其为非对称角柱形掏槽。小直径空眼螺旋掏槽的典型布置方案如图 8－12 所示。空眼数目根据岩石性质而定，一般用一个，遇到坚韧难爆、节理发育的岩石时，可增加 1～2 个，如图中虚线所示。螺旋掏

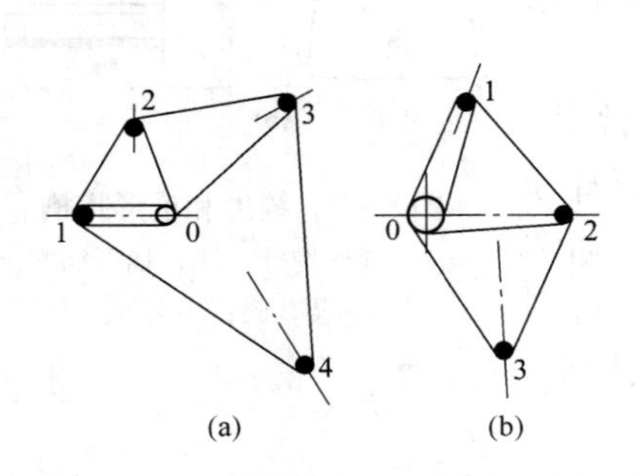

图 8－11　螺旋掏槽原理示意图

（a）小直径空眼；（b）大直径空眼

1～4—起爆顺序

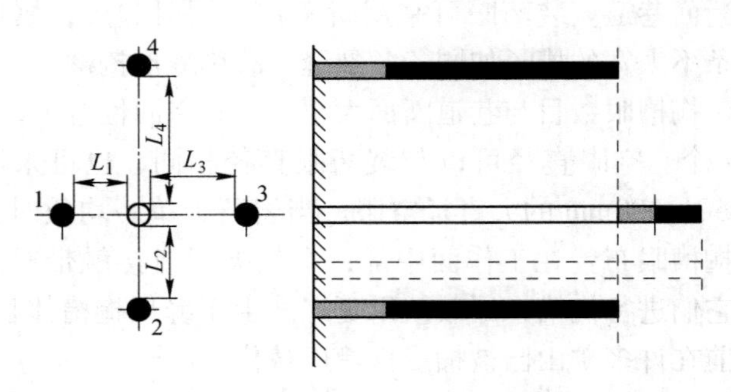

图 8－12　小直径空眼螺旋掏槽

L_1～L_4—装药眼至空眼的距离；

1～4—起爆顺序

槽爆破后，槽子中往往存留压实的碎石，因此，通常将空眼加深300～500mm，在眼底装少量炸药（200～300g）并充填100mm炮泥，紧接掏槽之后反向起爆，以利抛碴。

小直径空眼螺旋掏槽的各装药眼的距离可按下式计算确定，当岩石坚韧难爆时取上限值，易爆时取下限值：

$$L_1=(1\sim1.8)d;\quad L_2=(2.0\sim3.5)d;\quad L_3=(3.0\sim4.5)d;\quad L_4=(4.0\sim5.5)d \tag{8-3}$$

大直径空眼螺旋掏槽布眼尺寸如图8－13所示。

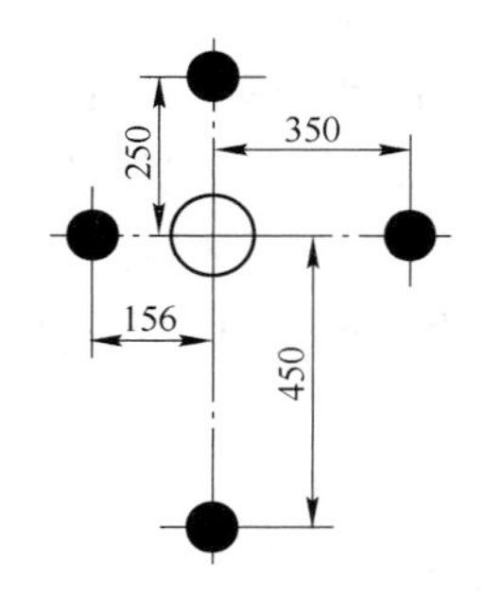

图8－13 大直径空眼螺旋掏槽

综上所述，垂直掏槽的破岩不是以工作面为主要自由面，而是以空眼为主要自由面。装药眼起爆后，对空眼产生强烈挤压爆破作用，致使槽内岩石被破碎，尔后借助爆生气体的余能将已经破碎的岩石从槽内抛出，达到掏槽的目的。从这里可以明显看出，空眼一方面对爆炸应力和爆破方向起导向的作用，另一方面使受压破碎的岩石有必要的碎胀补偿空间。因此，空眼在垂直掏槽中的作用是极其重要的。

实验资料表明，空眼数目、空眼直径及其与装药眼的间距，对垂直掏槽的爆破影响很大。垂直掏槽要获得良好的效果，必须使空眼与装药眼的距离落在破碎区或压缩区内，否则将造成爆破效果不良。当空眼直径一定时，若眼距太大，爆后只产生塑性变形，即出现“冲炮”现象；若眼距过小，爆破时会将相邻炮眼中的炸药“挤死”，使之因密度过大而拒爆，或者产生“带炮”。在不同的岩石中合理的眼距必须经反复实验确定。

与倾斜掏槽相比，垂直掏槽的优点是：眼深不受巷道断面的限制，可进行较深炮孔的爆破，增大一个循环的进尺；爆后掏槽体内外尺寸较一致，使其相邻和辅助炮眼首尾的最小抵抗线近似相等；爆落的岩石块度较均匀；岩块不会抛掷太远而损坏支架、设备等，同时也有利于装岩。垂直掏槽的缺点是：掏槽眼数目较多，掏出槽体体积较小（特别是缝形掏槽），掏槽眼之间的平行度要求较高，凿岩较难控制。

C 混合掏槽

这种掏槽方式是指两种以上的掏槽方法在同一个工作面混合使用，主要是用于坚硬岩石或巷道掘进断面较大的条件下。如图8－14所示是混合掏槽的两种形式。在实践中可根据实际情况采用多种组合的混合掏槽方式。

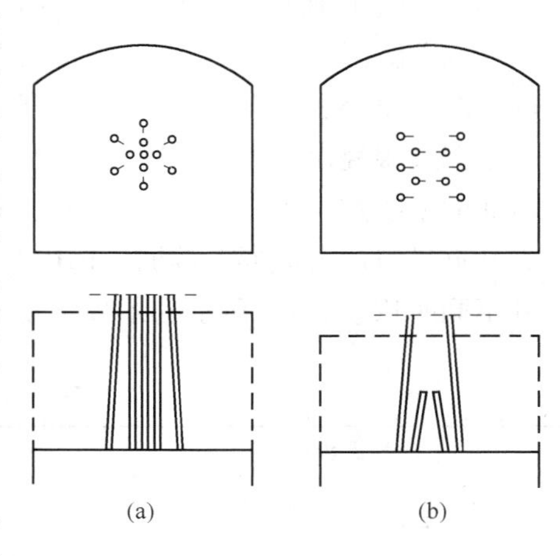

图8－14 混合掏槽
（a）桶形和锥形；（b）复式楔形

在特殊情况下，有时还需用药壶式的扩底掏槽。

8.2.2 爆破参数的确定

爆破参数，是指爆破工作中的主要技术参数，包括炸药消耗量、炮眼直径、炮眼深度、炮眼数目、炮眼利用率、最小抵抗线等。爆破参数的合理选取，不仅直接关系到井巷掘进的速度和经济效果，而且对保证工作的安全有重要意义。下面阐述各参数意义和确定依据。

8.2.2.1 炮眼直径

炮眼直径的大小影响着炮眼数目、炸药单耗、凿岩工作劳动生产率、井巷轮廓的平整性等。增大眼径可使爆能相对集中，提高爆速和爆炸稳定性，但却使凿岩速度急剧下降，因为凿岩速度与眼径平方成反比；眼径过大还会使破碎不均匀，块度质量差。

我国普遍采用标准药包，$\phi=32$mm，相应的眼径为38～42mm，孔口处达44～48mm。但生产实践中既用大于42mm的眼径，也用小于38mm的眼径；用25～28mm小眼径的井巷掘进爆破还可取得光面效果。

为了便于管理，一个工程爆破企业应使用统一的眼径，以使购置设备或钎具及药包的工作简化。

8.2.2.2 炮眼深度

炮眼深度对掘进速度、炮眼利用率和掘进成本影响较大，同时也决定了循环时间和工作组织。目前国内外采用的眼深多为1.2～3.5m（平巷）和1.5～2m（天井），竖井则多为1.5～5m。增大眼深可以减少作业循环次数，提高纯作业时间，但凿岩时效率下降，爆破时效果变差（炮眼利用系数下降）。另外，炮眼的加深还受限于设备能力、工作组织等因素。我国目前井巷掘进眼深多为1.5～2.5m。

8.2.2.3 炸药消耗量

（1）确定炸药单耗。常以爆下1m³岩石所需炸药量为指标，称为炸药单耗q，单位为kg/m³。q值取决于岩性，巷道断面大小、眼深与眼径、药性、掘进方向等因素。当岩性坚硬、断面窄小、炸药爆力小时，q值增大；向上掘天井时，因岩石自重向下，可使q减小；眼深及眼径对q的影响则较复杂，应具体分析。掘进爆破的炸药单耗比起有两个以上自由面的采矿炸药单耗要大3～4倍。表8－2、表8－3和表8－4所示分别为竖井、平巷和天井掘进时的q值参考数据。选用时应结合实际情况通过试验确定q值，并应考虑炸药品种不同时用表8－5所示的系数e加以修正。

表8－2 竖井掘进炸药单耗 （kg/m³）

掘进断面		岩石的坚固性系数f值			
形 状	面积/m²	4～6	8～10	12～14	15～20
圆 形	<16	1.26	2.10	2.62	2.79
	16～24	1.13	1.82	2.22	2.31
	24～34	0.99	1.62	2.01	2.25
	>34	0.87	1.41	1.78	1.95
矩 形	<7	1.61	2.27	2.82	3.34
	7～12	1.50	2.14	2.56	2.98
	12～16	1.38	2.00	2.40	2.80
	>16	1.29	1.87	2.22	2.62

表 8-3 平巷掘进炸药单耗 (kg/m³)

掘进断面/m²	岩石的坚固性系数 f 值				掘进断面/m²	岩石的坚固性系数 f 值			
	4~6	8~10	12~14	15~20		4~6	8~10	12~14	15~20
<4	1.77	2.48	2.96	3.36	10~12	1.01	1.51	1.90	2.10
4~6	1.50	2.15	2.64	2.93	12~15	0.92	1.36	1.78	1.97
6~8	1.28	1.89	2.33	2.59	15~20	0.90	1.31	1.67	1.85
8~10	1.12	1.69	2.09	2.32	>20	0.86	1.26	1.62	1.80

表 8-4 天井掘进炸药单耗 (kg/m³)

掘进断面/m²	岩石的坚固性系数 f 值		
	4~6	8~10	12~14
<4	1.70	2.15	2.70
4~6	1.60	2.03	2.55
6~8	1.50	1.92	2.40

表 8-5 炸药换算系数 e 值

炸药名称	硝化甘油	铵梯炸药	煤矿铵梯	铵沥蜡	铵油炸药	备注
以硝化甘油为基础的 e 值	1	1.2	1.4	1.25~1.35	1.3~1.4	可以炸药的爆力或猛度计算 e 值
以铵梯炸药为基础的 e 值	0.83	1	1.2	1.05~1.1	1.1~1.2	

单耗 q 值过小可能爆不下来，或会降低炮眼利用率，降低掘进速度；q 过大则浪费炸药，还可能发生炸塌顶板和支护、导致断面过大等事故，甚至还会挤死部分炮眼。

(2) 计算总药量。根据 q 值和预计循环进尺，计算出每循环爆破所需总药量，以便施工。计算公式如下：

$$Q = SLq\eta \tag{8-4}$$

式中 Q——每掘进循环所需炸药总量，kg；

S——井巷掘进断面面积，m²；

L——工作面上平均眼深，m；

η——炮眼利用率，一般为 70%~90%。

8.2.2.4 炮眼数目

从减少凿岩工作量来说，掘进工作面上所需的炮眼数目 N 值，显然应当越少越好，但应以能保证爆破效果为前提。炮眼数目根据岩石性质、炸药性能、巷道断面形状和尺寸、自由面状况及装药条件等因素确定。通常可根据各炮眼平均分配炸药量（实际上是不平均的）来计算炮眼数。设每个炮眼的平均装药量为 Q_0，则

$$Q_0 = \psi LG/h \tag{8-5}$$

式中 ψ——装药系数，一般掏槽眼为 0.6~0.8，辅助眼和周边眼为 0.5~0.65；

L——炮眼长度，m；

G——每个药卷的质量，kg；

h——每个药卷的长度，m。

则炮眼数目 N 为

$$N = Q/Q_0 \tag{8-6}$$

式中 Q——每一个循环所需的炸药量，kg；

Q_0——平均一个炮眼的装药量，kg。

以上计算出来的炮眼数不包括掏槽眼中的空眼。

生产中也可按表 8-6 所示的经验数值计算炮眼数。

表 8-6 每平方米掘进工作面上所需的炮眼数

岩石坚固性系数 f 值	巷道断面积/m^2					
	4	6	8	10	12	14
5	2.65	2.39	2.09	1.81	1.81	1.70
8	3.00	2.78	2.50	2.21	2.20	2.05
10	3.25	3.05	2.77	2.48	2.35	2.20
12	3.61	3.33	3.04	2.74	2.45	2.35
14	3.91	3.60	3.31	3.01	2.71	2.50
18	4.45	4.15	3.85	3.54	3.24	2.99

但最终炮眼数应根据爆破的实际情况进行调整，能使炮眼利用率达到 85% ~90% 以上才是合理的。

8.2.3 井巷掘进爆破说明书编写的内容

（1）爆破作业的原始条件。井巷的用途、掘进井巷的种类、断面形状和尺寸、岩石的性质以及有无瓦斯等。

（2）选用凿岩设备和爆破器材。凿岩机型号和工作面同时工作的台数、凿岩生产率、炸药品种、雷管的种类等。

（3）确定凿岩爆破参数。炮眼直径、炮眼深度、炮眼数目、单位炸药消耗量、装药量等。

（4）炮眼布置。掏槽眼、辅助眼和周边眼的数目，各炮眼的起爆顺序和炮眼布置三面投影图，各炮眼药量、装药结构和起爆药包位置及其草图。

（5）预期爆破效果。炮眼利用率、每循环进尺、每循环炸药消耗量、每循环爆破实体岩石量、单位雷管消耗量、单位炮眼消耗量等。

（6）作业循环图表。表 8-7 为掘进一断面为 2.5m×2m 的平巷作业循环图表，共布置 20 个炮眼，炮眼深 2.2m，炮眼利用系数为 90%，岩石碎胀系数为 1.25。

表 8－7 井巷掘进的作业循环图表

工序名称	工作量	效 率	所需时间/h	进度/h														
				0.5	1.0	1.5	2.0	2.5	3.0	3.5	4.0	4.5	5.0	5.5	6.0	6.5	7.0	7.5
准备工作			0.5	—														
凿 岩	44m	22m/h	2		—	—	—	—										
装药爆破			0.5						—									
通 风			0.5							—								
出 碴	12.5m^3	5m^3/h	2.5								—	—	—	—	—			
铺轨接线	2m		1.5													—	—	—

8.3 地下采场爆破技术

井下浅眼落矿爆破，是地下采矿场中崩落矿石的主要手段，主要用于开采采幅不宽、矿量不多、地质条件复杂或较厚矿体的分层回采。与井巷掘进爆破相比，主要特征为：具有两个以上的自由面和较大的补偿空间，爆破面积和爆破量都比较大。所以每次爆破炸药量大，起爆网路复杂，炸药单耗低。通常井下浅眼崩矿要求：爆破作业安全，每米炮孔崩矿量大，回采强度高，大块少，二次破碎量小，矿石贫化率、损失率低，材料消耗少。

8.3.1 采场浅眼爆破的炮眼排列

炮眼排列的原则是：尽量使炮眼排距等于最小抵抗线 W；排与排之间尽量错开以使炮眼分布均匀，让每个炮眼负担的破岩范围近似相等，以减少大块；多用水平或上向炮眼，以便凿岩；炮眼方向尽量与自由面平行。

图 8－15 所示为典型采场炮眼排列参数。图 8－16 所示为三种不同的排列方式：之字形排列、平行排列和梅花形排列；其中之字形排列和梅花形排列又统称为交错排列。

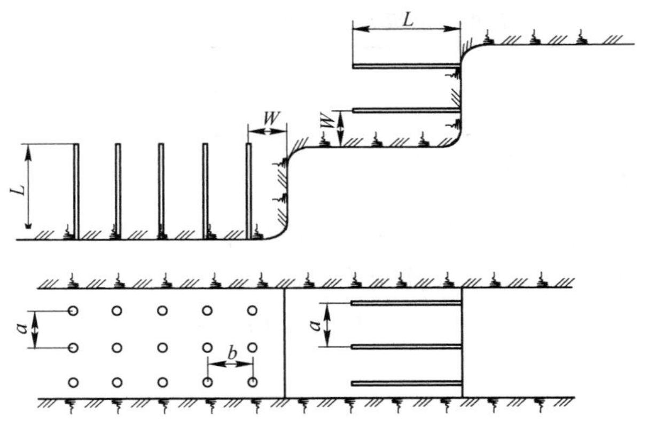

图 8－15 采场炮眼排列参数

W—最小抵抗线；L—眼深；a—孔间距；b—排间距

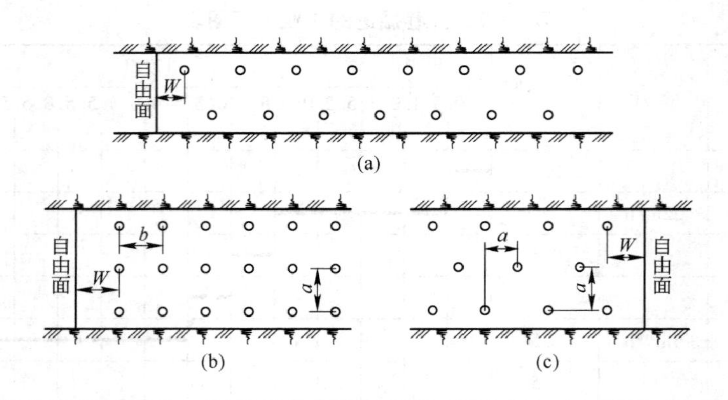

图 8－16 采场炮眼排列的三种方式

（a）之字形排列；（b）平行排列；（c）梅花形排列

8.3.2 采场浅眼爆破参数的确定

浅眼爆破参数选取较为简单，眼深、眼径等参数对爆破效果的影响与掘进时无异，但眼数的多少，取决于工作面的形式、长度及矿石的性质。布置炮眼时，应力求炮眼排列均匀。

根据我国地下矿山采场爆破经验，欲取得较好效果，应满足以下关系式：

眼深 $L = 1.2 \sim 2.5\text{m}$

最小抵抗线 $W = (0.35 \sim 0.6)L$

眼距 $a = (1 \sim 1.5)W$

最小抵抗线的大小，也可根据眼径 d 来计算：

$$W = (25 \sim 30)d \tag{8-7}$$

炮眼的排数与每排的眼数，取决于采幅宽度和一次爆破量。

炸药单耗 q 较井巷掘进条件下小得多，因为自由面条件好得多。表 8－8 为两个自由面条件下硝铵类炸药的单耗值。

表 8－8 采场浅眼爆破炸药单耗 q

岩石坚固性系数 f 值	<8	8 ~ 10	10 ~ 15
炸药单耗 $q/\text{kg}\cdot\text{m}^{-3}$	0.26 ~ 1.0	1.0 ~ 1.6	1.6 ~ 2.6

注：表中的炸药单耗是使用硝铵类炸药时的数值。

采场一次爆破所需炸药量与采矿方法、矿体赋存条件、爆破范围和矿体的可爆破性有关。实践中可根据一次爆破矿石的原体积按下式估算：

$$Q = qmL_{cp}H\eta \tag{8-8}$$

式中 q——炸药单耗，kg/m^3；

m——一次崩矿长度，m；

L_{cp}——炮眼平均深度，m；

H——矿体厚度，m；

η——炮眼利用系数，%。

采场浅眼爆破的起爆操作与掘进时基本相同，主要问题在于合理安排起爆顺序。起爆顺序安排应遵循的原则是：近自由面处先爆，远自由面处后爆；每段雷管最好只起爆一排炮眼。

本章小结

浅眼爆破广泛应用于小规模、多循环的爆破作业。

浅眼爆破的炮眼布置方式、起爆顺序是爆破设计的重要内容。

井巷掘进时的炮眼布置，根据作用不同可分为掏槽眼、辅助眼和周边眼，应按先后顺序起爆。根据掏槽方式的不同，可分为垂直掏槽（包括缝形掏槽、桶形掏槽和螺旋掏槽）和倾斜掏槽（V 形掏槽、单向掏槽和锥形掏槽）。地下采场的炮眼布置方式可分为之字形排列、平行排列和梅花形排列，应针对不同的条件确定合理的布眼方式和起爆顺序。

爆破参数（炸药消耗量、炮眼直径、炮眼深度、孔间距、排间距、炮眼数目、炮眼利用率、最小抵抗线等）的合理选择是爆破设计的主要内容，应结合井巷掘进或矿石开采等实际工程爆破的具体情况进行确定。

爆破作业循环图表是反映工程爆破现场作业各工序之间的施工组织的常用图表。

重要概念

浅孔爆破　装药　填塞　爆破参数（炸药消耗量、炮眼直径、炮眼深度、孔间距、排间距、炮眼数目、炮眼利用率、最小抵抗线等）　掏槽眼　辅助眼　周边眼　井巷掘进　井下采矿浅眼崩矿　爆破作业循环图表

复习思考题

8-1　进行装药爆破时为什么要填塞？

8-2　工程爆破中有哪些填塞方式？

8-3　装药系数和炮眼利用系数（爆破效率）分别表示什么意思？

8-4　井巷掘进中炮眼按作用如何分布，各起什么作用？

8-5　常见的掏槽方式有哪些，垂直掏槽和倾斜掏槽有什么优缺点？

8-6　井巷掘进和采场爆破的炸药量如何计算？

8-7　井巷掘进和采场崩矿爆破的设计与施工有何差异，为什么？

9 地下深孔爆破

本章要点及学习目的

地下深孔爆破一般应用于矿床地下开采，也可用于一次成井，是一种规模大、效率高的爆破方法。炮孔布置形式的选择、爆破参数的确定是本章的重点内容。深孔设计、施工与验收和深孔爆破设计是深孔爆破在地下矿山的具体应用，要理解这些内容，并能在地下矿床开采中结合采矿方法灵活应用；要掌握地下深孔爆破掘进天井的技术要点。

深孔爆破是相对于浅眼爆破而言的，一般是指炮孔直径大于50mm，孔深超过5m的炮孔爆破方法。国内深孔爆破时，对于孔径50~75mm、孔深5~15m的炮孔，一般采用接杆凿岩机钻孔；对于孔径大于75mm、孔深为15m以上的炮孔，一般采用潜孔钻机或牙轮钻机钻孔。每个炮孔装药量较大，多个炮孔一次起爆，爆破规模比较大。地下矿山广泛采用深孔爆破来进行大规模采矿和天井掘进。

深孔爆破与浅眼爆破相比，具有以下优点：

（1）一次爆破量大，可大量采掘矿石或快速成井；

（2）炸药单耗低，爆破次数少，劳动生产率高；

（3）爆破工作集中，便于管理，安全性好；

（4）工程速度快，有利于缩短工期；对于矿山而言，有利于地压管理和提高回采强度。

同时，深孔爆破也有一些缺点：

（1）需要专门的钻孔设备，并对钻孔工作面有一定的要求；

（2）对钻孔技术要求较高，容易超挖和欠挖；

（3）由于炸药相对集中，块度不均匀，大块率较高，二次破碎工作量大。

本章讲述地下采场深孔崩矿爆破和深孔掘进天井爆破。主要内容有炮孔排列和爆破参数、深孔设计、施工和验收、爆破设计与施工及深孔爆破掘进天井技术等。

9.1 深孔排列和爆破参数

深孔排列形式和爆破参数的确定是地下矿山回采设计工作中一项很重要的内容，也是爆破设计不能少的原始资料，选择的恰当与否将直接影响到回采的指标和爆破效果。选择的基本原则是根据矿体的轮廓、所使用的采矿方法、采场结构和采准切割布置等条件，将炸药均匀地分布在需要崩落范围的矿体内，使爆破后的矿石能完全崩落下来，尽量减少矿石的损失和贫化，使矿石破碎均匀，粉矿和大块少，崩矿效率高，回采成本低。

9.1.1 深孔排列形式

根据炮孔之间的空间布置位置方向不同，深孔排列方式可分为平行孔、扇形孔和束状孔三种，其中束状孔用得较少。根据炮孔的方向不同，又可分为上向孔、下向孔和水平孔三种。如图9－1、图9－2和图9－3所示。

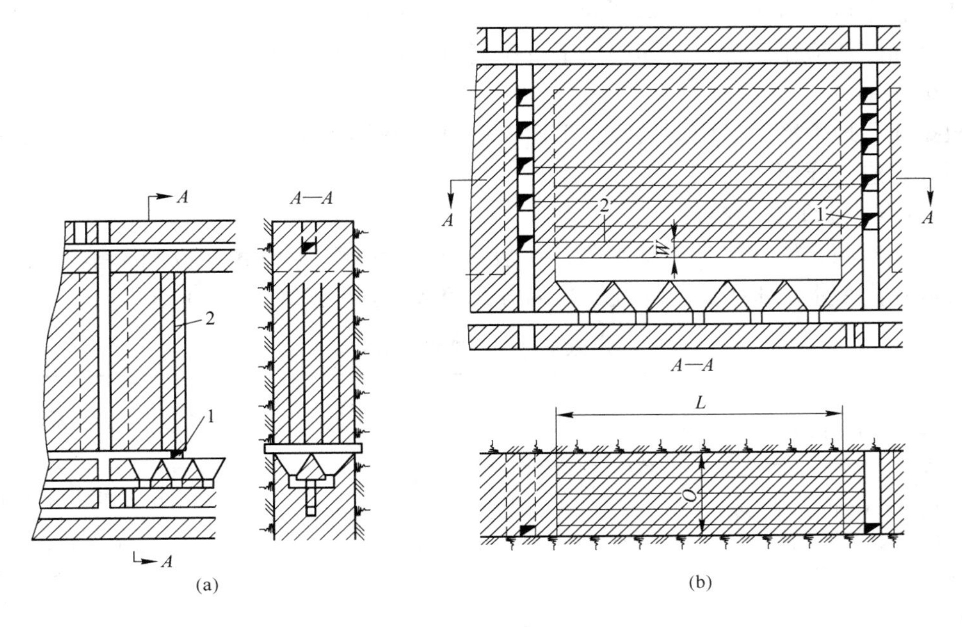

图9－1 平行深孔崩矿

（a）上向平行深孔崩矿；（b）水平平行深孔崩矿

1—凿岩巷道；2—深孔

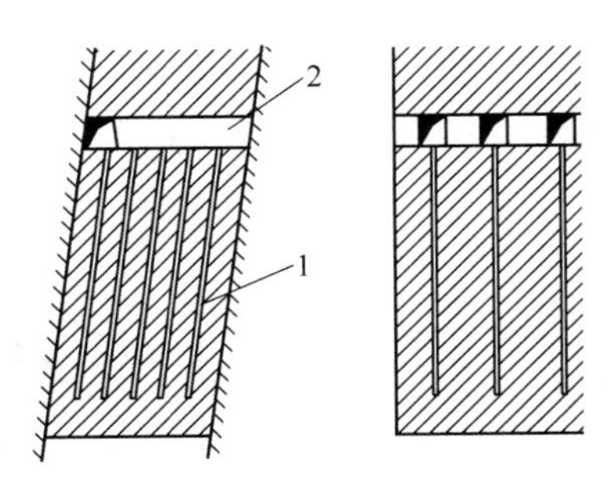

图9－2 下向平行深孔崩矿

1—深孔；2—穿脉凿岩巷道

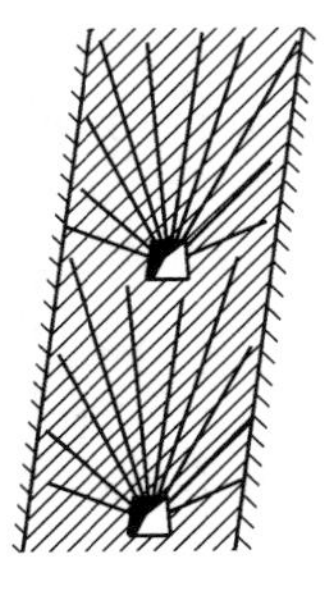
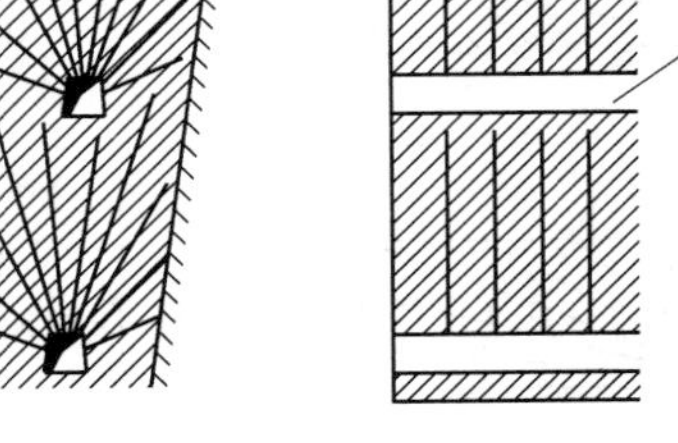

图9－3 上向扇形深孔崩矿

1—深孔；2—沿脉凿岩巷道

扇形排列与平行排列相比较，其优点是：

（1）每凿完一排炮孔才移动一次凿岩设备，辅助时间相对较少，可提高凿岩效率；

（2）对不规则矿体布置深孔十分灵活；

（3）所需凿岩巷道少，准备时间短；

（4）装药和爆破作业集中，节省时间，在巷道中作业条件好，也较安全。

其缺点是：

（1）炸药在矿体内分布不均匀，孔口密，孔底稀，爆落的矿石块度不均匀；

（2）每米炮孔崩矿量少。

平行排列的优缺点与扇形排列相反。

从比较中可以看出，扇形排列的优点突出，特别是凿岩的井巷工作量少，凿岩辅助时间少，因而广泛应用于生产实际中。平行排列只是在开采坚硬规则的厚大矿体时才采用，一般很少使用。

根据我国地下冶金矿山的实际，下面仅就扇形深孔中的水平扇形、垂直扇形和倾斜扇形排列分别进行介绍。

9.1.1.1 水平扇形排列

水平扇形深孔排列多为近似水平，一般应向上呈3°~5°倾角，以利于排除凿岩产生的岩浆或孔内积水。水平扇形深孔的排列方式较多，其形式如表9－1所示。

表9－1 水平扇形深孔排列方式比较表

编号	炮孔布置示意图（40m×16m标准矿块）	凿岩天井位置	炮孔数/个	总孔深/m	平均孔深/m	最大孔深/m	每米炮孔崩矿量/m^3	优缺点和应用条件
1		下盘中央	18	345	19.2	24.5	15.5	总炮孔深小（凿岩天井或凿岩硐室），掘进工程量小。可用接杆式凿岩或潜孔凿岩进行施工
2		对角	20	362	18.1	38.0	14.9	控制边界整齐，不易丢矿，总炮孔深小。在深孔崩矿中应用较广
3		对角	18	342	19.0	22.5	15.7	控制边界尚好，但单孔太长，交错处邻孔易炸透。使用于潜孔凿岩深孔爆破崩矿
4		一角	13	348	26.8	41.5	15.5	掘进工程量小，凿岩设备移动次数少，但大块率较高，单孔长度过大。用于潜孔凿岩深孔爆破崩矿
5		矿块中央	24	453	18.9	21.5	11.9	总炮孔深大，难控制边界，易丢矿；分次崩矿对天井维护困难。多用于矿体稳固时的接杆凿岩深孔爆破崩矿
6		中央两侧	44	396	9.0	12.0	13.6	大块率低，凿岩工作面多，施工灵活性大，但难以控制边界。用于矿体稳固时的接杆凿岩深孔爆破崩矿

水平扇形排列方式的具体选择应用需结合矿体的赋存条件、采矿方法、采场结构、矿岩的稳固性和凿岩设备等具体情况来确定。水平扇形炮孔的作业地点可设在凿岩天井或凿岩硐室中。前者掘进工作量少，但作业条件相对较差，每次爆破后维护工作量大；后者则相反。接杆凿岩所需空间小，多采用凿岩天井；而潜孔凿岩所需的空间大，常用凿岩硐室。用凿岩硐室凿岩时，上下硐室要尽量错开布置，避免硐室之间由于垂直距离小而影响硐室稳定性，引发意外事故。

9.1.1.2 垂直扇形排列

垂直扇形排列的排面为垂直或近似垂直。按深孔的方向不同，又可分为上向扇形和下向扇形。垂直上向扇形与垂直下向扇形相比较，其优点是：

(1) 可使用各种机械进行凿岩，而垂直下向扇形只能用潜孔钻或地质钻机凿岩；

(2) 岩浆容易从孔口排出；

(3) 凿岩效率高。

其缺点是：

(1) 钻具磨损大；

(2) 排岩浆的过程中，水和岩浆易灌入电动机（对潜孔而言），工人作业环境差；

(3) 当炮孔钻凿到一定深度时，随孔深的增加，钻具的重量也随之加大，凿岩效率有所下降。

垂直下向扇形炮孔排列的优缺点正好相反。由于垂直下向扇形深孔钻凿时存在排岩浆比较困难等问题，故仅用于局部矿体和矿柱的回采。生产上广泛应用的是垂直上向扇形深孔，其作业地点是在凿岩巷道中。当矿体较小时，一般将凿岩巷道掘在矿体与下盘围岩交界处；当矿体厚度较大时，一般将凿岩巷道布置于矿体中间。

9.1.1.3 倾斜扇形排列

倾斜扇形深孔排列，目前应用有限，只有国内个别矿山用于无底柱崩落采矿法的崩矿爆破中，如图9-4（a）所示。用倾斜扇形深孔崩矿的目的是为了放矿时椭球体发育良好，避免覆盖岩石过早混入，从而减少贫化和损失。

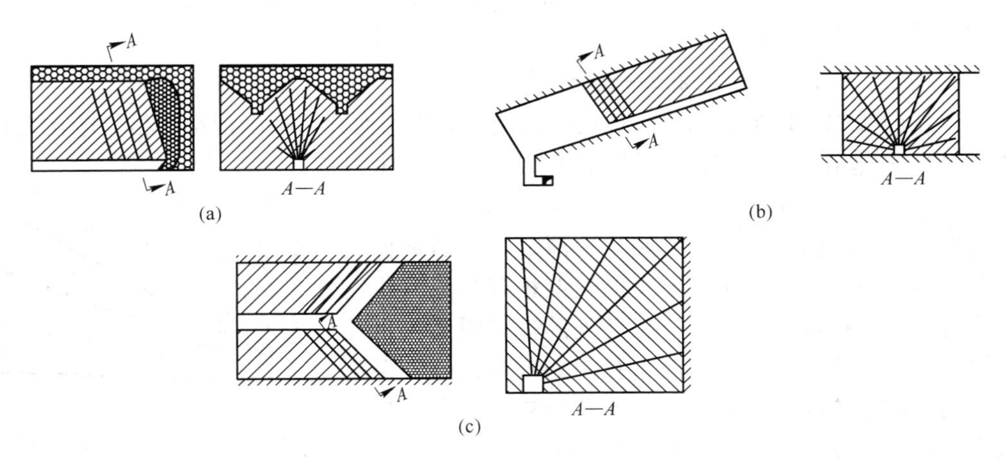

图9-4 倾斜扇形深孔爆破

（a）无底柱分段崩落法倾斜扇形炮孔；（b）爆力运搬扇形炮孔；（c）侧向倾斜扇形深孔

有的矿山矿体倾角40°~45°，这种倾角矿体崩下的矿石容易发生滚动，不宜使用机械运搬，否则作业不安全。此时可使用倾斜的扇形深孔进行爆破，利用炸药爆炸的一部分能量，将矿石直接抛入受矿漏斗（见图9－4（b）），实现爆力运搬。

国外一些矿山，采用侧向倾斜扇形深孔进行崩矿（见图9－4（c）），可增大自由面，是垂直扇形深孔爆破自由面的1.5~2.5倍，爆破效果好，大块率可减少到3%~7%，特别是对边界复杂的矿体，可降低矿石的损失和贫化，被认为是扇形深孔排列中比较理想的排列方式。

9.1.2 爆破参数的确定

深孔爆破参数包括孔径、孔深、最小抵抗线、孔间距和炸药单耗等。

9.1.2.1 炮孔直径

我国的冶金矿山，采用接杆凿岩时，孔径主要取决于钎杆连接套筒的直径和必须的装药体积，炮孔直径为50~75mm，以55~65mm较多；采用潜孔钻机凿岩时，因受冲击器直径的限制，炮孔直径较大，常为80~120mm，以95~105mm较多。

9.1.2.2 炮孔深度

炮孔深度对凿岩速度、采准工作量、爆破效果均有较大影响。一般说来，随着孔深的增加，凿岩速度会下降，凿岩机的台班效率也会随之下降。例如某铜矿用BBC-120F凿岩机进行凿岩，据现场测定，当孔深在6m以内时，台班效率为53m/(台·班)，当孔深在20.8m时，台班效率为32m/(台·班)，同时深孔倾斜率增大，施工质量变差。

孔深过大会增加上向炮孔装药的困难，孔底距也随孔深的增大而增大，爆破破碎质量降低，甚至爆后产生护顶，矿石损失率增大。但是随着孔深的增大，崩矿范围加大，一定程度上可减少采准工作量。

合理的孔深主要取决于凿岩机的类型、采矿方法、采场结构尺寸等。通常，如果采矿方法和采场结构等条件已经确定，从凿岩机选型方面来考虑，用YG-80、YG-90和BBC-120F凿岩机时，孔深一般以10~15m为宜，最大不超过18m；若使用YQ-100潜孔钻机，孔深一般以10~20m为最佳，最大不超过25~30m。

9.1.2.3 最小抵抗线、孔间距和邻近系数

在采场崩矿中，扇形孔的最小抵抗线就是排间距，而孔间距是指排内相邻炮孔之间的距离。对扇形炮孔，一般用孔底距和孔口距表示，如图9－5所示。孔底距常有两种表示方法：当相邻两炮孔的深度相差较大时，指较浅炮孔的孔底与较深炮孔间的垂直距离；若两相邻炮孔的深度相差不大或近似相等时用两孔底间的连线表示。孔口距是指孔口装药处的垂直距离。布置扇形深孔时，用孔底距控制排面上孔网的密度，孔口距在装药时用于控制装药量。由于每个炮孔的装药量多用装药系数来控制，所以，孔口距在生产上不常用。

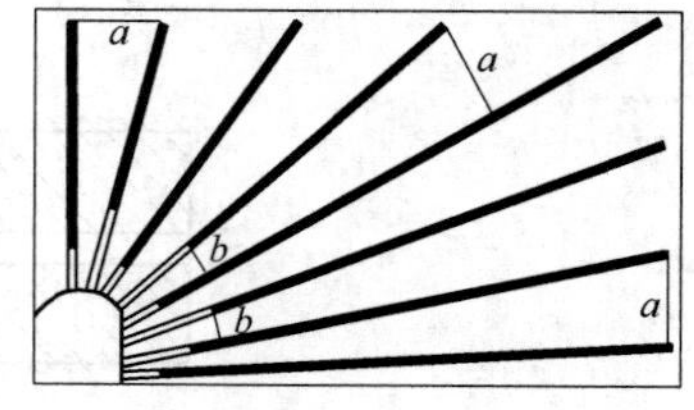

图9－5 扇形深孔的孔间距
a—孔底距；b—孔口距

炮孔的邻近系数又称炮孔密集系数，是孔底距与最小抵抗线的比值，即：

$$m = \frac{a}{W} \tag{9-1}$$

式中 m——邻近系数；

a——孔底距，m；

W——最小抵抗线，m。

a、m、W 三个参数直接决定着深孔的孔网密度，其中，最小抵抗线反映了排与排之间的孔网密度，孔底距反映了排内深孔的孔网密度，而邻近系数则反映了它们之间的相互关系。a、W、m 三个参数选择是否正确，直接关系到矿石的破碎质量，影响着每米炮孔崩矿量、凿岩和出矿的劳动效率、二次破碎量、爆破材料消耗量、矿石的贫化损失以及其他经济技术指标。如果最小抵抗线或孔间距过大，爆破一次单位耗药量虽然降低，每米炮孔崩矿量增大，但是由于孔网过稀，爆破质量变差，即大块增多，二次破碎耗药量增大，出矿效率降低，出矿时还会导致大块经常堵塞漏斗，若处理不当易引发安全事故。如果是崩落采矿法，深孔爆破后在围岩覆盖下进行放矿，大块堵塞放矿口会造成采场各漏斗不能均衡放矿，损失率和贫化率会增大。相反，若最小抵抗线或孔间距过小，即孔网过密，则凿岩工作量增加，每米炮孔崩矿量降低，爆破一次炸药消耗量增大，成本也增高。若矿体没有节理裂隙，爆破后会造成矿石的过粉碎，增加粉矿的损失和品位降低。如果最小抵抗线过大，孔间距过小，即排间孔网过稀，排内孔网过密，同时若矿体节理裂隙比较发育，则爆破破裂面首先沿排面发生，使爆破分层的矿石沿排面崩落下来，分层本身未能得到有效的破碎，反而增加大块的产生。若最小抵抗线过小，则前排爆破时有可能将后排炮孔破坏或带掉起爆药包，这样也会产生过多的大块。可见，选择最小抵抗线、孔间距和邻近系数时，要根据矿石的性质全面考虑上述因素，使崩矿综合技术经济指标最佳。

（1）邻近系数 m 值的确定。目前各冶金矿山是根据各自的实际条件和经验来确定。综合各矿的经验，大致是平行炮孔的邻近系数 $m=0.8\sim1.1$，以 $0.9\sim1.1$ 较多；扇形炮孔孔底距邻近系数为 $m=1.0\sim2.0$。有些矿山采用小抵抗线大孔底距、前后排炮孔错开布置，如图 9－6 所示，邻近系数取 $m=2.0\sim2.5\sim3.0$，取得了较好的效果。

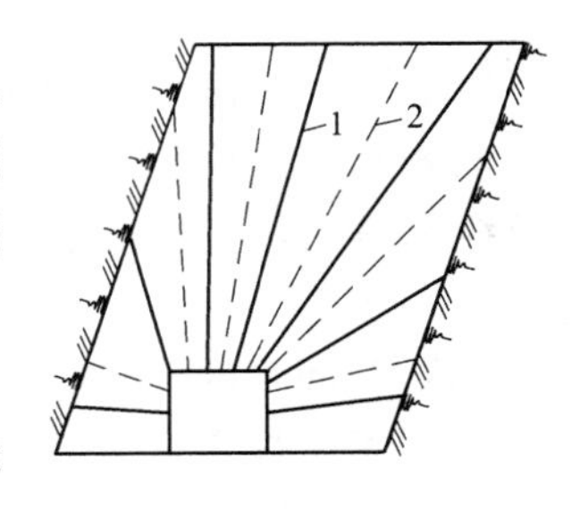

图 9－6 深孔排间错开布置
1—前排炮孔；2—后排炮孔

（2）最小抵抗线的确定。根据深孔排列形式的不同，最小抵抗线的确定方法有以下几种：

1）平行排列炮孔时，最小抵抗线可根据一个炮孔能爆下一定体积矿石所需要的炸药量 Q 与该孔实际能装炸药量 Q' 相等的原则进行推导，一个深孔需要的炸药量 Q（kg）为

$$Q = WaLq = W^2mLq \tag{9-2}$$

式中 W——最小抵抗线，m；

m——炮孔邻近系数；

L——孔深，m；

q——炸药单耗，kg/m^3。

一个深孔实际能装炸药量 Q'（kg）为

$$Q' = \frac{1}{4}\pi d^2 \Delta L \psi \tag{9-3}$$

式中 d——炮孔直径，dm；

Δ——装药密度，kg/dm^3；

ψ—— 炮孔装药系数，$\psi = 0.7 \sim 0.85$。

显然，代入并移项得

$$W = d\sqrt{\frac{7.85\Delta\psi}{mq}} \tag{9-4}$$

2）扇形排列炮孔时，最小抵抗线的确定，也可以利用式（9－4）计算，但应将式中的邻近系数和装药系数改为平均值。另外，还可以根据最小抵抗线和孔径值选取。由式（9－4）可知，当单位耗药量 q 和邻近系数 m 为一定值时，最小抵抗线 W 和孔径 d 成正比。实践证明 W 与 d 的比值，大致在下列范围：

坚硬的矿石 $W = (20 \sim 23)d$ （9－5）

中硬的矿石 $W = (30 \sim 35)d$ （9－6）

较软的矿石 $W = (35 \sim 40)d$ （9－7）

3）最小抵抗线可以从一些矿山的实际资料中参考选取。目前，矿山采用的最小抵抗线数值大致如表9－2所列。

表9－2 W 与 d 的关系对应表

d/mm	W/m	d/mm	W/m
50～60	1.2～1.6	70～80	1.8～2.5
60～70	1.5～2.0	90～120	2.5～4.0

以上三种方法，后两种采用较多。也可采用相互比较来确定，但不论用哪种方法，所确定的最小抵抗线都是初步的，需要在生产实践中不断地加以修正。

（3）孔间距的确定。根据 $a = mW$ 计算确定。

（4）单位耗药量。当其他参数一定时，单位耗药量的大小直接影响矿石的爆破质量。单位耗药量与大块产出率的关系如图9－7所示。

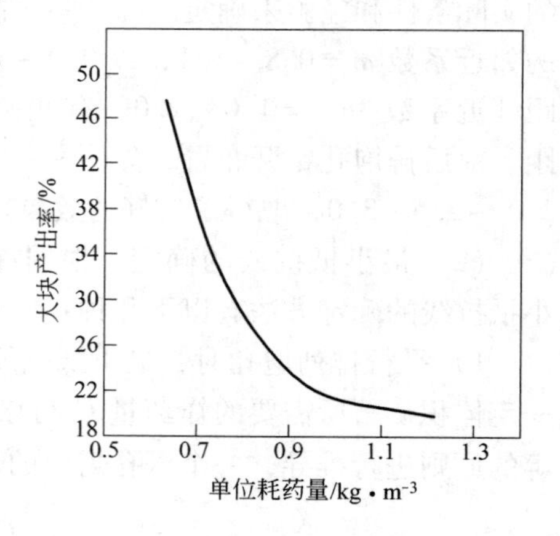

图9－7 炸药单耗与大块产出率的关系

实际资料表明，炸药单耗过小，虽然深孔的钻凿量减少，然而大块产出率增多，二次破碎炸药量增高，出矿劳动生产率降低；增大单位耗药量，虽能降低大块产出率，但是单位炸药量增大到一定值时，大块率的降低就不再显著，反而会出现崩下矿石在采场内被过分挤压，造成出矿困难，这是因为过多炸药能量消耗在了矿石的抛掷作用上。

由上述可知，合理的单位炸药消耗量应使凿岩工作量少和崩落矿石的块度均匀，大块率低，损失贫化少。表9－3列出了我国部分矿山地下深孔爆破参数，以供参考。

表 9－3 我国部分矿山地下深孔爆破参数

矿山名称	矿石坚固性系数 f	炮孔排列形式	最小抵抗线 /m	炮孔直径 /mm	孔底距 /m	孔深 /m	一次炸药单耗 /kg·t^{-1}
松树脚锡矿	10～12	上向垂直扇形	1.3	50～54	1.3～1.5	<12	0.245
铜官山铜矿	2～8	上向垂直扇形	1.0～1.5	55～60	1.5～1.8	<7	0.25
河北铜矿	8～14	水平扇形	2.5	110	3.0	<30	0.44
胡家峪铜矿	8～10	上向垂直扇形	1.8～2.0	65～72	1.2～2.2	12～15	0.35～0.40
狮子山铜矿	12～14	上向垂直扇形	2.0～2.2	90～110	2.5	10～15	0.40～0.45
篦子沟铜矿	8～12	上向垂直扇形	1.8～2.0	65～72	1.8～2.0	<15	0.442
易门凤山矿	6～8	水平扇形或束状	2.5～3.5	105～110	水平3～3.5 束状4～4.5	<30	0.45
程潮铁矿	3	上向垂直扇形	1.5～2.5	56	1.2～1.5	12	0.216
青城子铅矿	8～10	倾斜扇形	1.5	65～70	1.5～1.8	4～12	0.25
大庙铁矿	9～13	上向垂直扇形	1.5	57	1.0～1.6	<15	0.25
东川落雪矿	8～10	上向垂直扇形	1.4	51	(0.9～1.0)W	<10	0.44
东川因民矿	8～10	上向垂直扇形	1.8～2.0	90～110	2.0～2.5	<15	0.445
易门狮山分矿	4～6	水平扇形或束状	3.2～3.5	105	3.3～4.0	5～20	0.25
金岭铁矿	8～12	上向垂直扇形	1.5	60	2.0	8～10	0.16
红透山铜矿	8～10	水平扇形	1.4～1.6	50～60	1.6～2.2	6～8	0.18～0.20
华铜铜矿	8～10	上向垂直扇形	1.8～2.0	60～65	2.5～3.3	5～12	0.12～0.15
杨家杖子矿	10～12	上向垂直扇形	3.0～3.5	95～105	3.0～4.0	12～30	0.30～0.40

9.2 深孔设计、施工及验收

9.2.1 深孔设计的要求

深孔设计是回采工艺中的重要环节，它直接影响崩矿质量、作业安全、回采成本、损失贫化和材料消耗等。合理的深孔设计应是：

（1）炮孔能有效地控制矿体边界，尽可能使回采过程中的矿石损失率、贫化率低；

（2）炮孔布置均匀，有合理的密度和深度，使爆下矿石的大块率低；

（3）炮孔的利用率高；

（4）材料消耗少；

（5）施工方便，作业安全。

9.2.2 布孔设计的基础资料

（1）采场实测图。图中应标有凿岩巷道或硐室的相对位置、规格尺寸、补偿空间的大小和位置，以及矿体边界线、简单的地质说明、原拟定的爆破顺序和相邻采场的情况。

（2）矿山现有的凿岩机具、型号及性能等。

9.2.3 布孔设计的基本内容

国内矿山的具体做法不完全一致，但其基本要求是相同的。布孔设计一般应包括下列内容：

（1）凿岩参数的选择。

（2）根据所选定的凿岩参数，在采矿方法设计图上确定炮孔的排位和排数，并按炮孔的排位作出剖视图。

（3）在凿岩巷道或硐室的剖视图中，确定支机点和机高，并在平面图上推算出支机点的坐标。

（4）根据确定的孔间距，在剖视图上作出各排炮孔（扇形排列炮孔时，机高点是一排炮孔的放射点），然后将各深孔编号，量出各孔的深度和倾角，并标在图纸上或填入表中。

上述各项内容，从生产实践角度出发，往往集中用卡片和图纸来表示，必要时可在设计图纸的右下角以简短的文字加以说明。

9.2.4 布孔设计的方法和步骤

设计方法与步骤用下述实例说明（见图9-8）：一有底柱分段凿岩阶段矿房采矿法采场，切割槽布置于采场中央；用YG-80型凿岩机钻凿上向垂直扇形炮孔；分段巷道断面

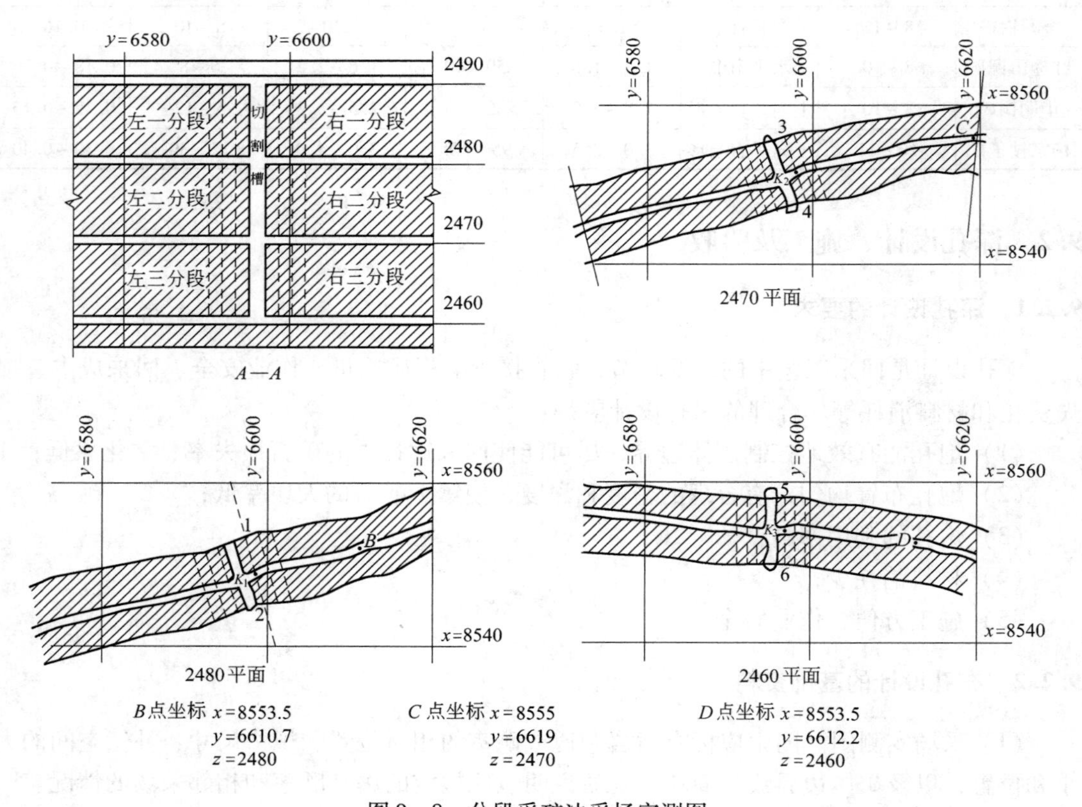

图9-8 分段采矿法采场实测图

为 2m × 2m。爆破顺序是由中央切割槽向两侧顺序起爆。矿石坚硬稳固，可爆性差，$f = 12$。试作采场炮孔设计。

（1）参数选择。与第一节相同。这里根据实际情况，具体选择如下：

1）炮孔直径：$d = 65\text{mm}$。

2）最小抵抗线：$W = (23 \sim 30)d = 1.5 \sim 2.0\text{m}$，因矿石坚硬稳固，取 $W = 1.5\text{m}$。

3）孔底距：在本采场采用上向垂直扇形炮孔，用孔底距表示炮孔的密集程度。因为炮孔的直径是65mm，在排面上将炮孔布置稀一些，但考虑到降低大块的产生，将前后排炮孔错开布置。取邻近系数 $m = 1.35$，所以，孔底距 $a = mW = 1.35 \times 1.5 = 2\text{m}$。

4）最小抵抗线：取 $W = 1.5\text{m}$，在分段巷道 2480、2470 和 2460 中，决定炮孔的排数和排位，并标在图上。

（2）按所定的排位，作出各排的剖视图。作出切割槽右侧第一排位的剖视，并标出有关分段凿岩巷道的相对位置，如图 9 - 9 所示。

（3）在剖视图上有关巷道中，确定支机点。为便于操作，机高取 1.2m，支机点一般设在巷道的中心线上。

（4）根据巷道中的测点，例如 B、C、D 点的坐标，推算出各分段巷道中的支机点 K_1、K_2、K_3 的坐标，具体做法如图 9 - 10 所示：

1）连接 BK_1 线段；

2）过 B 点作直角坐标，用量角器量得 BK_1 的象限角 $\alpha = 12°$；$BK_1 = 13\text{m}$；

3）推算得 K_1 点的坐标为：

$$x_{K_1} = x_B - \Delta x = x_B - 13\sin 12° = 8553.5 - 2.7 = 8550.8$$

$$y_{K_1} = y_B - \Delta y = y_B - 13\cos 12° = 6610.7 - 12.7 = 6598$$

$$z_{K_1} = 2480 + 1.2 = 2481.2$$

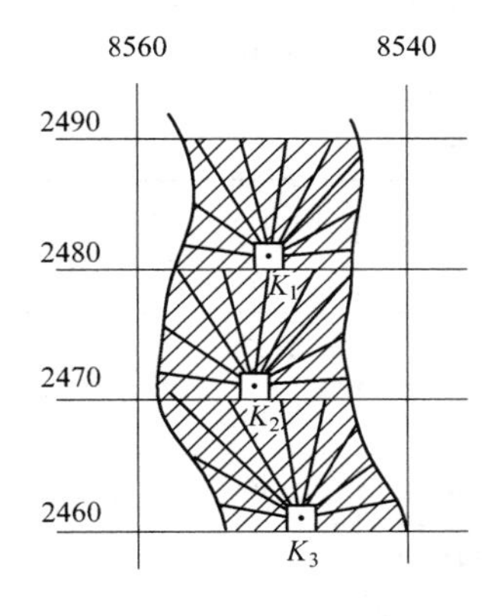

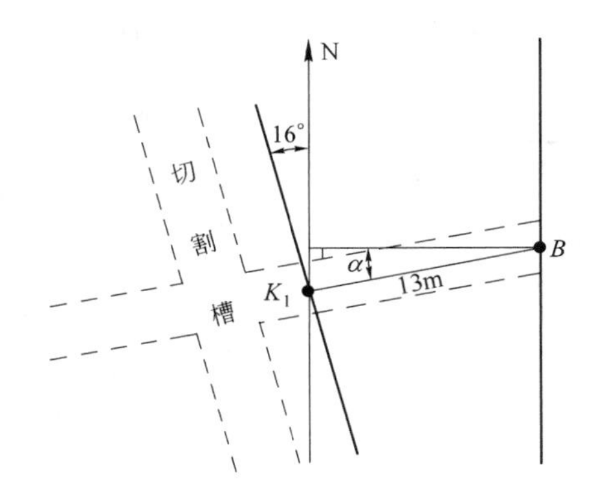

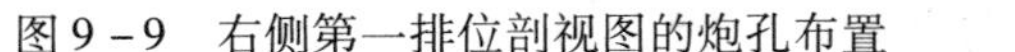
图 9 - 9　右侧第一排位剖视图的炮孔布置　　图 9 - 10　支机点坐标推算示意图

同理，可求得所有支机点的坐标。为便于测量人员复核，计算结果列出坐标换算表，其格式见表 9 - 4。

（5）计算扇形孔排面方位。由图中炮孔排面线与正北方向的交角偏西 16°，得扇形孔方向是 N16°W，方位角是 344°。

表 9-4 坐标换算表

点 号	已知测点坐标			坐 标 增 量			K 点 坐 标		
	x	y	z	Δx	Δy	Δz	x	y	z
B-K_1	8553.5	6610.7	2480	-2.73	-12.74	1.2	8550.8	6598	2481.2
C-K_2	8555.0	6618.5	2470						
D-K_3	8553.5	6612.2	2460						

(6) 绘制炮孔布置图。在剖视图上，以支机点为放射点，取 $a=2$m 为孔底距，自左至右或自右至左画出排面上所有炮孔，如图 9-11 所示。

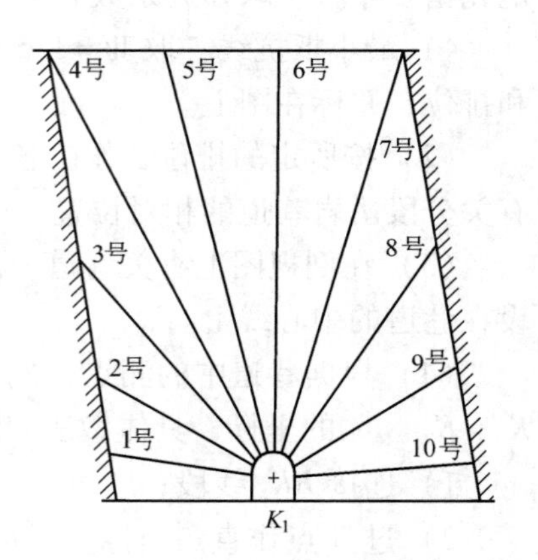

图 9-11 炮孔布置图

布置炮孔时，先布置控制爆破规模和轮廓的炮孔，如1号、7号、4号、10号孔，然后根据孔底距，适当布置其余炮孔。上盘或较深的炮孔，孔底距可稍大些；下盘炮孔或较浅的炮孔，孔底距应小些；若炮孔底部有采空区、巷道或硐室，不能凿穿，应留 0.8~1.2m 的距离。在可爆性差或围岩有矿化的矿体中，孔底应超出矿体轮廓线外 0.4~0.6m，以减少矿石的损失；为使凿岩过程中排粉通畅，边孔不能水平，应有一定的仰角：一般孔深在 8m 以下时，仰角取 3°~5°，孔深在 8m 以上时，仰角取 5°~7°。

全排炮孔绘制完后，再根据其稀密程度和死角，对炮孔之间的距离加以调整，并适当增减孔数。最后，按顺序将炮孔编号，量出各孔的倾角和深度。

(7) 编制炮孔设计卡片。内容包括分段（层）名称、排号、孔号、机高、方向角、方位角、倾角和孔深等，如表 9-5 所示为第一分段第一分层右侧每一排炮孔的设计卡片。

表 9-5 炮孔设计卡片

分 段	排 号	孔 号	机 高	方 向	方位角/(°)	倾角/(°)	孔深/m	说 明
第一分段	右侧第一排	1 号	2480+1.2	N16°W	344	8	6.0	
		2 号	2480+1.2	N16°W	344	25	6.5	
		3 号	2480+1.2	N16°W	344	46	7.9	
		4 号	2480+1.2	N16 °W	344	79	11.5	
		5 号	2480+1.2	N16°W	344	85	10.7	
		6 号	2480+1.2	N16°W	344	104	10.5	
		7 号	2480+1.2	N16°W	344	126	10.9	
		8 号	2480+1.2	N16°W	344	138	9.4	
		9 号	2480+1.2	N16°W	344	150	8.3	
		10 号	2480+1.2	N16°W	344	175	6.2	

9.2.5 炮孔施工和验收

炮孔设计完成后开施工单，交测量人员现场标设。施工人员根据施工单进行炮孔施工。要求边施工，边验收，这样才能及时发现差错并及时纠正，以免造成不必要的麻烦。

验收的内容包括炮孔的方向、倾角、孔位和孔深。方向和倾角用深孔测角仪或罗盘测量，孔深用节长为1m的木制或金属制成的折尺测量。测量时各个矿山对炮孔的误差允许范围不同，如某矿对垂直扇形深孔的施工误差允许±1°(排面)、倾角±1°、孔深±0.5m。验收的结果要填入验收单，对于孔内出现的异常现象（如偏离、堵孔、透孔、深度不足等），均要标注清楚。根据这些标准和实测结果计算炮孔合格率（指合格炮孔占总炮孔的百分比）和成孔率（指实际钻凿炮孔数与设计炮孔总数的百分比），一般要求两者均应合格。

验收完毕后，要根据结果绘成实测图，填写表格，作为爆破设计、计算采出矿量和损失贫化等指标的依据和重要资料。

9.3 深孔爆破设计

9.3.1 爆破设计的内容与要求

正确的设计是获得良好爆破效果的重要保证，它必须符合绝对安全、可靠而又经济的原则。设计与施工，是进行深孔大爆破的两个方面，要想使深孔爆破达到预期的效果，必须做到精心设计、精心施工。正确的设计除来源于对事物客观规律的认识程度外，还取决于是否善于总结和吸取自己或旁人的经验及教训，能因地制宜地选择合理的方案。

目前，我国冶金矿山对井下大爆破若干问题的看法，不仅缺乏统一的认识，而且设计方法、步骤甚至内容也不一致。有的矿山爆破规模不小，但做法极其简单，而有的矿山则做得比较细致。为了达到预期的爆破效果，无论简单或“复杂”，都必须包括下列基本内容：爆破方案的选择、装药结构和药量计算、爆破网路的设计与计算、爆破安全、通风、爆破组织、大爆破的技术措施、爆破前的准备工作、深孔的主要技术经济指标等。

9.3.2 爆破设计的基础资料

基础资料是进行爆破设计的主要依据，它包括采场设计图、地质说明书、采场实测图、炮孔验收实测图，以及邻近采场及需要进行特殊保护的巷道、设施等相对位置图和矿山现用爆破器材型号、规格、品种、性能等资料。

上述资料由采矿、地质和测量人员提供。爆破设计人员除认真熟识这些资料外，尚需对现场进行调查研究，根据情况变化进行重新审核和修改。另外，爆破器材性能需进行实测试验。

9.3.3 爆破方案的选择

爆破方案主要决定于采矿方法的采场结构、炮孔布置、采场位置及地质构造等。方案主要内容包括爆破规模、起爆方法（含网路）、爆破顺序和雷管段别的安排等。

9.3.3.1 *爆破规模*

爆破规模与爆破范围是密切相关的。一次爆破范围是一个采场，还是几个采场，或者是一个采场分几次爆破，这些直接影响着爆破规模的大小。但这部分内容在采场单体设计时都已初步确定，爆破工作者的任务则是根据后期的变化情况进行修改和作详细的施工设计。

爆破规模对于每个矿山都有满足产量的合适范围，一般情况下不会随便改变。只有在增加产量、地质构造变化或控制地压的需要等情况下，才扩大爆破规模或缩小爆破范围。在正常情况下，一般爆破范围以一个采场进行一次爆破的较多。

9.3.3.2 起爆方法

起爆方法的选择可根据本矿的条件及技术水平、工人的熟练程度具体确定。

在深孔爆破中，使用最广泛的是非电力起爆法（一般采用导爆管起爆与导爆索辅爆的复式起爆法）。20世纪80年代初，冶金矿山均用电力起爆法。但导爆管非电力起爆法的推广使用，逐渐取代了电力起爆法，因为非电力起爆系统克服了电力起爆法怕杂散电流、静电、感应电的致命缺点。这种导爆管与导爆索的复式起爆法的起爆网路安全可靠，连接简便，但导爆索用量大，起爆前网路不能检测。

9.3.3.3 起爆顺序和雷管段别的安排

为了改善爆破效果，必须合理地选取起爆顺序。

(1) 回采工艺的影响。为了简化回采工艺和解决矿岩稳固性较差及暴露面过大等问题，许多矿山将切割爆破（扩切割槽与漏斗）与崩矿爆破同时进行。对于水平分层回采而言，可由下而上地按扩漏、拉底、开掘切割槽（水平或垂直）和回采矿房的先后顺序进行爆破。也有些矿山采用先崩矿后扩漏斗的爆破顺序，以保护底柱、提高扩漏质量和避免矿石涌出，以及防止堵塞电耙道。

(2) 自由面条件。由于爆破方向总是指向自由面，故自由面的位置和数目对起爆顺序有很大的影响。当采用垂直深孔崩矿、补偿空间为切割立槽或已爆碎的矿石时，起爆顺序应自切割立槽往后依次逐排爆破。当采用水平深孔崩矿、补偿空间为水平拉底层时，起爆顺序应自下而上逐层爆破。

(3) 布孔形式的影响。水平、垂直或倾斜布置的深孔，应取单排或数排为同段雷管，逐段爆破。束状深孔或交叉布置的深孔，则宜采取同段雷管起爆。

为了减少爆破冲击波的破坏作用，应适当增加起爆雷管的段数，降低每段的装药量，并力求分段的装药量均匀。

雷管段别的安排是由起爆顺序来决定的，先爆的深孔安排低段雷管，后爆的深孔安排高段雷管。为了起爆顺序的准确可靠，在生产中不用一段管，从二段管开始。例如起爆顺序是1、2、3，安排雷管的段别是2段、3段、4段等。为保证不因雷管质量原因产生跳段，一般采用1段、3段、5段等形式。

9.3.3.4 爆破网路的设计和计算

不论选用何种起爆法，其正确与否都对起爆的可靠性起决定性作用。因此，必须进行精心设计和计算。值得一提的是，对于规模较大的爆破，一般要预先将网路在地面做模拟试验，符合设计要求才能用。

9.3.3.5 装药和材料消耗

深孔装药都属柱状连续装药，装药系数一般为65%～85%。扇形深孔为避免孔口部分装药过密，相邻深孔的装药长度应当不相等。通常根据深孔的位置不同，用不同的装药系数来控制。起爆药包的个数及位置，不同矿山不尽相同，有些矿山一个深孔中装两个起爆药包，一个置于孔底，一个靠近堵塞物。而大多数矿山每个深孔只装一个起爆药包，置于孔底，或者置于深孔装药的中部，并再装一条导爆索。

装药可采用人工装药和机械装药两种方式。

（1）人工装药。人工装药是用组合炮棍往深孔内装填药卷，装药结构属柱状连续不耦合装药。扇形深孔的装药量取决于深孔邻近系数、炮孔的位置和炮孔深度，然后根据每个深孔的装药系数，计算出该孔装药长度，再根据药卷长度决定每个深孔的装药卷个数（取整数），知道每个药卷的重量，就可计算出每个深孔内所装药卷总重量，进而求出全排扇形深孔的装药量。人工装药比较困难，特别是上向垂直扇形深孔装药。

（2）机械装药。在井下和露天的中深孔和深孔爆破中，装药量较大，人工装药效率较低，可采用机器装药。该方法操作人员少，效率高，装药密度大，能连续装药，可靠性好。这种方法主要用于地下的掘进和采矿的大规模爆破。

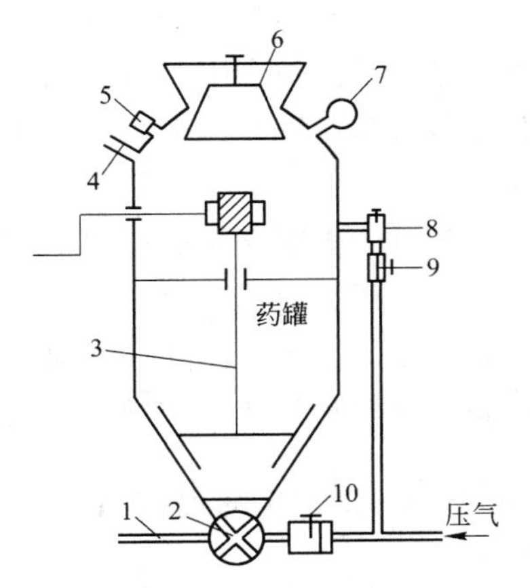

图 9-12 装药器工作原理
1—输药管；2—排药管；3—搅拌器；4—放气阀；5—安全阀；6—料钟；7—压力表；8—调压阀；9—进气阀；10—吹气阀

装药器工作原理如图 9-12 所示，以压气为动力，将粉状炸药经输药管吹入炮孔内。该类设备每小时可装药 500kg，生产能力较大。表 9-6 是几种装药器的相关技术参数。

表 9-6 几种装药器的型号与技术参数

种 类		无搅拌装置		有搅拌装置	
型 号		ATZ-150	FY-100	FZY-1	FZY-100
外形尺寸/mm	长	1275	980	900	980
	宽	1160	760	900	760
	高	1540	1280	1150	1280
装药器自重/kg		125	85	38	85
最大回转半径/m		1.5	<1.0	<1.0	<1.0
工作风压/kPa		245 ~ 390	245 ~ 390	390 ~ 440	245 ~ 390
输药管直径/mm		25 ~ 36	25 ~ 32	25	25 ~ 32
药罐容药量/kg		150	150	45	153
装药效率/$kg \cdot h^{-1}$		500	500	400	600

材料消耗包括总装药量、雷管数、导爆索或导线总米数，最后求出单位材料消耗量，应用表格统计并计算出来。

9.3.3.6 深孔爆破的通风和安全工作

深孔爆破后产生的炮烟（有毒有害气体），相当部分会随空气冲击波的传播扩散到邻近各井巷和采场中，造成井下局部地段的空气污染而无法工作。故应从地表将大量的新鲜空气输送入爆区，把有毒有害的炮烟按一定的线路和方向排出地面，这就是井下深孔爆破的通风。一般通风时间需要连续几个作业班。通风后能否恢复作业，必须先由专业人员戴好防毒面具进入现场测定，空气中的有毒有害气体含量达到规定的标准后才能恢复工作。所需风量的计算等问题可参考《矿井通风与除尘》等教材。

由于一次爆炸的炸药量很大，地下深孔爆破会产生强烈的空气冲击波和地震波，空气冲击波和地震波会引起地下坑道、线路、管道、支护和设备的破坏或损伤，甚至危及地面建筑物和构筑物。因此，在深孔爆破设计时，必须估算其危害的范围。详细内容见第14章。

深孔大爆破必须做好组织工作。在井下进行深孔大爆破时，由于时间要求短，工序多，任务重，每道工序的具体工作都要求严格、准确、可靠，但爆破工作面狭窄，同时从事作业的人员多，因此，必须有严密的组织，才能使工作有条不紊地进行，在规定的时间内保质保量地完成。详细内容见第14章。

9.4 深孔爆破掘进天井

深孔分段爆破掘进天井的技术，适用于天井、溜井等垂直或倾斜坑道的掘进。这类井巷的掘进采用深孔分段爆破法，可改进作业条件、降低劳动强度、缩短工期和提高作业的安全性。

深孔分段爆破掘进天井的方法，是在上下部已掘好水平巷道的情况下，在天井顶部先开掘凿岩硐室，架设深孔钻机，按设计要求沿天井全高一次钻凿好全部深孔，然后把天井划分为若干个爆破段，由下而上逐段装药爆破。爆下的岩石借助重力下落，炮烟从上部水平巷道排出。凿岩、装药、连线、起爆等全部作业均在顶部水平巷道或硐室中进行。

根据爆破自由面的情况，可将深孔爆破掘进天井方法分为两种：一种是利用与装药深孔相平行的空孔（不装药）作为自由面，各掏槽孔顺序起爆，掏槽、扩槽形成天井；另一种方法则是利用爆破漏斗原理，采用球形药包装药，以底部为自由面，向下爆破形成倒置漏斗槽腔，多段微差爆破形成天井。

9.4.1 以平行深孔为自由面的爆破方法

9.4.1.1 深孔布置

图9-13所示为方形天井和圆形天井，装药孔与空孔沿天井全高互相平行。孔径视所选用的钻机规格而定，常用的是45~120mm。

作为自由面的空孔，以采用较大直径为宜。可采用普通钻孔，然后用扩孔钻头再进行扩孔的方法，或使用两个普通直径的空孔代替大直径空孔的办法。这样做是保证1号掏槽孔爆破时有足够的裂隙角和碎胀空间，可以确保1号掏槽孔爆后岩石不挤死，有利于岩石破碎。1号孔的充分破碎、膨胀和崩落是掏槽效果和爆破成功的关键。如果1号炮孔掏槽爆破时发生“挤死”现象，则后续炮孔的爆破条件最差，其爆破是无效的。为达到较好的掏槽效果，1号掏槽孔与空孔的中心距离应该按图9-14所示求算。

设空孔直径为D，1号掏槽孔直径为d，空孔与1号掏槽孔中心距离为a，岩石碎胀系数为K，由图列出下式：

$$\left(\frac{D+d}{2}a-\frac{\pi D^2}{8}-\frac{\pi d^2}{8}\right)K=\frac{D+d}{2}a+\frac{\pi D^2}{8}+\frac{\pi d^2}{8} \tag{9-8}$$

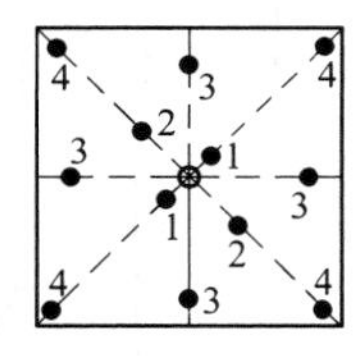

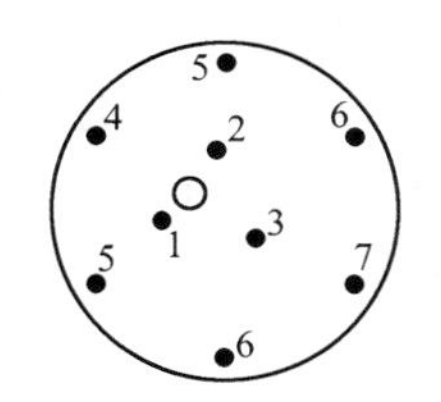

图 9-13　方形天井和圆形天井的炮孔布置

○—空孔（不装炸药）；●—装药孔；

1~7—起爆顺序

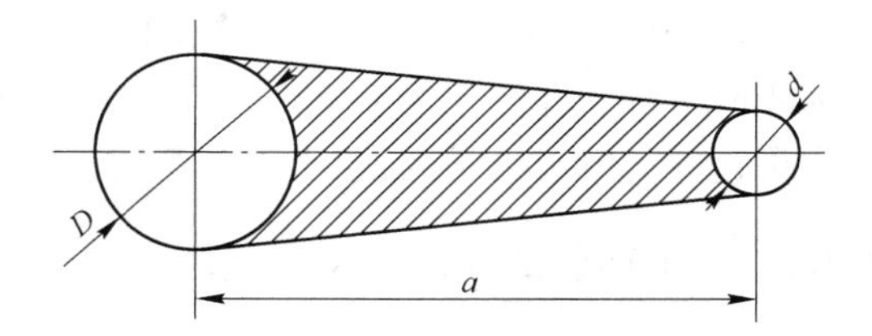

图 9-14　空孔直径与 1 号掏槽孔距离关系图

d—1 号掏槽孔直径；D—空孔直径；a—孔距

当 D、d、K 等值均为定值时，则可求得 a（mm）值为

$$a=\frac{\pi}{4}\times\frac{(D^2+d^2)(K+1)}{(D+d)(K-1)} \tag{9-9}$$

后爆的掏槽孔因有前掏槽孔爆破出来的槽腔可供使用，故孔距可以逐渐增大。周边孔的布置只要照顾到天井的断面和形状即可。

9.4.1.2　装药结构

以平行空孔作自由面时，1 号掏槽孔的最小抵抗线（即 1 号掏槽孔与空孔的中心距离 a）不可过大。从理论上讲，以按式（9-9）计算所得值为宜。实践证明，为了避免 1 号掏槽孔崩落时过大的横向冲击动压将破碎的岩石堵死在空孔中，应该正确选取 1 号掏槽孔的装药结构、装药密度和装药量。一般现场采用间隔分段装药，这样可以减少每米炮孔的装药量，并且使炸药在深孔中分布均匀。按最小抵抗线和自由面的大小，分段装药长度可取 160mm、200mm 或 480mm，用长 200mm 的竹筒相间，并在装药段全长敷设导爆索起爆，如图 9-15 所示。

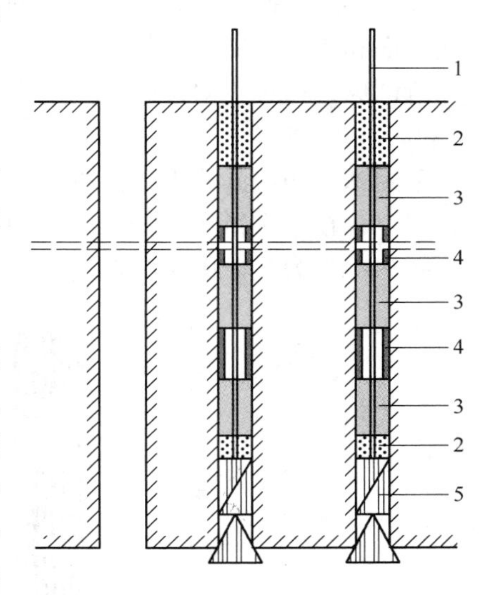

图 9-15　掏槽孔装药结构图

1—导爆索；2—炮泥；

3—药卷；4—竹筒；5—木楔

周边孔的装药结构一般采用柱状连续装药，同样敷设导爆索起爆。

深孔底部用木楔塞堵。图 9-16 所示为木楔形状。木楔塞堵方法是将木楔系一绳索，从深孔上部下放或从底部往上楔。深孔底部堵塞长度不超过最小抵抗线，上部装完炸药用炮泥堵塞，堵塞高度在 0.5m 以上。

图 9-16　木楔形状

9.4.1.3　装药集中度（又称线装药密度）

合理的装药集中度取决于岩石性质、炸药性能、深孔直径、掏槽孔与空孔的中心距离等因素。我国某金属矿使用的数据为：掏槽孔直径 90mm，药卷直径 90mm；按孔距远近与空孔直径大小，用 2 号岩石硝铵炸药，每米炮孔的装药集中度分别为：1 号掏槽孔 1.65kg/m，2 号掏槽孔 2.05kg/m，3 号掏槽孔 2.67kg/m；周边孔采用3.6～3.74kg/m。

9.4.1.4 一次爆破合理的分段高度

经验表明，一次爆破合理的分段高度与爆破条件有关。在天井断面为$4m^2$左右、补偿比为0.55～0.7、破碎角大于30°的条件下，分段高可达5～7m；当补偿比小于0.5时，则分段高取2～4m为宜。

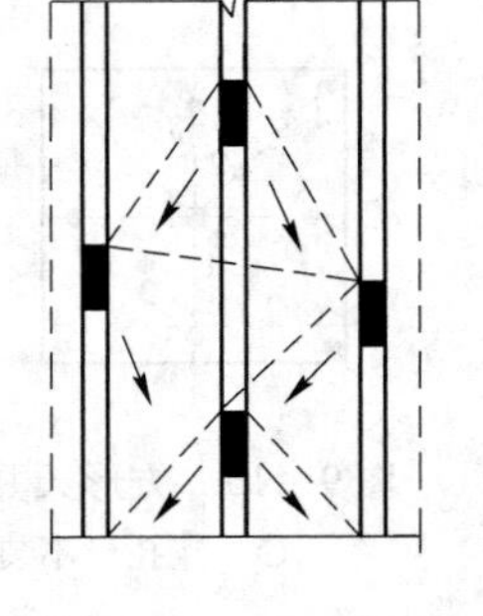

图9－17 球形药包倒置漏斗

9.4.2 球形药包倒置漏斗爆破方案

平行空孔作自由面爆破方案，要求钻机有较高的钻孔精确度，并且要有足够的空孔作为补偿空间。如果钻孔的精确度不高，则可采用球形药包倒置漏斗爆破方案。

这一方案不需要空孔，而是让掏槽孔的装药朝底部自由面爆破，爆出一个倒置的漏斗形锥体，后续的掏槽孔和周边孔的装药依次以漏斗侧表面和扩大了的漏斗侧表面为自由面分别先后爆破，如图9－17所示。

所谓球形药包，对深孔装药而言，是指集中装药长度不大于装药直径的6倍（$L/R\leqslant 6$）的药包。

采用球形药包漏斗爆破法掘进天井，具有深孔数目少，对钻孔精确度要求不太高等优点，但也存在一次所爆的分段高度相对较低、装药困难等缺点。

图9－18为某矿山深孔掘进15m天井时的爆破设计。该方案综合了以平行深孔为自

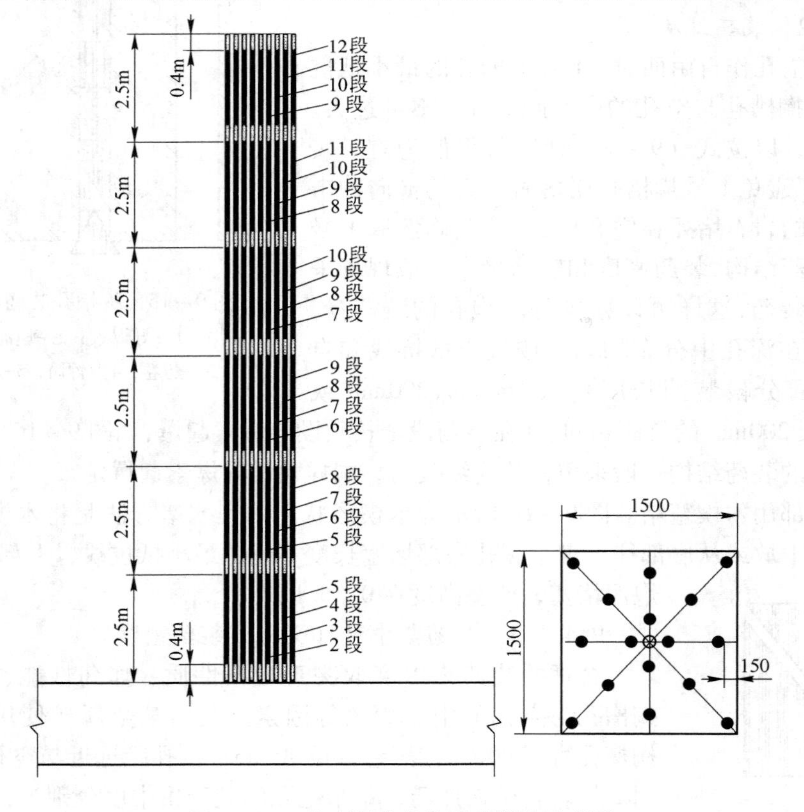

图9－18 某矿深孔成井爆破设计示意图

由面的深孔爆破成井和以球形药包倒置漏斗爆破成井两种方法。工效比普通法提高8倍(由0.12m/(工·班)提高到0.95m/(工·班)),成本降低50%,节约时间70个工·班,效果十分明显。

本章小结

在矿床地下开采或一次成井的地下深孔爆破中,只要炮孔布置形式选择和爆破参数确定合理,可获得高效、安全和低成本的爆破效果。

炮孔布置方式主要有平行孔、扇形孔和束状孔,或上向孔、水平孔和下向孔等形式,实践中常用上向扇形孔。

爆破参数主要包括孔径、孔深、最小抵抗线、孔间距、排间距、炮孔密集系数和炸药单耗等,在实际中应根据爆破时的具体情况进行确定。

深孔设计是将深孔布置到设计图纸上;深孔施工是按设计实地进行深孔钻凿的工作;深孔验收是按一定的技术规范实地对钻凿的深孔进行验收的工作,是确保爆破成功的保证措施。

在条件有利时应用深孔一次爆破成井也是广泛应用的一种方法,这种方法实施时一定要注意应有适当的自由面、碎胀空间和合理的起爆顺序。

重要概念

地下深孔爆破　平行孔　扇形孔　爆破参数　深孔设计与施工　深孔验收　深孔爆破设计　深孔爆破一次成井　球形药包

复习思考题

9-1　地下深孔爆破主要用于什么场合,它的特点是什么?

9-2　地下采场深孔崩矿时,扇形深孔和平行深孔各有什么特点?

9-3　地下深孔崩矿爆破设计的主要内容有哪些?

9-4　如何布置采场崩矿深孔的排位?

9-5　如何布置同一排崩矿扇形深孔?

9-6　深孔成井有哪些方法,各有什么特点?

10　露天深孔爆破

本章要点及学习目的

露天深孔爆破一般应用于矿床露天开采，也可用于大规模的土石方剥离，是一种规模大、效率高的方法。炮孔布置形式的选择、爆破参数的确定是本章的核心内容。微差爆破、挤压爆破、光面爆破和预裂爆破在工程实际中应用广泛，而且常常是综合应用，以达到最佳的爆破效果。要注意各种方法的工艺特点，学会在实践中灵活应用。

露天深孔爆破主要用于露天台阶的采剥、掘沟、开堑等工程。由于作业空间不受限制，可以采用大型穿孔、采装和运输设备，所以露天深孔爆破规模比较大，生产能力和效率较高。

本章主要论述露天深孔的布置方式、各种爆破参数的选取、各种装药结构以及爆破网路的布置形式等；并简要介绍露天深孔爆破中的微差爆破、挤压爆破、光面爆破和预裂爆破等技术的工艺特点，关于它们的机理，将在第 12 章介绍。

10.1　露天深孔布置及爆破参数的确定

10.1.1　露天深孔布置

露天矿山常用潜孔钻机和牙轮钻机进行穿孔。露天深孔的布置方式有垂直深孔与倾斜深孔两种，如图 10－1 所示。

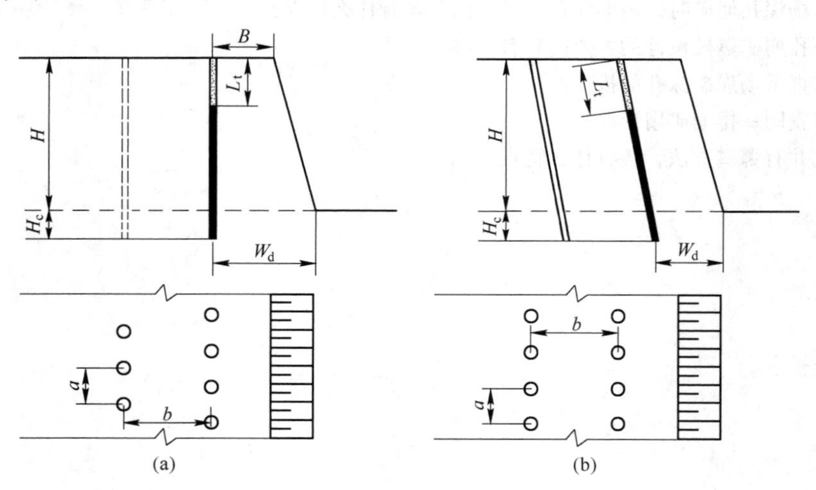

图 10－1　露天深孔布置方式

（a）垂直深孔（交错布置）；（b）倾斜深孔（平行布置）

H—台阶高度；H_c—超深；W_d—底盘抵抗线；L_t—填塞长度；b—排距；B—安全距离；a—孔距

与垂直深孔相比，倾斜深孔有以下优点：

（1）抵抗线较小且均匀，矿岩破碎质量好，不产生或少产生根底；

（2）易于控制爆堆的高度，有利于提高采装效率；

（3）易于保持台阶坡面角和坡面的平整，减少突悬部分和裂缝；

（4）穿孔设备与台阶坡顶线之间的距离较大，设备与人员比较安全。

在生产中一般采用倾斜深孔。由于微差爆破技术的应用，为提高生产能力和经济效益，一般采用多排孔一次爆破，并采用交错布置的方式。

10.1.2 参数的确定

10.1.2.1 炮孔直径 d

炮孔直径往往由所采用的穿孔设备的规格所决定。过去的穿孔设备的钻孔直径多为150~200mm，现在露天深孔爆破一般趋向于大孔径，大型矿山一般采用250~310mm或更大。孔径越大，装药直径相应也越大，这样有利于炸药稳定传爆和充分利用炸药能量，从而提高延米爆破量。随着露天开采技术的发展和开采规模逐渐加大，深孔直径有逐渐增大的趋势。但深孔直径增大后，孔网参数也随着增大，装药相对集中，必然会增大爆破下来的矿岩块度。

10.1.2.2 孔深 L 和超深 H_c

对于垂直孔，炮孔深度 $L=H+H_c$。台阶高度 H 在矿山设计确定之后是个定值，是指相邻的上下平台之间的垂直高度；超深 H_c 是指深孔超出台阶的高度。超深的作用一是多装药，二是可以降低装药高度或装药中心，以便克服台阶底部阻力，避免和减少根底。超深值 H_c（m）一般由经验确定：

$$H_c=(0.15\sim0.30)W_d \tag{10-1}$$

或

$$H_c=(10\sim15)d \tag{10-2}$$

式中 W_d——底盘抵抗线，m；

d——孔径，mm。

矿岩坚固时取大值；矿岩松软、节理发育时取小值。矿岩特别松软或底部裂隙发育时，可不用超深甚至超深取负值。

10.1.2.3 底盘抵抗线 W_d

底盘抵抗线是指炮孔中心至台阶坡底线的水平距离，它与最小抵抗线 W 不同。用底盘抵抗线而不用最小抵抗线作为爆破参数的目的，一是计算方便，二是为了避免或减少根底。它选择得是否合理，将会影响爆破质量和经济效果。底盘抵抗线的值过大，则残留根底将会增多，也将增加后冲；过小，则不仅增加了穿孔工作量，浪费炸药，而且还会使穿孔设备距台阶坡顶线过近，作业不安全。底盘抵抗线 W_d(m)可按以下方法确定：

（1）根据穿孔机安全作业条件计算

$$W_d\geqslant H\cot\alpha+B \tag{10-3}$$

式中 H——台阶高度，m；

α——台阶坡面角，(°)；

B——从炮孔中心至坡顶线的安全距离，$B\geqslant2.5$m。

（2）按每个炮孔的装药条件计算

$$W_d = d\sqrt{\frac{7.85\Delta\psi}{mq}} \tag{10-4}$$

式中 d——孔径，dm；

Δ——装药密度，g/cm^3；

ψ——装药系数；

m——炮孔密集系数；

q——炸药单耗，kg/m^3。

（3）按经验公式计算

$$W_d = (0.6 \sim 0.9)H \tag{10-5}$$

我国一些冶金矿山采用的底盘抵抗线如表 10－1 所示。在压碴爆破时，考虑到台阶坡面前留有岩石堆且钻机作业较为安全，底盘抵抗线可适当减小。

表 10－1　深孔爆破底盘抵抗线

爆破方式	炮孔直径/mm	底盘抵抗线/m	爆破方式	炮孔直径/mm	底盘抵抗线/m
清碴爆破	200	6～10	压碴（挤压）爆破	200	4.5～7.5
	250	7～12		250	5～11
	310	11～13		310	7～12

10.1.2.4　孔距 a 与排距 b

孔距 a 是指同排的相邻两炮孔中心线间的距离；排距 b 是指多排孔爆破时，相邻两排炮孔间的距离。两者确定得合理与否，会对爆破效果产生重要的影响。W 和 b 确定后，$a = mW$或$a = mb$。很显然，孔距的大小与孔径有关。根据一些难爆矿岩的爆破经验，保证最优爆破效果的孔网面积（$a \times b$）是孔径断面积$\left(\frac{\pi d^2}{4}\right)$的函数，两者之比又是一个常数，其数值为 1300～1350。

在露天台阶深孔爆破中，炮孔密集系数 m 是一个很重要的参数。过去传统的看法，m 值应为 0.8～1.4。然而近些年来，随着岩石爆破机理的不断完善和实践经验不断丰富，在孔网面积不变的情况下，适当减小底盘抵抗线或排距而增大孔距，可以改善爆破效果。在国内，m 值已增大到 4～6 或更大；在国外，m 值甚至提高到 8 以上。实践证明，$m \leq 0.6$ 时，爆破效果变差。

10.1.2.5　填塞长度 L_t

填塞长度关系到填塞工作量的大小、炸药能量利用率、爆破质量、空气冲击波和个别飞石的危害程度。工程实践中一般取 $L_t = (16 \sim 32)d$。

10.1.2.6　每个炮孔装药量 Q

每孔装药量 Q（kg）按每孔爆破矿岩的体积计算

$$Q = qaHW_d \quad 或 \quad Q = qmHW_d^2 \tag{10-6}$$

当台阶坡面角 $\alpha < 55°$时，应将上式中的 W_d 换成 W，以免因装药量过大造成爆堆分

散、炸药浪费、产生强烈空气冲击波及飞石过远等危害。

每孔装药量按其所能容纳的药量计算

$$Q = L_B P = (L - L_t) P \tag{10-7}$$

式中 L_B——炮孔装药长度，m；

L_t——炮孔填塞长度，m；

P——每米炮孔装药量，kg/m。

多排孔逐排爆破时，由于后排受夹制作用，在计算时，通常从第二排起，各排装药量应有所增加。

倾斜深孔每孔装药量为

$$Q = qWaL \tag{10-8}$$

式中 L——倾斜深孔的长度，不包括超深。

10.1.2.7 单位炸药消耗量 q

正确地确定单位炸药消耗量非常重要。q 值的大小不仅影响爆破效果，而且直接关系到生产成本和作业安全。q 值的大小不仅取决于矿岩的可爆性，同时也决定于炸药的威力和爆破技术等因素。实践证明，q 值的大小还受其他爆破参数的影响。由于影响因素较多，至今尚未研究出简便而准确的确定方法。传统的单位炸药消耗量的确定方法是试验加经验，缺点是无法全面考虑各方面的因素。表 10-2 所列 q 值可作为选择时的参考。

表 10-2 露天台阶深孔爆破的 q 值

岩石坚固性系数 f	2~3	4	5~6	8	10	15	20
q/kg·m^{-3}	0.29	0.45	0.50	0.56	0.62~0.68	0.73	0.79

注：表中所列为2号岩石炸药。

10.1.3 露天深孔爆破装药

进行露天深孔爆破所需炸药量大，一般均在几吨乃至几十吨以上，现场装药工作量相当大。20 世纪 80 年代以来，我国一些大型露天矿山（如本钢南芬露天矿、首钢水厂铁矿等）先后引进了混装炸药车，其中有美国埃列克公司生产的 SMS 型和 3T（即 TTT）型车。国内一些厂家与国外合资也生产了一些型号的混装炸药车。多年的生产实践表明，采用混装炸药车技术经济效果良好，促进了露天矿爆破工艺的改革，降低了装药的劳动强度，提高了露天矿机械化水平。特别是 3T 型车（载重 15t），能在车上混制三种炸药，即粒状铵油炸药、重铵油炸药和乳化炸药。一个需装 400~500kg 炸药的深孔，只需 1~1.5min 即可装完。这种混装炸药车，对我国中小型露天矿尤其适用。使用混装炸药车主要有以下几个优点：

（1）生产工艺简单，现场使用方便，装药效率高；

（2）同一台混装炸药车可以生产几种类型的炸药，其密度又可以调节，能够满足不同矿岩、不同爆破的要求；

（3）生产安全可靠，炸药性能稳定，不论是在地面设施里或在混装车内，炸药的各组分均分装在各自的料仓内，且均为非爆炸性材料，进入炮孔内才形成炸药；

（4）生产成本低；

（5）大区爆破可以预装药；

（6）由于可以在车上混制炸药，可以大大节省加工厂和库房的占地面积。

10.1.4 露天矿高台阶爆破技术简介

由于深孔钻孔技术的发展和微差挤压爆破技术的应用，国外一些露天矿采用了高台阶挤压爆破的方法。高台阶爆破，就是将约等于目前使用的两个台阶高度（20～30m）并在一起作为一个台阶进行穿孔爆破工作，爆破后再分成两个台阶依次铲装。这种爆破方法效果好，充分实现了穿爆、采装、运输工序的平行作业，有利于提高设备的效率，能大幅度提高生产能力。当设备的穿孔能力达到要求时，应尽量采用这种方法。

10.2 多排孔微差爆破

多排孔微差爆破一般是指多排孔各排之间以毫秒级间隔时间起爆的爆破。与过去普遍使用的单排孔齐发爆破相比，多排孔微差爆破有以下优点：

（1）提高爆破质量，改善爆破效果，如大块率低、爆堆集中、根底减少、后冲减少；

（2）可扩大孔网参数，降低炸药单耗，提高每米炮孔崩矿量；

（3）一次爆破量大，故可减少爆破次数，提高装、运工作效率；

（4）可降低地震效应，减少爆破对边坡和附近建筑物等的危害。

关于微差爆破的破岩机理将在第12章中介绍，下面就设计与施工中的三个问题加以论述。

10.2.1 微差间隔时间的确定

微差间隔时间 Δt 以毫秒（ms）为单位。Δt 值的大小与爆破方法、矿岩性质、孔网参数、起爆方式及爆破条件等因素有关。确定 Δt 值的大小是微差爆破技术的关键，国内外对此进行了许多试验研究工作，由于观点不同，提出了多种计算公式和方法。

根据我国鞍山本溪矿区的爆破经验，在采用排间微差爆破时，以 $\Delta t = 25 \sim 75$ms 为宜。若矿岩坚固，采用松动爆破、孔间微差且自由面暴露充分、孔网参数小时，取较小值，反之，取较大值。

10.2.2 微差爆破的起爆方式及起爆顺序

爆区多排孔布置时，孔间多呈三角形、方形和矩形。布孔排列虽然比较简单，但利用不同的起爆顺序对这些炮孔进行组合，就可获得多种多样的起爆形式。

（1）排间顺序起爆（见图10－2）。这是最简单、应用最广泛的一种起爆形式，一般呈三角形布孔。在大区爆破时，由于同排（同段）药量过大，容易造成爆破地震危害。

（2）横向起爆（见图10－3）。这种起爆方式没有向外的抛掷作用，多用于掘沟爆破和挤压爆破。

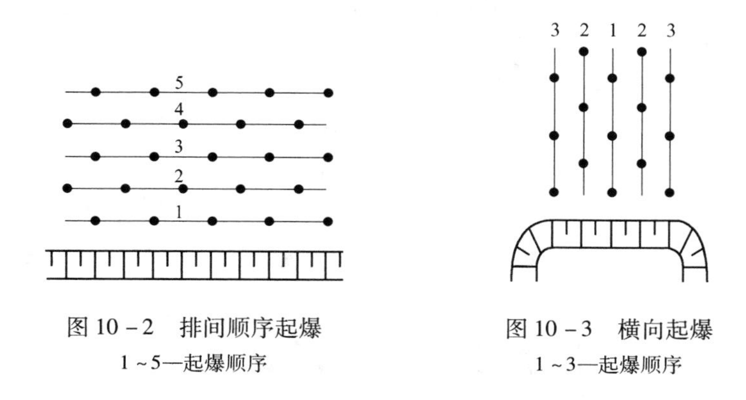

图 10－2 排间顺序起爆
1～5—起爆顺序

图 10－3 横向起爆
1～3—起爆顺序

（3）斜线起爆（见图 10－4）。分段炮孔的连线与台阶坡顶线呈斜交的起爆方式称为斜线起爆。图 10－4（a）所示为对角线起爆，常在台阶有侧向自由面的条件下采用；利用这种起爆形式时，前段爆破能为后段爆破创造较宽的自由面，如图中的连线。图 10－4（b）所示为楔形或 V 形起爆方式，多用于掘沟工作面。图 10－4（c）所示为台阶工作面采用 V 形或梯形起爆方式。

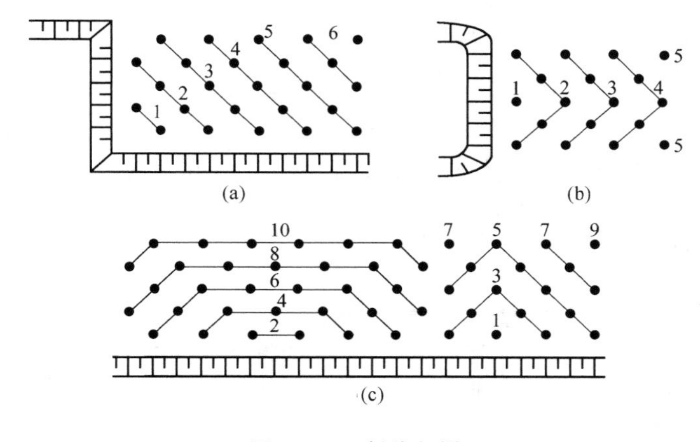

图 10－4 斜线起爆
1～10—起爆顺序

斜线起爆的优点：

1）可正方形、矩形布孔，便于穿孔、装药、填塞机械的作业，还可加大炮孔的密集系数；

2）由于分段多，每段药量少且分散，可降低爆破地震的破坏作用，后、侧冲小，可减轻对岩体的直接破坏；

3）由于炮孔的密集系数加大，岩块在爆破过程中相互碰撞和挤压的作用大，有利于改善爆破效果，而且爆堆集中，可减少清道工作量，提高采装效率；

4）起爆网路的变异形式较多，机动灵活，可按各种条件进行变化，能满足各种爆破的要求。

斜线起爆的缺点是：由于分段较多，后排孔爆破时的夹制性较大，崩落线不明显，影响爆破效果；分段网路施工及检查均较繁杂，容易出错；要求微差起爆器材段数较多，起爆材料的消耗量也大。

（4）孔间微差起爆。孔间微差起爆是指同一排孔按奇、偶数分组顺序起爆的方式，如图10－5所示。图10－5（a）所示为波浪形方式，它与排间顺序起爆比较，前段爆破为后段爆破创造了较大的自由面，因而可改善爆破效果。图10－5（b）所示为阶梯形方式，爆破过程中岩体不仅受到来自多方面的爆破作用，而且作用时间也较长，可大大提高爆破效果。

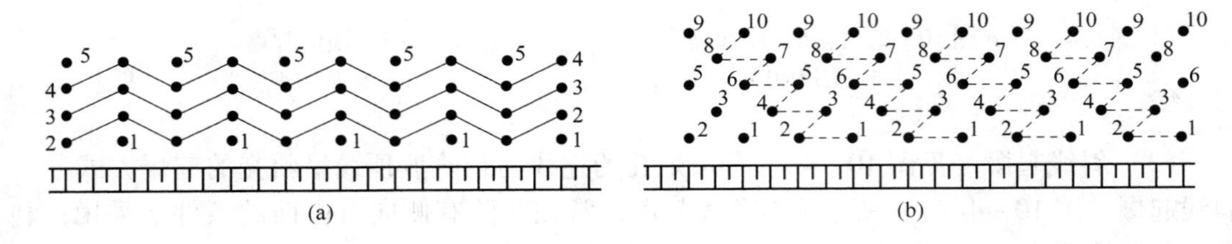

图10－5 孔间微差起爆
（a）波浪形；（b）阶梯形

（5）孔内微差起爆。随着爆破技术的发展，孔内微差爆破技术得到了广泛应用。孔内微差起爆，是指在同一炮孔内进行分段装药，并在各分段装药间实行微差间隔起爆的方法。图10－6所示为孔内微差起爆结构示意图。实践证明，孔内微差起爆具有微差爆破和分段装药的双重优点。孔内微差的起爆网路可以采用非电导爆管网路、导爆索网路，也可以采用电爆网路。就我国当前的技术条件而言，孔内一般分为两段装药。就同一炮孔而言，起爆顺序有上部装药先爆和下部装药先爆两种，即有自上而下孔内微差起爆和自下而上孔内微差起爆两种方式。

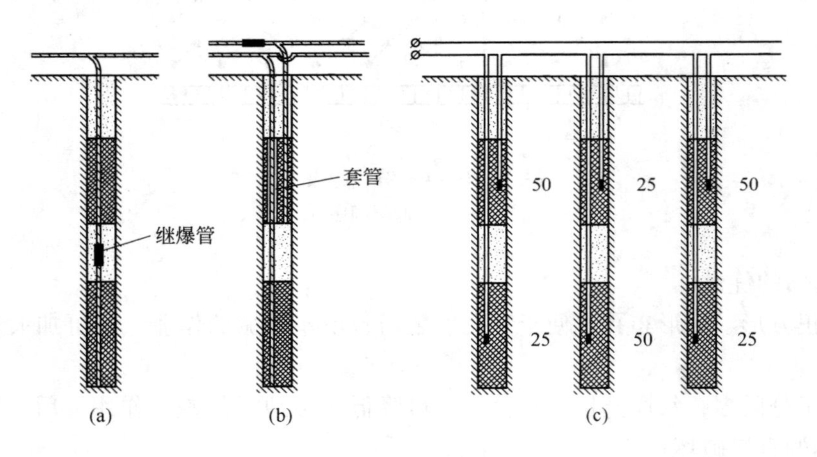

图10－6 孔内微差起爆结构
（a）导爆索孔内自上而下；（b）导爆索孔内自下而上；（c）电雷管孔内微差
25，50—微差间隔的毫秒数

对于相邻两排炮孔来说，孔内微差起爆的顺序有多种排列方式，它不仅在水平面内，而且在垂直面内也有起爆时间间隔，矿岩将受到多次反复的爆破作用，从而可以大大提高爆破效果。

采用普通导爆索自下而上孔内微差起爆时，上部装药必须用套管将导爆索与炸药隔开。为了施工方便，国外一般使用低能导爆索。这种导爆索药量小，仅为0.4g/m，它只能传播爆轰波，而不能引爆炸药。

10.2.3　分段间隔装药

如前所述，分段间隔装药常常用于孔内微差爆破。为了使炸药不过分地集中于台阶下部，而使台阶中部、上部都能在一定程度上受到炸药的直接作用，减少台阶上部大块产出率，台阶爆破也可采用分段间隔装药。

在台阶高度小于15m的条件下，一般以分两段装药为宜，中间用空气（间隔）或填塞料隔开。分段越多，装药和起爆网路越复杂。孔内下部一段装药量约为装药总量的17%～35%，矿岩坚固时取大值。

国内外曾试验并推广在炮孔顶底部采用空气或水为间隔介质的间隔装药方法。用空气为介质时又叫空气垫层或空气柱爆破。采用炮孔顶底部空气间隔装药的目的是：降低爆炸起始压力峰值，以空气为介质，使冲量沿孔壁分布均匀，故炮孔顶底部破碎块度均匀；延长孔内爆轰压力作用时间。由于炮孔顶底部空气柱的存在，爆轰波以冲击波的形式向孔壁、孔顶底部入射，必然引起多次反射，加之紧跟着产生的爆炸气体向空气柱高速膨胀飞射，可延长炮孔顶底部压力作用时间和获得较大的爆破能量，从而加强对炮孔顶底部矿岩的破碎。

炮孔底部以水为介质间隔装药所利用的原理是：水具有各向均匀压缩，即均匀传递爆炸压力的特征。在爆炸初始阶段，充水腔壁同装药腔壁一样受到动载作用而且峰压下降缓慢；到了爆炸的后期爆炸气体膨胀作功时，水中积蓄的能量随之释放，故可加强对矿岩的破碎作用。

另外，以空气或水为介质的孔底间隔装药，可提高药柱重心，加强对台阶顶部矿岩的破碎。

不难看出，水间隔和空气间隔作用原理虽然不同，但都能提高爆炸能量的利用率。水间隔还具有破碎硬岩之功能。

10.3　多排孔微差挤压爆破

露天台阶深孔爆破时，有时需在台阶坡面前方留有一定厚度的碴堆（留碴层）作为挤压材料，进行挤压爆破。多排孔微差挤压爆破的主要工艺和参数与多排孔微差爆破基本相同。现将几个特殊的问题简要介绍如下。

10.3.1　挤压爆破作用原理

（1）利用碴堆阻力延缓岩体的运动和内部裂缝张开的时间，从而延长爆炸气体的静压作用时间；

（2）利用运动岩块的碰撞作用，使动能转化为破碎功，进行辅助破碎。

10.3.2　挤压爆破的优点

多排孔微差挤压爆破兼有微差爆破和挤压爆破的双重优点，具体是：

（1）爆堆集中整齐，根底很少；

（2）块度较小，爆破质量好；

（3）个别飞石飞散距离小；

（4）能贮存大量已爆矿岩，有利于均衡生产，尤其对工作线较短的露天矿更有意义。

10.3.3 挤压爆破参数

10.3.3.1 留碴厚度

由于矿岩的具体条件不同，加之影响的因素较多，目前尚无一个公认的计算留碴厚度的公式。根据实践经验，单纯从不埋道的观点出发，在减少炸药单耗的前提下，留碴厚度为2～4m即可；若同时为减少第一排孔的大块率，则应增大至4～6m；为全面提高技术经济效果，留碴厚度以10～20m为宜。理论研究与实践表明，留碴厚度与松散系数、台阶高度、抵抗线、炸药单耗、矿岩坚固性以及波阻抗等因素有关。一般应通过现场实验来确定合理的留碴厚度。

10.3.3.2 一次爆破的排数

一次爆破的排数一般以不少于3～4排、不大于7排为宜。排数过多，势必增大炸药单耗，爆破效果变差。

10.3.3.3 第一排炮孔的抵抗线

第一排炮孔的抵抗线应适当减小，并相应增大超深值，以装入较多药量。实践证明，由于留碴的存在，第一排炮孔爆破效果的好坏很关键。

10.3.3.4 微差间隔时间

挤压爆破的微差间隔时间一般要比自由空间爆破（清碴爆破）的微差间隔时间增加30%～60%。

10.3.3.5 各排孔药量递增系数的问题

由于前面留碴的存在，爆炸应力波入射后将有一部分能量被碴堆吸收而损耗，因此必然需增加药量加以弥补。有些矿山采用第一排以后各排炮孔依次递增药量的方法。如果一次爆破4～6排，则最后一排炮孔的药量将增加30%～50%。药量偏高，必将影响爆破的技术经济效果。通常，第一排炮孔对比普通微差爆破可增加药量10%～20%，起到将留碴向前推移，为后排炮孔创造新自由面的作用。中间各排可不必依次增加药量，最后一排可增加药量10%～20%。因为最后一排炮孔爆破必须为下次爆破创造一个自由面，即最后一排炮孔的被爆矿岩必须与岩体脱离，至少应有一个贯穿裂隙面（槽缝），如图10－7所示。

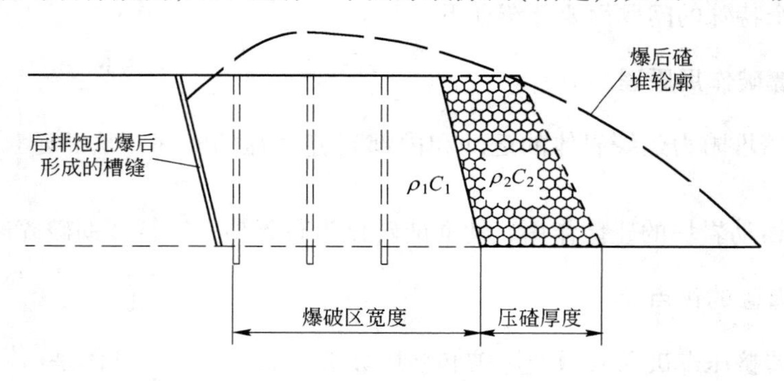

图10－7 露天台阶挤压爆破示意图

目前对微差挤压爆破的机理及其爆破参数的研究尚不充分，有待于进一步完善。从广义上讲，多排孔微差清碴爆破第一排以后的各排炮孔的爆破也是挤压爆破，只是挤压的程度不同而已。

10.4 预裂爆破、光面爆破和缓冲爆破

露天矿开采至最终境界时，爆破工作涉及维护边坡稳定的问题。预裂爆破就是沿设计开挖轮廓打一排小孔距的平行深孔，减少装药量，采用不耦合装药结构，在开挖区主爆炮孔爆破之前同时起爆，在这一排预裂孔间连线的方向上形成一条平整的预裂缝（宽度可达1~2cm）。预裂缝形成后，再起爆主爆炮孔和缓冲炮孔，预裂缝能在一定范围内减轻开挖区主爆炮孔爆破时对边坡所产生的震动和破坏作用。预裂爆破也广泛地应用在水利电力、交通运输、旧建筑物基础拆除、船坞码头等工程之中。

10.4.1 预裂爆破参数

10.4.1.1 炮孔直径

预裂爆破的炮孔直径大小对于在孔壁上留下预裂孔痕率有较大的影响，而孔痕率的多少是反映预裂爆破效果的一个重要指标。一般孔径越小，孔痕率就越高。故一些大中型露天矿专门使用潜孔钻机钻凿预裂炮孔，孔径为110~150mm。使用牙轮钻机时，孔径为250mm。

10.4.1.2 不耦合系数

预裂爆破不耦合系数以2~5为宜。在允许的线装药密度的情况下，不耦合系数可随孔距的减小而适当增大。岩石抗压强度大时，应取较小的不耦合系数值。

10.4.1.3 线装药系数

线装药系数Δ是指炮孔装药量对不包括填塞部分的炮孔长度之比，也叫线装药密度，单位是kg/m。采用合适的线装药系数可以控制爆炸能对岩体的破坏。该值可通过试验方法确定，也可用下列经验公式确定：

（1）保证不损坏孔壁（除相邻炮孔间连线方向外）的线装药系数：

$$\Delta = 2.75[\delta_y]^{0.53}r^{0.38} \qquad (10-9)$$

式中 δ_y——岩石极限抗压强度，MPa；

r——预裂孔半径，mm。

该式适用范围是$\delta_y = 10 \sim 15$ MPa；$r = 46 \sim 170$ mm。

（2）保证形成贯通相邻炮孔裂缝的线装药系数：

$$\Delta = 0.36[\delta_y]^{0.63}a^{0.67} \qquad (10-10)$$

式中 a——孔间距；

其他符号意义同前。

该式适用范围是$\delta_y = 10 \sim 150$ MPa；$r = 40 \sim 170$ mm；$a = 40 \sim 130$cm。

若已知δ_y和r，可将式（10-9）计算的Δ值代入式（10-10）求出a值。

10.4.1.4 孔距

预裂爆破的孔距与孔径有关，一般为孔径的10~14倍，岩石坚固时取小值。

10.4.1.5 预裂孔孔深

确定预裂孔孔深的原则是不留根底和不破坏台阶底部岩体的完整性。因此，要根据爆破工程的实际情况来选取孔深，即主要根据孔底爆破效果来确定超深值。

10.4.1.6 预裂孔排列

预裂孔钻凿方向与台阶坡面倾斜方向一致时称为平行排列（见图 10－8（a））。采用这种排列时平台要宽，以满足钻机钻孔的要求。有时由于受平台宽的限制或只有牙轮钻机，需将预裂孔垂直布置（见图 10－8（b））。

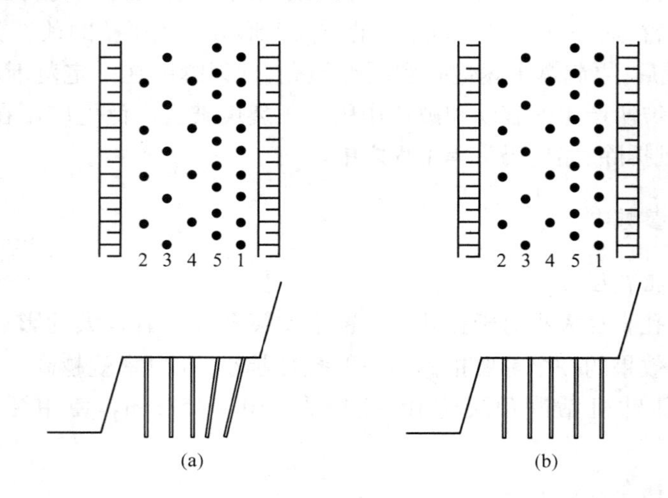

图 10－8 预裂孔排列
（a）倾斜孔预裂；（b）垂直孔预裂
1—预裂孔；2～4—主爆炮孔；5—缓冲孔
（1～5 亦表示起爆顺序）

10.4.1.7 装药结构

预裂爆破要求炸药在炮孔内均匀分布，故通常采用分段间隔不耦合装药。许多矿山的分段间隔不耦合装药采用导爆索捆绑药卷组成药包串的办法，非常适用。由于炮孔底部夹制作用较大，不易产生要求的裂缝，应将孔底一段装药的密度加大，一般可增大 2～3 倍。

10.4.1.8 填塞长度

良好的孔口填塞是保持孔内高压爆炸气体所必需的。填塞过短而装药过高，有造成孔口炸成漏斗状的危险；过长的填塞会使装药重心过低，则难以使顶部形成完整的预裂缝。填塞长度与炮孔直径有关，通常可取炮孔直径的 12～20 倍。

10.4.1.9 预裂孔超前主爆炮孔起爆的间隔时间

为了确保降震作用，形成发育完整的预裂缝，必须将预裂孔超前主爆炮孔起爆，超前时间不能少于 100ms。

10.4.2 爆破效果及其评价

一般根据预裂缝的宽度、新壁面的平整程度、孔痕率以及减震效果等指标来衡量预裂爆破的效果。具体是：

（1）岩体在预裂面上形成贯通裂缝，其地表裂缝宽度不应小于 1cm；

（2）预裂面保持平整，孔壁不平度小于1.5cm；
（3）孔痕率在硬岩中不少于80%，在软岩中不少于50%；
（4）减震效果应达到设计要求的百分率。

10.4.3 光面爆破及缓冲爆破

光面爆破与预裂爆破比较相似，也是采用在轮廓线处多打眼密集布孔、少装药（不耦合装药）、同时起爆的爆破方式，其目的是在开挖的轮廓线处形成光滑平整的壁面，以减少超挖和欠挖。

缓冲爆破与预裂爆破都称为减震爆破，两者不同的是，预裂爆破于主爆炮孔之前起爆，在主爆岩体与被保护岩体之间预先炸出一条裂缝。缓冲爆破则与主爆炮孔同时起爆（两者之间也有微差间隔时间），以达到减震的目的。

表10－3为国内多排孔微差挤压爆破参数表；表10－4为国内预裂爆破参数表。

表10－3 多排孔微差挤压爆破参数表

矿名	矿岩 f	孔径 /mm	台阶高度 /m	孔距 /m	底盘抵抗线排距前排/后排 /m	邻近系数前排/后排	超深 /m	炸药单耗 /$kg \cdot m^{-3}$	药量增加前/后 /%	堵塞长度 /m	布孔方式	起爆形式	间隔时间 /ms
南芬铁矿	8～12	200	12	4/5.5	6～7/5.5	0.62/1.0	1.5	0.22	10～15	4～5	三角形 矩形	楔形 斜线	25～50
	8～12	250		4.5/7	6.5～8/6.5	0.62/1.07	1.5	0.205	10～15	5～6			
	8～12	310		5.5/8	7～9/7.5	0.67/1.07	1.5	0.255	10～15	6～7			
	16～20	200		3/5	4.5～5.5/4.5	0.6/1.11	3.0	0.29	10～15	4～5			
	16～20	250		4/5.5	5～6.5/5.5	0.7/1.0	3.0	0.31	10～15	5～6			
	16～20	310		5/6.5	6～7.5/6.5	0.74/1.0	3.0	0.365	10～15	6～7			
水厂铁矿	<8	250	12	8～9	6.5～6.5/同	1.36	1.5	(0.42)	20/20	5.5～7.5	正方形 三角形	梯形 排间	50～75
	8～10			7～8	6～6.5/同	1.20	1.75	(0.52)	20/20				25～50
	10～12			6.5～7.5	5.5～5/同	1.22	2.2	(0.54)	20/20				25～50
	12～14			6～6.5	5/同	1.19	2.5	(0.66)	20/20				25

10.5 露天深孔爆破效果的评价

露天深孔爆破的效果，应当从以下几个方面来加以评价：

（1）矿岩破碎后的块度应当适合于采、装、运机械设备工作的要求，要求大块率应低于5%，以保证提高采装效率；

（2）爆下岩堆的高度和爆堆宽度应当适应采装机械的回转性能，使穿爆工作与采装工作协调，防止产生铲装死角和降低效率；

（3）台阶规整，不留根底和伞檐，铁路运输时不埋道，爆破后冲小；

（4）人员、设备和建筑物的安全不受威胁；

（5）节省炸药及其他材料，爆破成本低，延米炮孔崩岩量高。

为了达到良好的爆破效果，应正确选择爆破参数，选用合适的炸药和装药结构；正确确定起爆方法和起爆顺序，并加强施工管理。但在实际生产中，由于矿岩性质和赋存条件

表 10－4　我国某些工程采用的预裂爆破参数表

工程名称	地质条件	孔深/m	孔径/mm	孔距/cm	全孔装药量/kg	填塞长度/m	顶部减弱装药		中部正常装药		底部加强装药		全孔平均线装药密度/g·m^{-1}	中部正常段线装药密度/g·m^{-1}	炸药品种	爆破效果
							长度/m	装药量/g	长度/m	装药量/g	长度/m	装药量/g				
1	2	3	4	5	6	7	8	9	10	11	12	13	14(6/3)	15(11/10)	16	17
船坞工程	花岗岩	7	50	60	2.52								360			
南山矿	闪长玢岩 $f=8\sim12$	17	150	130～150	17.0	2.0							1000	1133	铵油炸药	预裂面平整，孔痕清晰完整
南山矿	闪长玢岩 $f=8\sim12$	17	150	150～180	22.1	3.0							1300	1578	铵油炸药	预裂面平整，孔痕清晰完整
南山矿	闪长玢岩 $f=4\sim8$	17	150	180～250	23.8	4.0							1400		铵油炸药	预裂面基本平整，留有少量孔痕
东江水电站	花岗岩	9.4	110	100	7.2	1.0			7.8	5850	0.6	1350	766	750	2号岩石硝铵	半孔率87.5%，超欠挖小于8.73cm
东江水电站	花岗岩	3	40	35	1.05	0.75			2.25	1050			350	466	2号岩石硝铵	效果好，壁面平整
龙羊峡水电站	新鲜花岗闪长岩	8	75	90	4.8	1.0	1.0	300	5	3000	1.0	1500	600	600	2号岩石硝铵	预裂缝张开2.04cm，半孔率90%
格拉都水电站	中粗粒花岗岩	8	80	70	2.0	1.5	0.5	100	5.5	1400	0.5	500	250	255	胶质炸药	不平整度小于10cm
沙溪口水电站	石英、云母片岩	14.4	91	80	3.375	1.4	4.5	750	7.5	1875	1.0	750	234	250	耐冻胶质炸药	半孔率98.5%
葛洲坝水电站	黏土质粉砂岩	26	91	100	5.668	1.5	2.0	268	22	4400	0.5	1000	218	200	耐冻胶质炸药	效果良好
葛洲坝水电站	黏土质粉砂岩	18	65	80	5.025	1.2	1.65	225	15.8	3900	0.55	900	279	247	2号岩石硝铵	效果良好
官厅水库	石灰岩	5	100	75	1.42	1.5	1.0	224	1.5	563	1.0	633	284	375	2号岩石硝铵	地表及孔内预裂缝宽0.5～1.0cm
贵新高速	石灰岩	19	100	100	8.6	1.5	4.5	900	8	3200	4.0	4500	453	400	2号岩石硝铵	预裂加硐室爆破，预裂面平整光滑，半孔率96%以上
焦晋高速	石灰岩	20	100	120	9.0	2.0	5.0	1000	9	3600	4.0	4400	450	400	2号岩石硝铵	多台阶预裂加硐室爆破，预裂面平整效果好，半孔率90%以上

不同，以及受设备条件的限制和爆破设计与施工不周全等因素影响，仍有可能出现爆破后冲、根底、大块、伞檐以及爆堆形状不合要求等现象。下面分别讨论这些不良爆破现象产生的原因及处理方法。

10.5.1 爆破后冲现象

爆破后冲现象是指爆破后矿岩在向工作面后方的冲力作用下，产生矿岩向最小抵抗线相反的后方翻起并使后方未爆岩体产生裂隙的现象，如图10－9所示。在爆破施工中，后冲是常常遇到的现象，尤其在多排孔齐发爆破时更为多见。后翻的矿岩堆积在台阶上和由于后冲在未爆台阶上造成的裂隙，都会给下一次穿孔工作带来很大的困难。

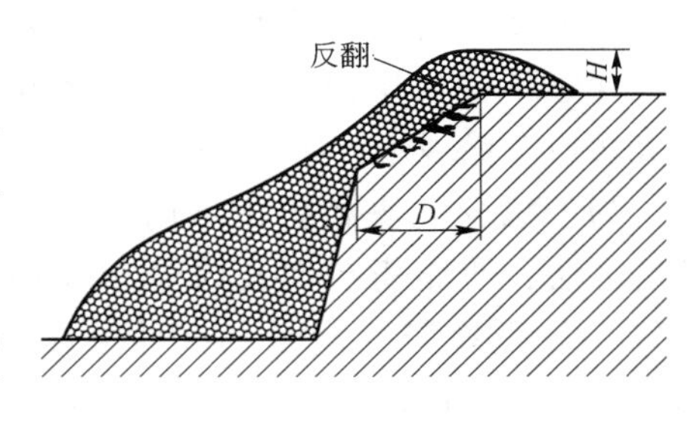

图10－9 露天台阶爆破的后冲现象
H—后冲高度；D—后冲宽度

产生爆破后冲的主要原因是：多排孔爆破时，前排孔底盘抵抗线过大，装药时充填高度过小或充填质量差，炸药单耗过大，一次爆破的排数过多等。

采取下列措施基本上可避免后冲的产生：

（1）加强爆破前的清底（又叫拉底）工作，减少第一排孔的根部阻力，使底盘抵抗线不超过台阶高度；

（2）合理布孔，控制装药结构和后排孔装药高度，保证足够的填塞高度和良好的填塞质量；

（3）采用微差爆破时，针对不同岩石，选择最优排间微差间隔时间；

（4）采用倾斜深孔爆破。

10.5.2 爆破根底现象

如图10－10所示，根底的产生，不仅使工作面凸凹不平，而且处理根底时会增大炸药消耗量，增加工人的劳动强度。

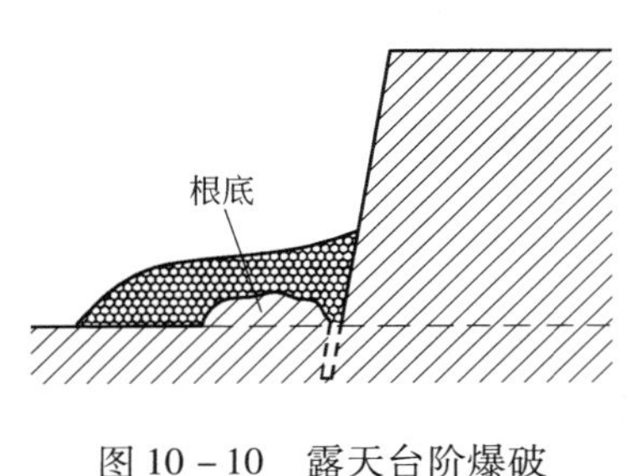

图10－10 露天台阶爆破的根底现象

产生根底的主要原因是：底盘抵抗线过大，超深不足，台阶坡面角太小（如仅为50°～60°或以下），工作线沿岩层倾斜方向推进等。

为了克服爆后留根底的不良现象，主要可采取以下措施：

（1）适当增加钻孔的超深值或深孔底部装入威力较高的炸药；

（2）控制台阶坡面角，使其保持60°～75°。若边坡角小于50°～55°时，台阶底部可用浅眼法或药壶法进行拉根底处理，以加大坡面角，减小前排孔底盘抵抗线。

10.5.3 爆破大块及伞檐

大块的增加，不仅使大块率增大，二次破碎的用药量增大；也使二次破碎的工作量增大，装运效率降低。

产生大块的主要原因是，由于炸药在岩体内分布不均匀，炸药集中在台阶底部，爆破后往往使台阶上部矿岩破碎不良，块度较大。尤其是当炮孔穿过不同岩层而上部岩层较坚硬时，更易出现大块或伞檐现象，如图 10－11 所示。

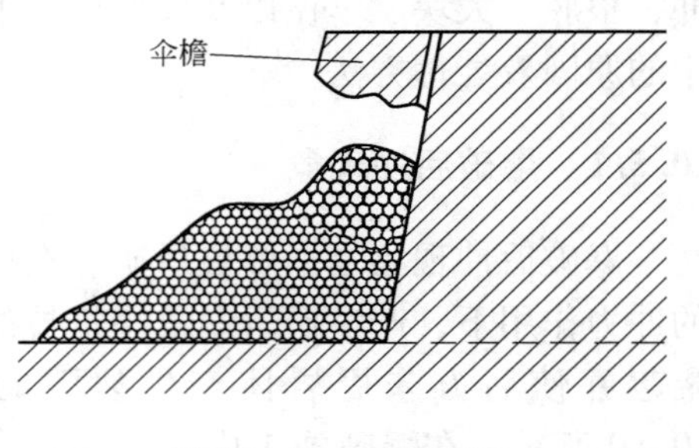

图 10－11　伞檐现象

为了减少大块和防止伞檐，通常采用分段装药的方法，使炸药在炮孔内分布较均匀，充分利用每一分段炸药的能量。这种分段装药的方法，施工、操作都比较复杂，需要分段计算炸药量和充填量。根据台阶高度和岩层赋存情况的不同，通常分为两段或三段装药，每分段的装药中心应位于该分段最小抵抗线水平上。最上部分段的装药不能距孔口太近，以保证有足够的堵塞长度。各分段之间可用砂、碎石等充填，或采用空气间隔装药。各分段均应装有起爆药包，并尽量采用微差间隔起爆。

10.5.4　爆堆形状

爆堆形状是一个很重要的爆破效果指标。在露天深孔爆破时，爆堆高度和宽度对于人员、设备和建筑的安全有重要影响，而且，良好的爆堆形状还能有效提高采、装、运设备的效率。

爆堆尺寸和形状主要取决于爆破参数、台阶高度、矿岩性质以及起爆方法等因素。

单排孔齐发爆破的正常爆堆高度一般为台阶高度的 0.5～0.55 倍，爆堆宽度为台阶高度的 1.5～1.8 倍。

值得注意的是，当采用多排孔齐发爆破时，由于第二排孔爆破时受第一排孔爆破底板处的阻力，常常出现根底。第二排孔爆破时，因受剧烈的夹制作用，有一部分爆力向上作用而形成爆破漏斗，底板处可能出现“硬墙”。

还应注意，某些较脆或节理很发育的岩石，虽然普氏坚固性系数较大，选取了较大的炸药单耗，即孔内装入炸药较多，但因爆破较易，可能使爆堆过于分散，甚至会发生埋道或砸坏设备等事故。遇到这类情况时应当认真考虑并选择适当的参数。

本章小结

在矿床露天开采或大规模土石方开挖爆破中，常采用深孔台阶爆破。

炮孔布置方式主要有垂直深孔和倾斜深孔两种类型，均可采用平行布置或交错布置。

爆破参数主要包括孔径、孔深、超深、最小抵抗线、底盘抵抗线、孔间距、排间距、炮孔密集系数和炸药单消耗等，在实际中应根据爆破时的具体情况确定。

深孔台阶爆破常以微差爆破、挤压爆破、光面爆破和预裂爆破等多种方式综合应用，以达到最佳爆破效果。

对爆破后冲、根底、大块、伞檐以及爆堆形状不合要求等不良现象要注意分析其原因，并采取有效措施消除，以确保生产安全和高效率。

重要概念

露天深孔爆破　炮孔布置形式　爆破参数　微差爆破　挤压爆破　光面爆破　预裂爆破　爆破不良现象（后冲、根底、大块、伞檐以及爆堆形状不良等）

复习思考题

10-1　露天深孔爆破的特点是什么？
10-2　露天深孔爆破的布孔方式有几种，各有什么特点？
10-3　露天深孔爆破的爆破参数有哪些，如何确定？
10-4　在露天矿山开采过程中，如何综合应用各种爆破技术，以取得最好的爆破效果？
10-5　如何衡量露天深孔爆破的爆破效果，其不良现象常见的有哪些，产生的原因是什么，如何预防？
10-6　做一个露天深孔台阶爆破设计。

11 硐室爆破

本章要点及学习目的

硐室爆破是一种规模较大的爆破，广泛应用在露天或地下爆破中。掌握硐室爆破的基本原理、基本设计方法和施工方法，可在工程爆破中灵活应用，从而获得高效、安全、低成本的施工效果。

硐室爆破也叫药室爆破，是指利用硐室或巷道作为装药空间的一种爆破方法。由于一次用药量和爆破规模较大，所以也叫大爆破。这种方法被广泛应用于大量开挖的工程爆破中，与其他爆破方法相比，具有以下优点：

（1）工期较短，有利于加快工程速度；

（2）施工机械和设备简单；

（3）可采用抛掷爆破减少土石方的运输量；

（4）施工过程受地形地质和气候等条件的影响较小。

硐室爆破虽然具有上述优点，但同时也存在一定的缺点和局限性，主要表现在：

（1）硐室施工工作面狭小，劳动条件较差；

（2）炸药过于集中，大块产出率高，块度不均匀；

（3）单位炸药消耗量较高；

（4）爆破震动等破坏作用较大。

在实际工作中，应结合爆破现场的具体情况，综合分析，全面权衡，慎重选用。同时在设计与施工中应精心计算，力求做到技术上可行，经济上合理，安全上可靠。

硐室爆破在矿山、采石场、道路、水利水电等领域的工程施工中都有广泛应用，主要适用条件是：

（1）缺乏穿孔设备或穿孔设备太少；

（2）因山势较陡，设备无法上山或现场地势狭窄，不利于使用大型穿孔机械；

（3）工期紧，为适应生产发展的急需，需采用生产能力高的爆破方式；

（4）在地形有利条件下，采用抛掷爆破可实现快速剥离和搬移，如平整填筑场地、修筑道路、修建水库时用硐室大爆破实现大量土石方的开挖和搬移等；

（5）地下采空区处理时的大量崩落爆破等。

根据大爆破的爆破技术参数和爆破效果，硐室爆破可分为松动爆破和抛掷爆破。通过相应的爆破设计与施工，可分别达到原地破碎或破碎并进行有方向性的爆破搬移的目的。

硐室爆破作用效果主要取决于炸药单耗、岩体的节理特征和坚固性以及地形条件等。

11.1 硐室爆破的基本原理

炸药爆炸时对被爆岩体的破坏作用原理可参看第 7 章“爆破破岩机理”，本节主要介绍影响硐室爆破效果的一些基本原理。

11.1.1 控制抛掷方向的基本原理

11.1.1.1 最小抵抗线原理

最小抵抗线方向是岩石抵抗爆破破坏能力最弱的方向，因而被爆岩体表面首先在最小抵抗线方向上向外隆起，形成以最小抵抗线为对称轴的钟形鼓包，然后破碎后向外抛散。在最小抵抗线方向，岩石最先破坏，获得的能量最多，飞散速度最快，因而抛掷得最远。抛掷形成堆积，堆积体的分布对称于最小抵抗线的水平投影。因此，最小抵抗线方向是破碎、抛掷和堆积的主导方向。

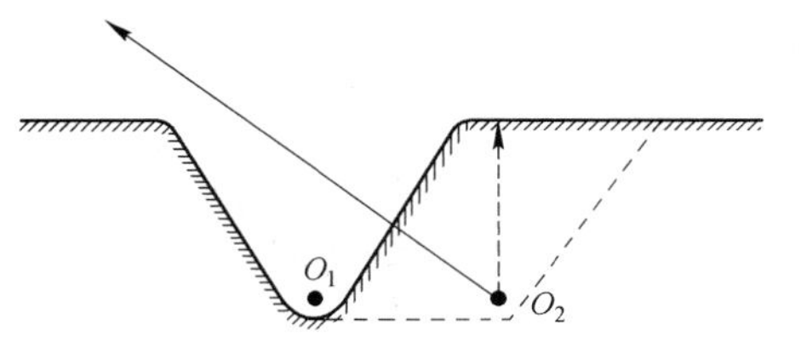

图 11－1 用辅助药包控制抛掷方向

根据这个原理，应尽可能地利用或选择凹形地形，合理布置药室，使爆落的岩土体向预定的方向集中抛掷。如果地形不利，可采用布置辅助药包并采用合理的起爆顺序，以控制爆破的抛掷方向，如图 11－1 所示。

11.1.1.2 多向爆破作用原理

在多自由面爆破时，可以调整最小抵抗线的大小和方向来控制爆破的抛掷作用。如图 11－2（a）所示，使 $W_A = W_B$ 可达到 A、B 两边等量等距的抛掷。若欲使 A 方向抛掷而 B 方向只产生加强松动，如图 11－2（b）所示，则应使

$$W_A = \sqrt[3]{\frac{f(n_B)}{f(n_A)}}W_B \qquad (11-1)$$

式中 W_A，W_B——A 和 B 方向的最小抵抗线；

n_A，n_B——A 和 B 方向的爆破作用指数（A 方向加强抛掷，B 方向加强松动）。

图 11－2（c）表示 A 侧加强抛掷，B 侧松动爆破。此时应使

$$W_A = \sqrt[3]{\frac{1}{f(n_B)}}W_B \qquad (11-2)$$

在工程实践中，一般将 W_A / W_B 控制在 1.2～1.4 之间。

图 11－2（d）表示 A 侧加强抛掷，B 侧不破碎，则

$$W_B = 1.3W_A\sqrt{1+n_A^2} \qquad (11-3)$$

以上两式符号意义同前。

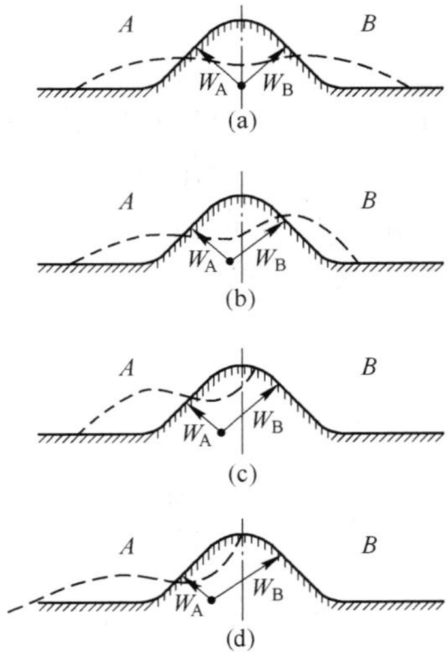

图 11－2 多向爆破作用的控制

11.1.1.3 群药包作用原理

以上所述的是单个药包的爆破作用。群药包是指同时起爆的两个以上相邻的能产生共同作用的药包。在实际爆破中很少采用单个药包进行爆破作业，常常采用多个成群药包的爆破方式。因此，需要了解两个相邻药包的相互作用及一群药包的共同作用原理。

（1）两个相邻药包相互作用原理。如图 11－3 所示，当两个相邻药包的间距 $a > W$

时，爆破后各自形成一个单独的爆破漏斗，如图11－3（a）所示。若缩小两个药包的间距到某一个适当值，例如 $a<W$ 时，则两个爆破漏斗会连在一起形成一个椭圆形的爆破漏斗，如图11－3（b）所示。若进一步缩小两个药包的间距，爆破后形成一个近似于一个加强抛掷药包所产生的单个抛掷漏斗，如图11－3（c）所示。

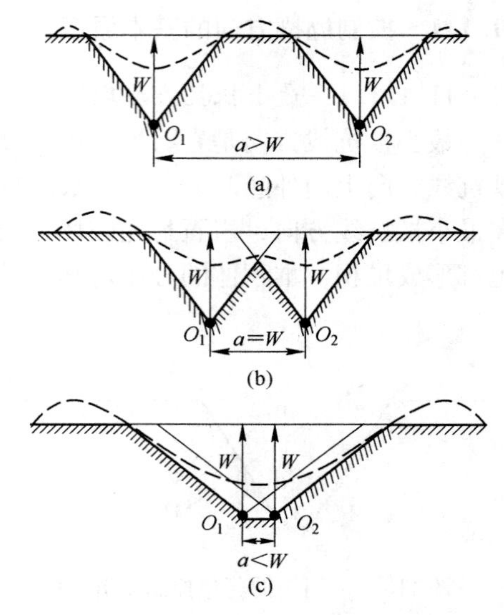

图11－3 药包相互作用的爆破漏斗

根据经验，在平坦地形条件下，两相邻药包能够产生相互作用的药包间距 a 可按以下经验公式计算：

$$a=\left(\frac{1+n}{2}\right)W \qquad (11-4)$$

式中各符号的意义同前。

在多面临空的地形条件下，药包间距只要小于药包破坏半径 R，相邻爆破漏斗就能连通。这时药包间距离 a 可按下式计算：

$$a=(0.8\sim0.9)W\sqrt{1+n^2} \qquad (11-5)$$

斜坡地形双层或多层药包爆破时，相邻上下两层药包中心间距也可以按式（11－4）计算。

由于相邻药包的相互作用，两个共同作用药包抛掷的岩石量比两个单药包抛掷的岩石量之和要大。这一对比关系，可用药包相互作用系数 k 来表示：

$$k=\frac{2n}{1+n} \qquad (11-6)$$

式中 k——药包相互作用系数，其值大于1；

n——爆破作用指数。

由于两相邻药包的相互作用，每个药包的药量可以适当减少，即用于抛掷岩石的用药量可以减少 k 倍。

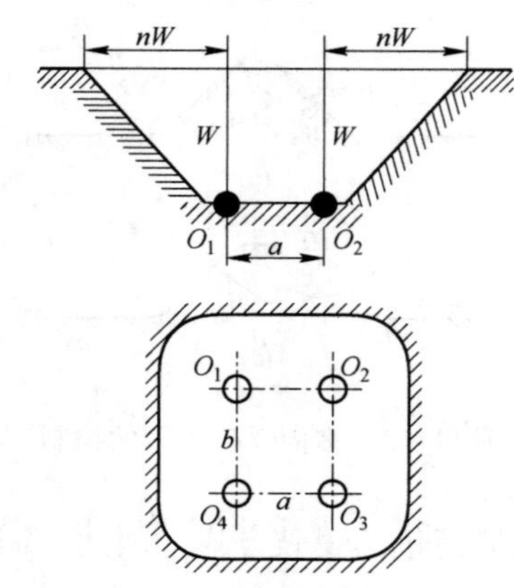

图11－4 四个药包作用的爆破漏斗

（2）群药包作用原理。采用群药包进行抛掷爆破，可以充分利用各个药包之间的相互作用，使被抛掷的岩石获得比较均匀的抛掷速度，以便于控制抛掷距离和堆积形式。平坦地形条件下由四个药包共同组成的群药包，其爆破漏斗体积近似于图11－4所示的情况。

漏斗中部为四个药包共同作用区，称为主抛体；两个相邻药包的共同作用区是一个楔形体；漏斗四角的四分之一个圆锥体是各个药包的单独作用区。楔形体及四分之一圆锥体叫做副抛体。

要使主抛体获得均匀的抛掷速度，就需要选择适当的药包间距，使主抛体中央 O 点处的速度与各药包中心的地面速度接近相等，如图11－5所示。O 点速度是各个

药包在 O 点所产生的速度矢量和。主抛体质心抛掷速度 v_c 是主抛体单位用药量 q 及群药包均方根间距系数 m 的函数，即：

$$v_c = f(q, m) \qquad (11-7)$$

$$m = \sqrt{A}/\overline{W} \qquad (11-8)$$

式中 v_c——主抛体质心的抛掷速度，m/s；

q——主抛体的单位用药量，kg/m³；

m——群药包的均方根间距系数；

A——四个药包中心连成的四边形面积，m²；

$\overline{W}$——四个药包最小抵抗线的平均值，m。

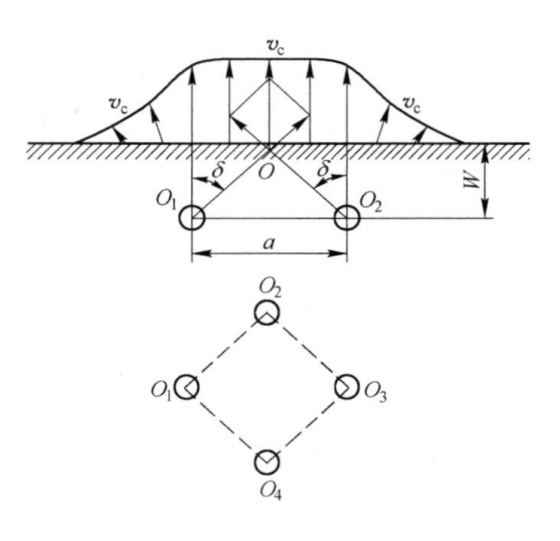

图 11－5　群药包作用的抛掷速度分布图

主抛体的单位用药量 q 可用下式计算：

$$q = Q/V \qquad (11-9)$$

式中 q——主抛体单位用药量，kg/m³；

Q——各药包对主抛体的药量贡献之和，kg；

V——主抛体的体积，m³。

对于非等距的四个等量药包来说，各药包对主抛体的药量贡献之和，等于单个药包的药量。

在倾斜地形条件下，群药包抛掷爆破的抛掷方向、抛掷体积以及抛体质心运动轨迹如图 11－6 和图 11－7 所示。

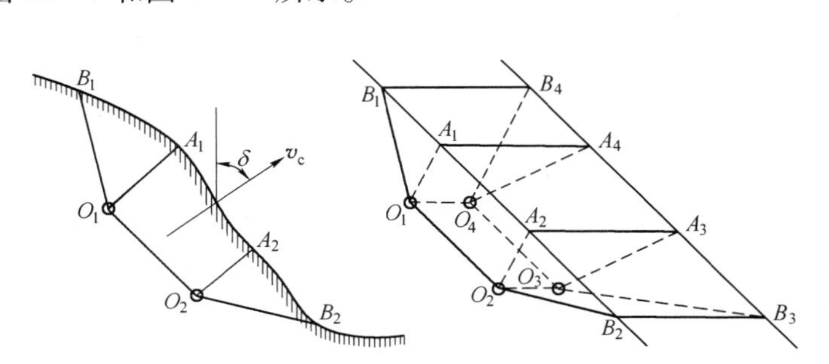

图 11－6　斜坡地形的抛掷爆破方向和抛方体积

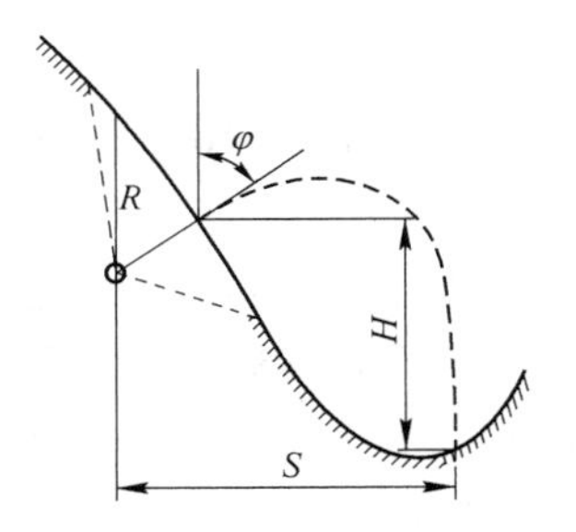

图 11－7　抛体质心运动轨迹

11.1.1.4　重力作用原理

爆破抛掷出来的岩体在重力作用下呈抛物线运动，如果是斜坡地形，爆落下来的岩体会在重力作用下沿山坡滚落至沟底，形成堆积。所以在爆破中要充分利用地形，合理布药和确定起爆顺序，以达到较好的经济效果。

11.1.2　抛掷爆破药包量计算原理

平坦地形条件下抛掷爆破漏斗的构成要素参见图 7－10。

计算药包量时，以计算爆破漏斗为依据。研究得出，在形成抛掷爆破漏斗过程中，炸药的爆炸能是以下述形式消耗的：

（1）岩石的弹塑性变形及岩石内部破坏产生新表面所消耗的能量。这部分能量与 W^2 值成正比。在不形成爆破漏斗的深层爆破中，爆炸能主要消耗于这种形式。

（2）爆破漏斗内岩石的破碎与松动所需的能量。这部分能量与 W^3 成正比。

（3）把爆破漏斗内岩石抛至地表所需的能量。这部分能量与 W^4 成正比。

（4）爆炸气体过早逸入大气，在空气中形成空气冲击波所损失的能量。这部分能量在药包量一定时与 W 成反比；当 $W=0$ 时，即药包放置于地表时，几乎全部爆炸能量消耗于空气冲击波和热损耗；在深层爆破中，这种损失可降至最小。

在松动爆破时，药包的能量主要消耗于（1）、（2）两种形式；在抛掷爆破中，药包能量主要消耗于（2）、（3）两种形式；在松动爆破和正常抛掷爆破中，第（4）种形式消耗的能量均极有限，可忽略不计。因此，为了形成某一确定形状的爆破漏斗，即爆破作用指数 n 等于某一确定值时，所需的药包量可以用下面的通式表示：

$$Q = aW^2 + bW^3 + cW^4 \tag{11-10}$$

式中 Q——药包质量，kg；

W——最小抵抗线，m；

a，b，c——取决于药包比能和岩石可爆性的系数。

由于所形成的爆破漏斗形状与爆破作用指数有关，可将上式改写成下列形式：

$$Q = Kf_1(n)W^2 + Kf_2(n)W^3 + Kf_3(n)W^4 \tag{11-11}$$

式中 K——取决于炸药与岩石性质的单位用药系数，一般取标准抛掷爆破漏斗的单位用药量，kg/m^3；

$f_1(n)$，$f_2(n)$，$f_3(n)$——影响上述三种能量消耗形式之间比例的可变系数，它是爆破作用指数的某种函数，称为爆破作用指数函数，可用实验数据求得具体表达式。

在我国工程爆破设计中，常用的药量计算公式为：

$$Q = K(0.4 + 0.6n^3)W^3 \tag{11-12}$$

国外实践证明，平坦地形条件下，当最小抵抗线 W 小于 20m 时，按该公式计算的药量与为获得预期爆破效果所需的实际药量基本是一致的；当 W 大于 20m 时，用该公式计算的药量偏小。前苏联伯克罗斯基的研究认为，在大抵抗线条件下（最大达 200m），能获得与实际爆破效果相近的药量计算公式为：

$$Q = KW^3\left(\frac{1+n^2}{2}\right)(1+0.02W) \tag{11-13}$$

在斜坡地形条件下，抛掷爆破漏斗的形成机理虽未改变，但岩石的抛掷方向及各种形式的能量消耗的分配却发生了变化。即在斜坡地形单面临空或多面临空抛掷爆破条件下，破碎、松动和抛掷岩石三者消耗能量的比例与平坦地形条件下是不同的。无论是多面临空还是单侧临空爆破漏斗的有效部分是相同的。有效部分是指爆破漏斗破坏半径与通过药包中心的铅垂线之间的部分。随着斜坡地形的坡度增大，重力对岩石抛掷的不利影响减小，抛掷岩石的能量在爆破能中所占比例也随之减小。因此，破碎与松动岩石消耗能量所占比重相对增大，式（11-11）中爆破作用指数函数 $f_2(n)$ 和 $f_3(n)$ 应与平坦地形条件下药量计算公式有所不同。我国爆破工作者根据水电建设实践，以伯克罗斯基公式为基础，提出了适用于斜坡地形条件下的药量计算公式，在 20～40m 范围内适用。公式如下：

$$Q = K_1 n^2 W^3 + K(1+n^2)^2 W^{3.5} \sqrt[5]{\cos\alpha} \tag{11-14}$$

式中 K_1——标准松动爆破的单位用药量，kg，其值是标准抛掷爆破单位用药量的三分之一，即 $K_1 = \frac{1}{3}K$；

α——斜坡坡面角，(°)。

在上式中，$K_1 n^2 W^3$ 为破碎与松动体积为 $n^2 W^3$ 的岩石所需的药量，$K(1+n^2)^2 W^{3.5}$ 是抛掷这些岩石所需的药量。后者因受地形影响，用药量随地形倾角的增大而减小，故需乘上一修正系数 $\sqrt{\cos\alpha}$。

11.1.3 抛体堆积原理

11.1.3.1 抛体、坍塌体及爆落体的概念

在斜坡地形条件下，如图 11-8 所示，药包爆炸时将在药包周围产生压缩圈，并产生下坡方向的爆破作用半径为 R、上坡方向的爆破作用半径为 R_1 的爆破漏斗。R 和 R_1 值分别为：

$$R = W\sqrt{1+n^2} \tag{11-15}$$

$$R_1 = W\sqrt{1+\beta n^2} \tag{11-16}$$

式中 W——最小抵抗线，m；

n——爆破作用指数；

β——岩土的破坏系数，对于土壤可取 $\beta = 1 + 0.04\left(\frac{\theta}{10}\right)^3$，$\theta$ 为地形坡面角，(°)。

在图 11-8 中，当 n 大于 1 时，AOD 范围内的岩土爆后可被抛出爆破漏斗之外，该范围内的岩土称为抛体。DOC 范围内的岩土在爆破及重力的作用下将产生破碎、坍塌，称为坍塌体。ABC 范围内的岩土体称为爆落体。

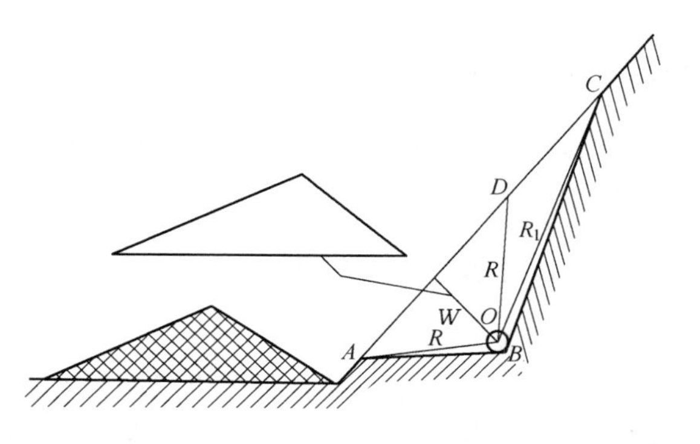

图 11-8 斜坡地形单层单排药包爆破漏斗

抛体和坍塌体的破碎机理、运动形态和堆积规律各不相同。坍塌体是在爆破作用下产生一定的裂隙，是当抛体被抛出后由于重力和震动作用而形成的。坍塌体大部分或全部坍塌滚落在爆破漏斗之内，堆积规律符合松散体的坍塌堆积规律，堆积角约为32°。

11.1.3.2 抛体堆积原理

(1) 抛体质心运动规律遵循质心系运动的基本原理。如果忽略空气阻力的影响，则可认为抛体质心基本上沿弹道轨迹运行，如图 11-7 所示。其基本方程为：

$$v = \sqrt{\frac{gs}{\sin 2\varphi\left(1 + \tan\varphi \frac{H}{s}\right)}} \tag{11-17}$$

式中 v——抛体初速度，m/s；

g——重力加速度，$g=9.8\mathrm{m/s^2}$；

φ——抛射角，(°)；

H——抛体起落点间的高程，m；

s——抛体起落点间的水平距离，m。

由此可见，抛距 s 主要与抛速 v、抛射角 φ 等因素有关。在具体条件下，合理布置药包可获得较理想的抛射角；合理地选择爆破参数，可获得适宜的抛速；采用不同的布药方案、装药结构及起爆顺序等，均可调节抛速和抛射角，可以取得较好的爆破效果。

（2）单个抛体堆积呈三角形分布。平坦地形单个药包爆破后，爆破漏斗外堆积的断面形状近似三角形，它的各部分尺寸都同药包参数有关。斜坡地形单层单排药包的抛体堆积分布，也近似于三角形，如图 11－8 所示。

多层多排药包或其他群药包的抛体堆积为三角形的叠加合成，如图 11－9 所示。

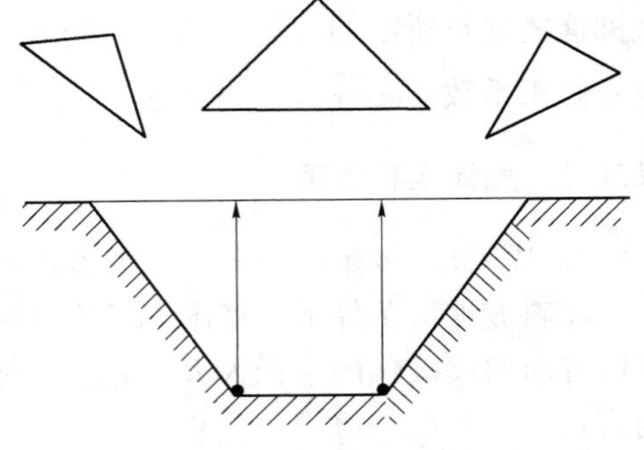

图 11－9　群药包的抛掷堆积三角形

堆积三角形尺寸同地形条件、药包位置、布药参数等因素有关，改变其中的某些参数，可获得不同的堆积效果。

（3）堆积体同抛体的体积平衡。抛体被抛出爆破漏斗后，经松散和堆积作用，形成堆积体。因堆积体来自抛体，所以两者“体积相等”。据此可以估算堆积体的体积、堆积高度及抛掷率等。

11.2　布药设计

布药设计是根据爆区的地质、地形、地物条件，为达到预期的爆破效果而进行的药包布置和参数选取等工作。

11.2.1　设计所需的基础资料

设计所需的基础资料包括：

（1）设计任务书。设计任务书是经上级主管部门批准的正式文件。其主要内容包括：工程地点、工程性质、爆区范围、工程数量、投资额、技术与进度要求，以及主要经济技术指标等。

（2）地形与地质资料。一般需要委托方提供 1∶500 的爆区地形地物图，1∶1000 或 1∶2000 的爆区地质地形图，爆区附近的地面建筑及地下井巷位置实测平面图，露天采场终了平面图，爆区工程地质、水文、气象以及地震等有关资料与图件。

（3）工程对抛掷方向、抛掷量和堆积形状，以及工程所允许的破坏范围和破坏程度、爆破块度要求的说明。

（4）试验与检测资料。对于规模较大、技术复杂或是比较特殊的爆破工程，应根据其特点与需要，在爆区进行有关的试验与检验。如炸药单耗的测试、炸药与起爆器材的性能试验、起爆网路模拟试验、计算安全距离所需有关参数试验等。

11.2.2 对布药设计的基本要求

（1）满足工程对爆破破碎范围的要求。力求不超挖，不欠挖，底平帮齐。

（2）满足工程对爆破方量、抛掷方量的要求。

（3）满足工程对抛掷方向、抛掷距离以及堆积形状的要求。

（4）努力提高破碎质量，使块度适宜，堆积良好。

（5）爆破时务必使周围的边坡、建筑物以及地下井巷等不受损坏。

在满足上述要求的基础上，应力求做到药量少，工程量少，施工安全方便。尽量降低爆破成本，加快工程进度，并有利爆后有关工作的正常顺利开展。

11.2.3 药包布设规则

药包布设规则从实际的地形、地质条件出发，在满足工程对爆破的具体要求基础上选择爆破方案、药包形状、装药方式，以及确定药包规模、布药形式和起爆顺序等。

11.2.3.1 爆破方案的选择

选用哪种药包和爆破类型，一般来说，应根据地形地质条件以及工程的具体要求，针对具体情况具体分析，经多方案比较后慎重确定。首先考虑有无松动爆破或加强松动爆破的可能性，因为它们与加强抛掷爆破相比，其药包量小，爆落每方岩土的炸药消耗量低，一般约在 0.15 ~ 0.4kg/m^3，大致是加强抛掷爆破的 1/3 ~ 1/2 或更低。而且，它对周围的岩土和建筑物的破坏和震动作用也较小。只要地形地质条件适宜，也同样能满足工程对爆破堆积效果的要求。

实践表明，在山坡地形较陡（$\theta > 60° \sim 70°$）、山体较高（为堆高的 2 ~ 3 倍）和山谷狭窄（宽为 10 ~ 20m）的情况下筑坝，采用松动或加强松动爆破，充分利用爆破和重力的滑塌作用，亦能取得良好的堆积效果。在缓坡地形条件下造地，若采用松动或加强松动爆破，爆后再加以推土机和人工整平，不仅可以节约炸药和资金，而且工程进度也较快。在多面临空的地形条件下，爆破的抛掷方向不大容易控制，往往以采用松动或加强松动爆破为宜。

11.2.3.2 一次爆破和分期分批爆破方案的选择

大量的爆破工程，一般都采用一次爆破的方案。若遇到下列情况，可选用分期分批爆破方案。

（1）在地形条件较差、可采用辅助药包改造地形条件时，可让辅助药包第一期起爆。

（2）当横向宽度较大、布置有多排药包，或山体较高、布置有上下两层药包，而且又不同时起爆时，可让前排或上层药包第一期起爆。

（3）爆破规模较大，炸药、资金一时筹措不足或缺乏经验时，可分期分批起爆。

（4）采用分段爆破又缺乏相应器材时，可分期分批起爆。

11.2.3.3 单侧爆破和双侧爆破方案选择

选用单侧爆破方案时，药包应尽量不布置在有建筑物的一侧。

当具有双侧爆破的地形地质条件时，采用双侧爆破方案要优于单侧爆破方案。这是由于双侧爆破时爆破和抛掷的方量易于满足，堆积体形状比较平整，堆积像马鞍一样集中在中部，而且高度较低，此外成本亦较低。

11.2.3.4 药包形状和装药形式的选择

A 药包形状

（1）集中药包。硐室爆破中目前通常采用的药包形状是集中药包，其药室一般是开挖成立方体形或近似于立方体形。这种药包的药量可以很大，而且装药的集中度高，在爆炸的瞬间能释放出巨大的能量，能够将其周围的岩土爆落并抛掷较远的距离。但是，其爆落的块度不均匀，大块较多，能量的利用不够充分，而且对药包附近的岩土破坏较剧烈。

（2）分集药包。分集药包是将设计计算出的一个集中药包的药量分成两个相距较近（约0.5W）又同时起爆的子药包。实践表明，分集药包的爆落量可增加20%～30%，单位耗药量可降低15%～35%。

（3）延长药包（或称条形药包）。条形药包的特点是能量分布比较均匀，爆落的块度也比集中药包好，对周围岩土体的破坏作用较轻，特别是对侧向抛掷控制较严格时，采用这种药包形式能较好地满足这一要求。一般认为，这种药包形状用于挖深在3～5m的渠道、路堑的爆破中效果较好。

（4）平面药包。平面药包是指药包的长度和宽度比厚度大得多的药包。这种药包在爆破时，岩体将沿着临空面的法线方向运动，呈近似紧密体飞行，且运动的阻力比一般硐室爆破大大减少。理论与实践证明，只要平面药包的布置与水平面保持一定的角度，就有可能向所要求的方向抛掷岩石，并且以相对较少的药量将大量岩体搬运较远的距离。

对于斜坡面有急剧凸起或凹陷的地形，通过调整装药量的多少，可更好体现采用硐室装药形式的平面药包的优越性。

B 装药形式

（1）密集装药。药室的整个空间都被炸药所充填的一种装药形式。

（2）空室装药。又称空穴装药，是药室体积远大于装药体积的一种装药形式。理论与实践证明，空室装药能够延长爆轰气体产物在岩石体内的作用时间，提高炸药能量的利用率。同时，由于空室装药可在一定程度上改变炸药能量的分布情况，故还有利于抛掷方向和破坏范围的控制。

关于装药的最佳空室比（又称空腔比，即药室体积与装药体积之比），一般认为，在抛掷爆破中至少应达到2～3。用这种装药方式进行抛掷爆破筑坝，据工程实践统计，岩石上坝率可提高10%～20%，炸药单耗可降低20%左右。

11.2.4 药包规模的规则

药包规模的规则即药包最小抵抗线的规则，也就是设计时确定的药包最小抵抗线的数值范围。常规的硐室爆破工程，药包的最小抵抗线一般不大于50m，但最小抵抗线小于5～7m的药包，其施工工程量偏大，药量也不大好掌握，对技术指标和安全效果均不利。药包应根据地形地质条件及对爆破的具体要求而定。主要考虑下列因素：

（1）抛掷方向的要求；

（2）爆落量和抛掷量的要求；

（3）抛掷距离的要求；

（4）爆破对周围建筑物的影响。

以上要求，直接涉及药包设计参数的正确选取，以及药包位置的合理布置。

11.2.5 药包的布置形式

药包布置形式应根据爆破现场地形地质条件及爆破类型要求进行确定，图 11－10 是工程实践中常用的药包布置形式。

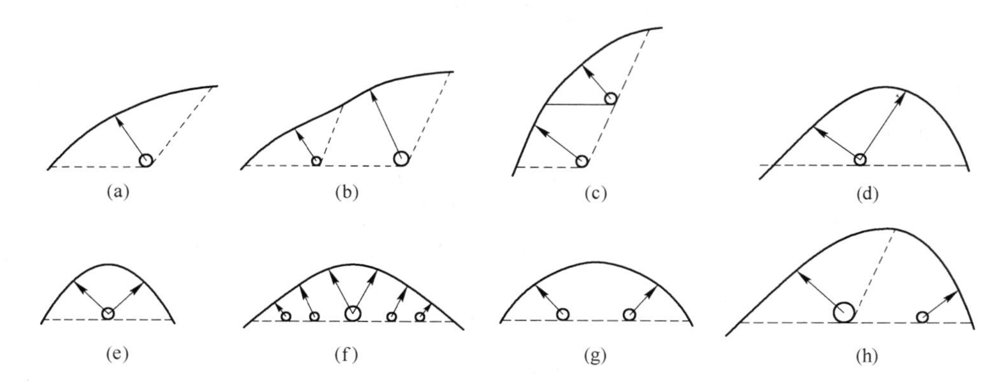

图 11－10 药包布置形式

（a）单层单排单侧作用药包；（b）单层双排单侧作用药包；（c）双层单排单侧作用药包；（d）单层单排双侧不对称作用药包；（e）单层单排双侧对称作用药包；（f）单层多排双侧作用药包；（g）单层双排双侧作用药包；（h）单层双排双侧作用不等量药包

11.2.5.1 药包的分层

药包的分层，主要取决于药包的高程、爆破的目的与要求，以及爆破作用影响范围，并结合与该次爆破有关的总的技术经济效果与安全，综合分析而定。在斜坡地形布置药包时，由于受相对最小抵抗线（药包的最小抵抗线 W 与药包中心到地表垂直距离 H 之比值）数值的限制，有时可布置单层，有时则需布置双层或多层，才能使破碎和抛掷效果良好。一般来说，当$W:H=0.6\sim0.8$ 时，只布置单层药包亦可使破碎与抛掷效果较好。当地形高差较大或要求破碎质量较高时，若布置单层时的 $W:H<0.5\sim0.6$，则应考虑改为布置两层或多层药包。当对爆落块度无严格要求时，其 $W:H$ 值亦可小于 0.5。

考虑分层问题时，除应考虑上述的爆破规模、地形条件及安全等问题外，有时还必须兼顾到一些特殊的问题。例如，是一次爆破好，还是分期爆破好；是采用集中药包好，还是采用平面药包好；定向爆破筑坝时，是一岸爆破好，还是两岸爆破好，等等。

11.2.5.2 药包的分排

当地形条件适宜，爆区范围不大，要求爆落和抛掷的土石方量较小时，若用单排药包可满足要求，应当尽量采用单排药包，以简化施工，减少工程量，提高抛掷效果。

当受地形条件限制，布置单排满足不了爆落土石方量和爆破范围的要求时，应考虑布置两排或多排药包。

例如，当山坡正面、侧面或山后地形被冲沟所割裂时，如果只布置大型的单排药包，则爆破就可能从这些方向上逸出，保证不了定向准确，甚至还会严重影响到爆破效果。这时，就应减小药包的最小抵抗线数值，把大型的单排药包分布成两排或多排，以同时满足爆落量和定向准确的要求。

当山坡地形不良，如地形呈凸出或地形坡度较缓时，难以保证定向爆破效果，这时应利用前排辅助药包改造地形，设计成前后排的主、辅药包布置形式。

采用分排药包布置时，应注意以下问题：

（1）设计时，应尽可能使每个药包的最小抵抗线方向指向定向中心（见下述药包布置）。同时，在确定每一个排内药包的设计参数时，应使它们的爆破作用指数相等，最小抵抗线亦尽可能相等，或相差不大，常控制在10%～20%以内。

（2）前排药包的高程较后排药包的高程要低。

（3）后排药包的药量较前排药包的药量要大。对此，工程上常通过加大 n 和 W 数值来实现。其中 $W_{前}/W_{后}=0.5\sim0.8$。

（4）排数不宜过多，一般为2排，不得已才采用3排。因为排数越多，后排药包的抛掷条件越差，无论从技术还是经济效果上看，都难以取得良好效果。

（5）后排药包的最小抵抗线方向、数值与起爆间隔时间、岩土性质的地形地质条件等因素有关。其确定得正确与否，直接影响爆破效果的好坏。

11.2.5.3　药包的个数

一排药包中规划多少个药包，可根据破坏范围、爆落量、方向控制和药包设计参数等确定。

药包列间距的考虑，详见下述“药包设计参数的选取”。

11.2.6　药包起爆顺序的规划

同一排药包，一般要求选用同段雷管进行同时起爆，以实现群药包的共同作用。为了确保“齐爆”，往往还须将要求同时起爆的各药包间用导爆索相连。

前、后排药包一般要求间隔起爆，两排药包间没有共同作用。上、下层药包视具体情况而定，可同时起爆，亦可间隔起爆。两岸爆破时，一般也采用同时起爆。若两岸爆破的规模相差较大，可让主爆区先爆，副爆区后爆。

起爆间隔时间的选取，在以前定向爆破的实践中，一般较小规模的药包迟发2s，较大规模的药包迟发4s，最长的时间间隔达6s。从目前情况来看，定向爆破的起爆间隔时间有缩小的趋势，有的地方应用1～13段毫秒电雷管起爆，获得了爆落土石方量比原设计增大，地震效应显著减小的良好效果。

下述经验公式可以作为主药包与辅助药包时间间隔确定的参考。

（1）下限时间（开始形成爆破漏斗的瞬间）t_1：

$$t_1 = k_1 \frac{\sqrt[3]{Q}}{\sqrt[3]{10H}} \tag{11-18}$$

式中　k_1——被爆介质系数，岩石为0.0214；

Q——药包的药量，kg；

H——爆破岩体的高差，m。

（2）上限时间（岩石抛掷于空中最高点的瞬间）t_2：

$$t_2 = k_2 \frac{\sqrt[6]{\frac{Q}{10}}}{\sqrt{H}} \tag{11-19}$$

$$t_2 \geqslant \sqrt{W} \tag{11-20}$$

式中 k_2——被爆介质系数，岩石为6.5。

以上计算时间单位均为秒。

11.2.7 药包设计参数的选取

药包设计参数主要有爆破作用指数、药包间距和最小抵抗线等。

11.2.7.1 爆破作用指数的确定

爆破作用指数 n 不仅关系到抛掷程度的大小，而且还关系到破坏范围、破碎质量、装药数量及堆积状态等因素。

A 按地形条件和抛掷程度要求选取

平坦地形掘沟抛掷爆破时，按预期抛掷率 E 选取。计算方法如下：

$$n=\frac{E}{55}+0.5 \tag{11-21}$$

平坦地形对爆破的抛掷作用极其不利，因为在这种情况下进行爆破，其相当一部分能量要用于克服在抛掷过程中的重力作用，即使选用很大的 n 值，抛掷后岩土的回落也是不可避免的，不可能全部抛尽，因此在实际工程中，n 值通常不超过1.75。斜坡地形的抛掷条件较平坦地形要好，在获得与平坦地形同样抛掷率的情况下，坡度越陡，n 值相应越小。

斜坡地形单侧抛掷爆破，当抛掷率约为60%时，可按地形的自然坡面角选取，见表11－1。

表11－1 n 值与坡面角

地形的坡度 θ/(°)	n 值	地形的坡度 θ/(°)	n 值
15～30	2.0～1.75	45～60	1.5～1.25
20～30	1.5～1.75	60～70	1.25～1.0
30～45	1.75～1.5		

多面临空地形加强抛掷爆破时 $n=1.0\sim1.25$，加强松动爆破时 $n=0.7\sim0.8$。

$\theta>70°$ 的陡壁地形抛掷爆破时 $n=0.8\sim1.0$，加强松动爆破时 $n=0.65\sim0.75$。

B 按抛掷堆积的要求选取

前已述及，抛体质心运动规律遵循质心系运动的基本原理，单个抛体堆积呈三角形分布，且堆积体同抛体的体积平衡。在抛掷量一定的情况下，抛距的数值直接关系到堆积体的形状。因此，爆破作用指数的选取一定要以满足抛掷堆积的要求为前提。

根据药包布置形式的规划，当布置有辅助药包，或多排、多层药包时，n 值的选取可参考以下原则：

（1）设置有辅助药包时，主药包的 n 值应较辅助药包为大，一般辅助药包可取1.00～1.25，主药包可取1.25～1.50。

（2）设置有多排药包时，后一排药包的 n 值较前一排为大，一般可较前一排增大0.20～0.25。

（3）设置有上、下层同时起爆的药包时，上层药包的 n 值可较下层药包增大0.1左右。

（4）同排同时起爆的药包，选取的 n 值应力求相同。

11.2.7.2 药包间距的确定

相邻两药包中心点连线的距离，称之为药包间距，由于药包排列的形式有很多，药包间距也有多种，如层间距、列间距和排间距等。药包间距直接影响爆破质量、爆破成本以及工程量的大小。合理的药包间距，应能保证爆破时既能使两药包之间不留岩埂，又能充分利用炸药能量，实现药包的共同作用，使抛掷方向和抛掷速度均匀、一致。药包间距的大小，与爆破类型、地形地质条件等因素有关，其计算式见表 11-2，各式中的最小抵抗线 W 与爆破作用指数 n，取相邻药包的平均值。

表 11-2 药包间距 a 计算的经验公式

爆破类型	地形	岩石	计算公式
松动	平坦	土、岩石	$a=(0.8\sim1.0)W$
	斜坡、台阶		$a=(1.0\sim1.2)W$
加强松动	平坦	岩石	$a=0.5(1+n)W$
		软岩、土	$a=\sqrt[3]{f(n)}W$
	斜坡	坚硬岩石	$a=\sqrt[3]{f(n)}W$
		软岩	$a=nW$
		土	$a=\frac{4}{3}nW$
	多面临空、陡壁	土、岩石	$a=(0.8\sim0.9)W\sqrt{1+n^2}$

11.2.7.3 最小抵抗线的确定

确定药包的最小抵抗线，实质上是确定药包的高程及其平面位置。确定时，主要考虑方向、距离、深度、安全诸方面的因素和要求。

A 抛掷方向的要求

前已述及，药包最小抵抗线的方向就是抛掷的主导方向。因此，从保证定向准确的要求出发，在设计中要尽可能使药包最小抵抗线的方向指向预定的抛掷方向，同时应根据具体的地形地质条件出发，使爆堆的堆积范围在控制范围之内。

B 爆落量、抛掷量及堆积的要求

实践证明，在爆破作用指数一定的情况下，爆落量和抛掷量随最小抵抗线数值的增加而增大。因此，选取最小抵抗线时必须与工程爆落量和抛掷量的要求相适应。若最小抵抗线选得过大，将导致既浪费炸药，又增大废方；若最小抵抗线选得过小，又难以满足方量要求。若要满足方量要求，就必须增加药包个数和排数，致使导硐、药室的开挖工程量增多，成本提高，工期延长，而且爆破效果还不一定能得到保证。

C 抛掷距离的要求

因为抛掷距离与爆破作用指数和最小抵抗线成正比，故在定向爆破设计时，通常要使药包的质心抛距与工程所要求的堆积体的质心位置吻合。一般来说，当要求的质心抛距较远时，选取较大的最小抵抗线，就可以同时满足方量和抛距的双重要求。所以，只有在方量足够，而抛距还不能满足堆积要求时，才考虑增大爆破作用指数。即使如此，n 值的增加亦应适当，否则会使抛掷堆积分散，堆积高度降低。若要求的质心抛距较近，设计中一般将最小抵抗线和爆破作用指数进行综合考虑。

D 安全距离的要求

最小抵抗线选取还与安全距离有关。若建（构）筑物距爆破的药室很近，且所要保护的程度又很高时，药包最小抵抗线不能选得过大，否则，就会因药量过多而产生较大的爆破地震，使建（构）筑物损坏。另外，药量过多，个别飞石的飞散距离也将大增，亦将威胁到人身、设备以及建（构）筑物的安全。

E 边坡安全的要求

为保护边坡不遭破坏，考虑到爆破漏斗的破坏半径和药包的压缩半径，在确定靠近边坡的药包位置时应预留保护层，如图 11－11 所示。其值为：

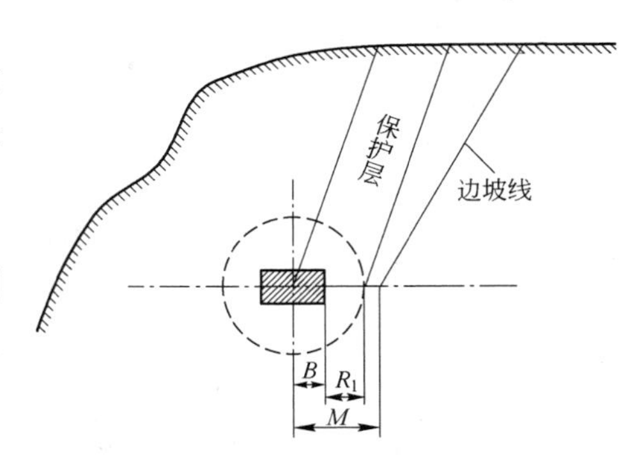

图 11－11 预留保护层

$$M = R_1 + 1.7B \tag{11-22}$$

式中 M——药包中心至边坡坡底线的水平距离，m；

B——药室宽度之半，m；

R_1——药包的压缩破碎区半径，m。

$$R_1 = 0.62\sqrt[3]{\frac{Q}{\Delta}\mu} \tag{11-23}$$

式中 Q——药包装药量，t；

Δ——药包密度，t/m^3；

μ——压缩系数，见表 11－3。

表 11－3 岩石压缩系数 μ

岩石类别	黏 土	坚硬土	松软岩石	中等坚硬岩石	坚硬岩石
岩石坚固性系数 f	0.5	0.6	2.0～4.0	4.0～8.0	8 以上
岩石压缩系数 μ	250	150	50	10～20	10

保护层的计算也可简化为：

$$M = AW \tag{11-24}$$

式中 M——药包中心至边坡坡底线的水平距离，m；

A——系数，其数值可参见表 11－4。

表 11－4 A 值选取表

类 别	炸药单耗 q /$kg \cdot m^{-3}$	μ 值	各种 n 值下的 A 值					
			0.75	1.00	1.25	1.50	1.75	2.00
土	1.1～1.35	250	0.415	0.474	0.550	0.635	0.725	0.820
坚硬土	1.1～1.4	150	0.362	0.413	0.479	0.549	0.632	0.715
松软岩石	1.25～1.4	50	0.283	0.323	0.375	0.436	0.494	0.558
中等坚硬岩石	1.4～1.6	20	0.235	0.268	0.311	0.360	0.411	0.464

续表 11－4

类别	炸药单耗 q /kg·m⁻³	μ值	各种 n 值下的 A 值					
			0.75	1.00	1.25	1.50	1.75	2.00
坚硬岩石	1.5	10	0.21	0.24	0.279	0.322	0.368	0.416
	1.6	10	0.215	0.246	0.284	0.328	0.375	0.424
	1.7	10	0.219	0.250	0.290	0.335	0.363	0.433
	1.8	10	0.224	0.265	0.296	0.342	0.390	0.411
	1.9	10	0.227	0.260	0.302	0.348	0.398	0.450
	2.0	10	0.231	0.264	0.306	0.354	0.404	0.457
	2.1	10	0.236	0.269	0.312	0.361	0.412	0.466
	2.2 以上	10	0.239	0.273	0.332	0.385	0.418	0.472

F 工程的某些特定要求

例如，遇有大的断层、溶洞或破碎带时，药包应尽量避开。如不可能避开时，可设辅助药包加以处理。另外，在改河、开路堑等工程中，应考虑水位的标高等。

11.2.7.4 装药量计算

如果岩土性质、地形条件、药包形状、装药结构、炸药品种和最小抵抗线等均相同时，所爆落下来的岩土体积总是与药包的装药量成正比。也就是说，药包的装药量越大，爆落下来的岩土体积越多，反之越少。这种装药量大小与爆落岩土体积成正比的变化关系，称为装药量计算的体积原理，可简单表达为 $Q=kV$。在工程实践中，一般要根据爆破的实际情况采用以下不同的经验公式。

A 松动爆破时的装药量

（1）集中药包：

平坦地形
$$Q=0.44kW^3 \tag{11-25}$$

斜坡地形
$$Q=0.36kW^3 \tag{11-26}$$

（2）条形药包：

无邻包时
$$Q=kW^2 l \tag{11-27}$$

（3）分集药包：

$$Q=Q_1+Q_2 \tag{11-28}$$

$$Q_1/W_1^3=Q_2/W_2^3 \tag{11-29}$$

式中 Q——分集药包的总装药量；

Q_1，Q_2——两个子药包的装药量；

W_1，W_2——两个子药包的最小抵抗线。

B 抛掷爆破时的装药量

对于集中药包，当 $0.75<n\leqslant3$ 及 $5\text{m}<W\leqslant25\text{m}$ 时

$$Q=kW^3 f(n) \tag{11-30}$$

当 $n\leqslant1.5$ 时

$$f(n)=0.4+0.6n \tag{11-31}$$

当 $n>1.5$ 时

$$f(n)=\left(\frac{1+n^2}{2}\right)^2 \tag{11-32}$$

如果 $W>25\mathrm{m}$，$\theta>20°$，则应考虑爆破时重力的影响和地形坡度的影响，这时可按下式计算药量：

$$Q=kW^3f(n)\sqrt{\frac{W\cos\theta}{25}} \tag{11-33}$$

或
$$Q=\frac{k}{50}W^4\left(\frac{1+n^2}{2}\right)^2 \tag{11-34}$$

条形药包抛掷爆破时的装药量一般按下式计算：

$$Q=k(0.4+0.6n^3)W^3 \tag{11-35}$$

或
$$Q=k(0.5+0.5n^3)W^2l \tag{11-36}$$

或
$$Q=kW^2ln^2 \tag{11-37}$$

式中　l——条形药包的单位长度装药量。

目前，条形药包的参数设计是由集中药包演变而得的。但两者做功过程既有相似性，又有差异性。据此，为了确定条形药包的装药长度 l，其处理办法是先按集中药包计算药量，然后再将该药量以集中药包所负担的爆破体积为标准，均匀地分布成条形，简化平面问题，构成间距、抵抗线相近的群药包，如图 11－12 所示。用集中药包计算 1 号、2 号、3 号、4 号药室的药量，然后将 1 号药室药量分布为 AB 段；将 2 号药室药量分布为 BC 段；将 3 号药室药量分布为 CD 段；将 4 号药室药量分布为 DE 段。即 1～4 号 4 个集中药包的装药量分布在条形药包 AE 段内。

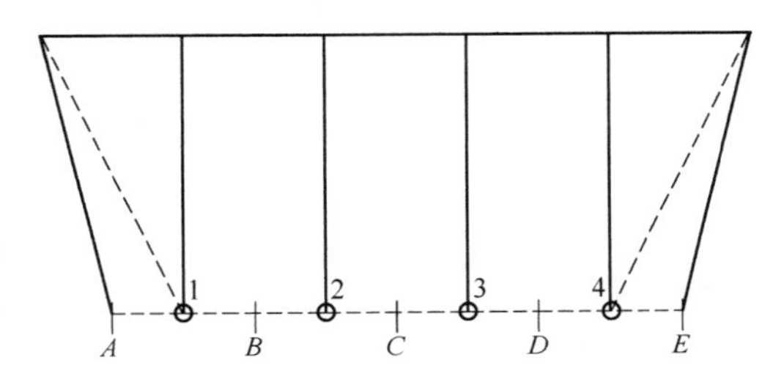

图 11－12　药室药量的分布

11.2.7.5　关于炸药设计单耗 k 值的选取问题

在爆破工程中，标准炸药单耗的确定，通常有如下几种方法：

（1）参照实际资料选取单位消耗量。k 值按表 11－5 选取。

（2）通过爆破漏斗试验选取。试验点的岩土性质和地质构造应与正式爆破的岩土性质和地质构造近似，并需在平坦地面处进行。试验时，一般穿凿孔径为 200mm，孔深为 1～2m 的炮孔。炮孔穿好后，按表 11－5 所列数值预选一个标准单位耗药量值，定为 k'，继而计算出标准抛掷漏斗的装药量：

$$Q=k'W^3 \tag{11-38}$$

将计算的药量全部装入炮孔内，并使其具有适当的装药密度（一般为 0.9～1.1g/cm³），还应使其装药中心至临空面的最短距离等于装药量计算时的最小抵抗线值。随之进行爆破，爆破后，沿爆破漏斗直径量取 3～4 个方向的数值并取其平均值的 1/2，即得爆破漏斗半径。最后，算出该爆破漏斗的实际爆破作用指数，再按下式计算即可得该种岩土的标准单位耗药量 k 值：

$$k=\frac{k'}{0.4+0.6n^3}=\frac{k'}{0.4+0.6\left(\frac{r}{W}\right)^3} \tag{11-39}$$

表 11－5 爆破各种岩石的炸药单耗

岩石名称	岩体特征	f值	炸药单耗/kg·m^{-3}	
			松动（k'）	抛掷（k）
各种土	松软	<1.0	0.3～0.4	1.0～1.1
	坚实	1～2	0.4～0.5	1.0～1.2
土夹石	密实	1～4	0.4～0.6	1.2～1.4
页岩、千枚岩	风化破碎	2～4	0.4～0.5	1.0～1.2
	完整、风化轻微	4～6	0.5～0.6	1.2～1.3
板岩、泥灰岩	泥质，薄层，层面张开，较破碎	3～5	0.4～0.6	1.0～1.3
	较完整，层面闭合	5～8	0.5～0.7	1.2～1.4
砂岩	泥质胶结，中薄层或风化破碎	4～6	0.4～0.5	1.0～1.2
	钙质胶结，中厚层，中细粒结构，裂隙不甚发育	7～8	0.5～0.6	1.3～1.4
	硅质胶结，石英质砂岩，厚层，裂隙不发育，未风化	9～14	0.6～0.7	1.4～1.7
砾岩	胶结较差，以砾石及砂岩或较不坚硬的岩石为主	5～8	0.5～0.6	1.2～1.4
	胶结好，以较坚硬的砾石组成为主，未风化	9～12	0.6～0.7	1.4～1.6
大理岩、白云岩	节理发育，较疏松破碎，裂隙频率大于4条/m	5～8	0.5～0.6	1.2～1.4
	完整、坚实	9～12	0.6～0.7	1.5～1.6
石灰岩	中薄层，或含泥质层，鲕状、竹叶状结构及裂隙较发育	6～8	0.5～0.6	1.3～1.4
	层厚，完整或含硅质，致密	9～15	0.6～0.7	1.4～1.7
花岗岩	风化严重，节理裂隙发育，裂隙频率大于5条/m	4～6	0.4～0.6	1.1～1.3
	风化较轻，节理不甚发育或未风化的伟晶粗晶结构	7～12	0.6～0.7	1.3～1.6
	细晶均质结构，未风化，完整致密岩体	12～20	0.7～0.8	1.6～1.8
流纹岩、粗面岩、蛇纹岩	较破碎	6～8	0.5～0.7	1.2～1.4
	完整	9～12	0.7～0.8	1.5～1.7
片麻岩	片理或节理裂隙发育	5～8	0.5～0.7	1.2～1.4
	完整坚硬	9～14	0.7～0.8	1.5～1.7
正长岩、闪长岩	较风化，完整性差	8～12	0.5～0.7	1.3～1.5
	未风化，完整致密	12～18	0.7～0.8	1.6～1.8
石英岩	风化破碎，裂隙频率大于5条/m	5～7	0.5～0.6	1.1～1.3
	中等坚硬，较完整	8～14	0.6～0.7	1.4～1.6
	很坚硬，完整致密	14～20	0.7～0.9	1.7～2.0
安山岩、玄武岩	受节理裂隙切割	7～12	0.6～0.7	1.3～1.5
	完整坚硬致密	12～20	0.7～0.9	1.6～2.0
石灰岩	受节理裂隙切割	8～14	0.6～0.7	1.4～1.7
	很完整，坚硬致密	14～20	0.8～0.9	1.8～2.1

（3）按经验公式计算选取。工程上常用的经验计算式有：

$$k = 0.4 + \left(\frac{r}{2100 \sim 2450}\right)^2 \tag{11-40}$$

$$k = 1.3 + 0.7\left(\frac{r}{1000} - 2\right)^2 \tag{11-41}$$

式中 r——岩土的堆积密度，kg/m^3。

以上各式计算的 k 值，为标准抛掷爆破时的平均单耗；若为松动爆破，则取 k 的 1/3 值即可。

11.2.7.6 药包位置的确定方法

药包位置的确定，就是在被爆工程点特定的地形地质条件下，根据前已述及的药包设计规则和选取的药包设计参数，在平面图和断面图上反复地摆布药包，直到认为合理时，才最终确定药包的空间位置，也就是药包中心的坐标和高程。

药包布置一经确定后，药包的排列形式，如层、排、列以及药包的设计参数，如药包间距、最小抵抗线等，也就最终确定下来。最后，可在此基础上进行药量、爆落量和抛掷堆积的计算，绘出破坏范围的断面图和平面图。

药包设计时要遵守的一个基本原则是：应使所设计的药包能较好地、较均匀地控制好所要爆破的地形。药包设计的步骤和应考虑的因素如下：

（1）首先从地质地形图中的制高点着手设计第一个主药包。

（2）沿山体走向按药室距离 a 的要求依次布设第 2、第 3 至第 n 个主药包。

（3）主药包设计好后，若横剖面图中局部地段或地形坡度较缓，应考虑布设辅助药包。

（4）以上所设计的主、辅药包，均应按三角形或梅花形展布，以使各个药室所承担的负荷基本均衡。

（5）多面临空山体的药室，应根据工程具体要求的不同，使各向的 W 相等，或一面抛掷一面保留，或一面加强一面松动，等等。

（6）注意所设计的药室应达到的工程标高，原则上应使压缩圈大体与水平面相切，药包中心至边坡水平距离适宜。

（7）有的工程如河渠、溢洪道、公（铁）路、港口、矿山终了边坡等，必须考虑边坡稳定的要求，设计时应使药包中心至被保护边坡的最短距离大于预留保护层厚度。根据冶金矿山的爆破经验，预留边坡保护层厚度一般是压缩圈半径的 4~5 倍。

（8）在定向爆破筑坝工程中，为了使抛掷堆积比较集中，在布设药包时，可预先确定一个假定的定向中心。这个定向中心可选在坝体的质心位置上，其值按下式估算：

$$L_r = C_r\left(5nW + \frac{W}{\sin\theta} + \frac{h_0}{\tan\theta}\right) \tag{11-42}$$

式中 L_r——定向中心距离，m；

θ——斜坡地形的自然坡度，（°）；

h_0——药包中心高程至坝顶的高，m；

C_r——定向中心系数，一般为 1/3~1/2。

对于过宽山谷或河谷地形：

（1）若选择单侧爆破方案，定向中心应选在偏于非爆破一侧，以使爆破的堆积比较均匀。

（2）若选择双侧爆破方案，定向中心可分别在两岸确定，并使其适当地靠近爆破一侧。

（3）对于两岸高陡且狭窄的山谷或河谷地形，可不必考虑设定定向中心的问题。

以上定向中心确定后，即可在以定向中心至药包中心的距离为半径的弧线上布置药包，使排间各药包构成一个整体，以获得良好的抛掷堆积效果，如图 11－13 所示。

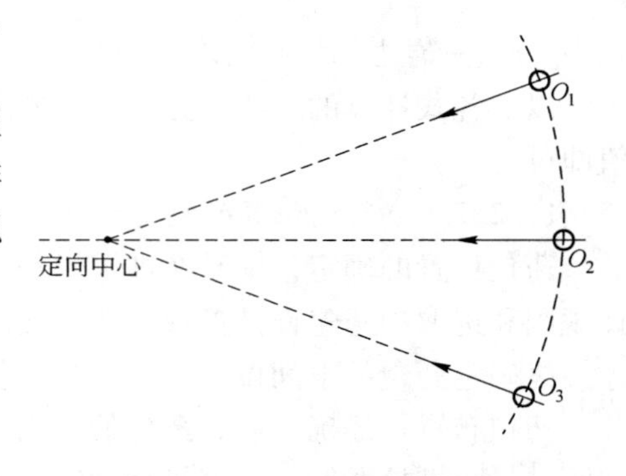

图 11－13 弧线布药

综上所述，药包布设的步骤可简述为：

（1）先在地形平面图上试摆药包。

（2）作药包的最小抵抗线断面图。

（3）在断面图上初定药包高程和最小抵抗线值。

（4）根据断面图上初定的药包位置，再返回到平面图上，分析药包位置是否合理，间距是否合适，抛掷方向是否与预定方向一致，逸出方向能否控制，等等。

（5）若不满意，还应在平面图上重新调整。通过以上几次反复调整，便可使药包位置确定下来。

11.3 施工设计

11.3.1 导硐

导硐是地表和药室的连接通道，分为平巷和小井。药室和导硐之间用横巷相连，为便于施工和检查，应使其相互垂直 90°角。

导硐类型选择主要依爆区地形、地质、药室位置及施工条件等因素确定。从施工方便来说，应尽量选平巷。在地形较缓或爆破规模较小时，可采用小井。选择硐口位置以施工方便、安全和工程量小为原则。导硐不宜过长，以利于掘进、装药和填塞。导硐断面大小也以有利于掘进、装填工作量小为原则。平硐断面一般为 1.8m ×2.0m，小井为 1.2m ×1.4m。

布置导硐时要注意以下几点：

（1）每条导硐所连通的药室数目不宜过多，一般以不超过 4 个为好。

（2）每条导硐不宜过长，一般在 20m 以内为宜，小井深度不宜超过 15m，以利于掘进、装药和填塞等工作顺利进行，当导硐长达 40m 以上时，应考虑局部通风。

（3）平硐向硐口应以 3‰～5‰的坡度下坡，以利于排水和出碴。

（4）硐口不能正对附近的重要建筑物，避免爆破时空气冲击波和飞石的危害作用。

11.3.2 药室

药室的容积以能容纳设计装药量为原则，通常按下式计算：

$$V = \frac{Q}{\Delta} k_V \tag{11-43}$$

式中 V——药室的容积，m^3；

Q——药室设计装药量，t；

Δ——炸药密度，t/m^3；

k_V——药室扩大系数，见表11－6。

表11－6 药室扩大系数 k_V

药室支护情况	装药方式	药室扩大系数 k_V	药室支护情况	装药方式	药室扩大系数 k_V
不支护	袋装、拆包填缝	1.1～1.2	棚子间隔支护	袋装、拆包填缝	1.3
	袋 装	1.1～1.3	棚子间隔支护，药室底垫高	袋 装	1.4
	小药卷包装	1.4			

药室的形状分集中装药和条形装药两类。集中装药的药室形状一般为正方形或矩形。当药量大而地质条件差岩石不稳固时，可采用T字形、回字形或十字形，如图11－14所示。

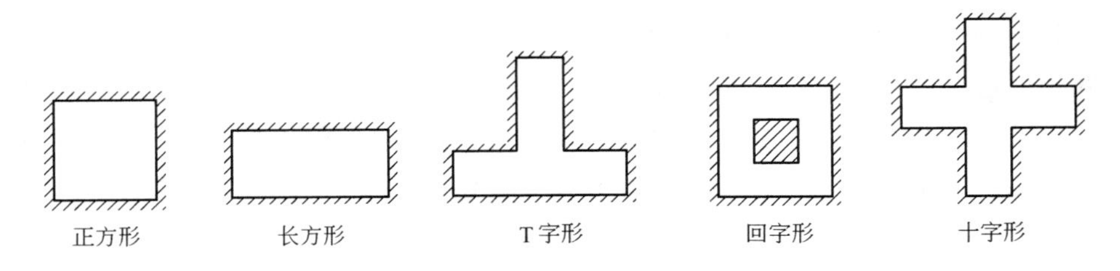

图11－14 常用药室形状类型

药室高度一般不超过2.5m，以利于施工和装药。药室宽度一般不宜超过5m。

11.3.3 装药与填塞

11.3.3.1 起爆药包及其布置

药室中起爆药包的药量、个数及安放位置，对整个药室的安全和起爆是否充分有着重要意义。每个药室至少要有2个起爆药包，起爆药包重量应占药包总重量的1%～2%；或以起爆药包个数计算，每5t药量增用一个起爆药包，但即使是特大药室也不必超过10个。制作起爆药包应采用敏感度及爆速较高的炸药。每个起爆药包一般重为20～25kg。

起爆药包通常装入木板箱中，如图11－15所示，在有水的药室内还应采取防水措施，或用铁皮箱装药。起爆药包由导爆索束或雷管束来引爆。导爆索或电雷管引线从起爆药箱中引出后，要在箱外固定横木上缠绕牢固，避免导爆索或导电线在导硐中拖曳时脱离起爆药包。

在药室内有多个起爆药包时，为避免电爆网络引线过多而产生接线差错，仅主起爆药包用电雷管起爆，其他副起爆药包均由主起爆药包引出的导爆索引爆，其布置方式如图

11－16 所示。

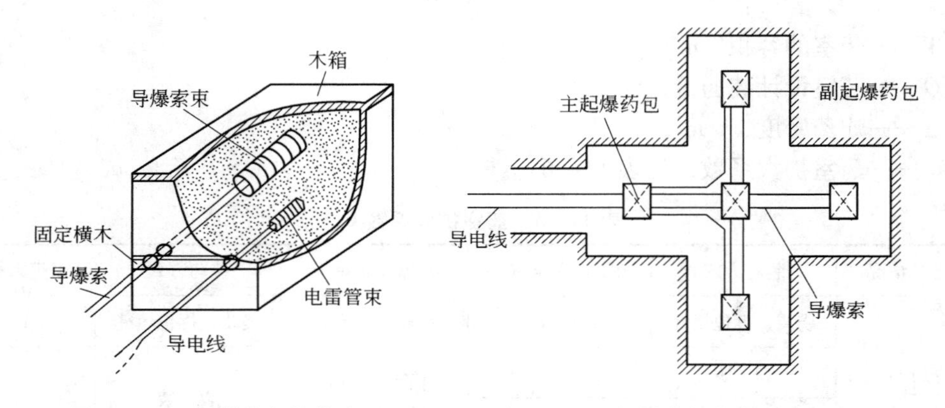

图 11－15 起爆药包的构造　　图 11－16 起爆药包在药室内的布置

11.3.3.2 填塞长度及填塞方法的设计

填塞的目的是为了防止爆轰产生的大量气体从硐口冲出，从而提高炸药的有效利用率，获得良好的破碎效果。该工作是一项极其繁重的工作，尤其是在用人工填塞时更甚。因此，既要保证必要的填塞长度，又要尽可能减少填塞工作量。堵塞长度与药室位置、药量大小、起爆顺序以及导硐状况等因素有关。

堵塞长度通常按堵塞半径（$L \geqslant 1.3W$）以药室中心为圆心作图确定，如图 11－17（a）所示。当两个对称药室共用一条 T 形导硐时，由于两药包爆轰生成气体产物能产生相互抑制作用，其堵塞长度可以缩小，一般只需将拐硐堵满，再在平硐或小井内堵上 3～5m 即可，如图 11－17（b）所示。

若药室内的装药量很大，起爆药包的药量也很大时，由于起爆能量增大，可以使炸药完成爆轰的反应时间缩短，从而堵塞长度也可相对缩短，这时，一般按导硐高（或宽）的最大值 5 倍进行填塞，再在硐口处堵上 5m 即可，如图 11－17（c）所示。

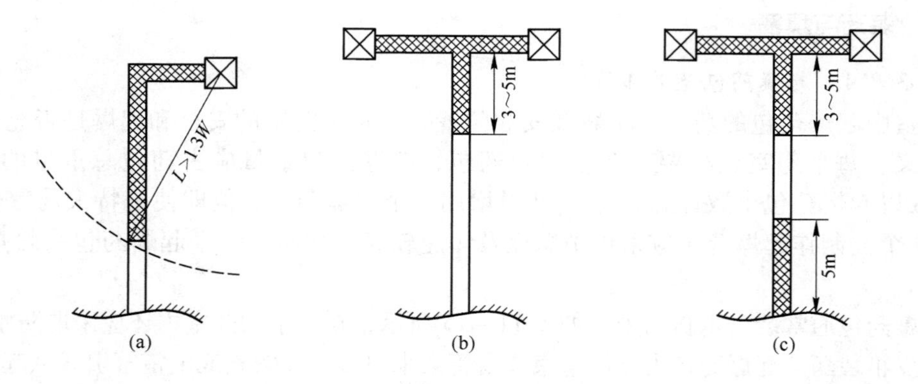

图 11－17 水平导硐的几种局部堵塞方式

近年来，在生产实践中试验采用崩落堵塞、爆炸堵塞等方法，用爆破的方法使堵塞部分岩体先于药室起爆，取得了一定的成效。

11.3.4 起爆网路

硐室爆破的起爆网路相对简单。但是由于爆破用药量大，爆破规模大，因此必须充分保证起爆网路的可靠性，以保证硐室爆破的可靠与安全。

硐室爆破一般采用复式起爆网路。常用一套电力起爆网路和一套导爆索起爆网路，或者两套电力起爆网路，或者一套导爆索起爆网路和一套导爆管非电起爆网路，或者两套导爆管非电起爆网路。

本章小结

硐室爆破是规模大、效率高和成本低的一种大爆破方法，在工程实践中可适当使用，但一定要慎重设计方案和选择参数。

相关的基本原理是我们理解硐室爆破的基础，主要包括控制抛掷方向的基本原理（最小抵抗线原理、多向爆破作用原理、群药包作用原理）、装药量计算原理、抛体堆积原理等。

布药设计是根据爆区的地质、地形、地物条件，为达到预期的爆破效果而进行的药包布置和参数选取等工作，包括爆破方案、爆破规模、药包布设形式、起爆方案、药包设计参数选取、药包位置确定等内容。

施工设计是将布药设计的内容在爆破地点的具体施工设计内容，主要包括导硐及药室的设计、装药和填塞、起爆网路设计等内容。

重要概念

硐室爆破　基本原理　布药设计　施工设计

复习思考题

11-1　硐室爆破的基本原理有哪些，在工程爆破中如何体现它们？

11-2　硐室爆破如何进行药包（室）布置？

11-3　硐室爆破所用的导硐、药室有哪些形式，如何选择？

11-4　如何确保硐室爆破起爆的安全可靠？

11-5　硐室爆破常用在哪些地方，它有哪些优点和缺点？

11-6　硐室爆破有哪几种类型，可分别实现什么目的？

12 控制爆破

本章要点及学习目的

为了达到预期的精确爆破效果并有效控制爆破的破坏作用，必须采用控制爆破技术。控制爆破的常见形式有微差爆破、挤压爆破、光面爆破、预裂爆破、缓冲爆破和静态破碎等，在工程实践中，常常是几种方法综合应用。掌握控制爆破的基本原理和一般的设计、施工方法，有利于在实践中根据具体情况灵活应用控制爆破技术，取得精确和安全的爆破效果。

控制爆破简称控爆，它是根据工程条件和工程要求，通过精心设计、施工和有效的防护措施，对爆炸能量释放过程和介质的破碎过程进行严格控制的工程爆破方法的总称。

控爆的目的在于对爆破效果和爆破危害进行双重控制，既要使预期的爆破效果能够实现，又要将爆破范围、破坏程度以及爆破地震波、空气冲击波、噪声和飞石等危害控制在规定限度以内。控制爆破的基本要求是：

（1）控制破碎程度。例如要求碎而不抛，碎而不散，甚至只预裂而不飞散等。

（2）控制爆破范围。例如要求准确定位，或爆下留上、爆左留右等。

（3）控制爆破危害作用。通过对爆破参数和防护措施的正确选择，对四大爆害（震、波、声、抛）进行控制。

（4）控制爆破的塌、抛方向，如定向抛掷、定向倒塌等。

常见的控制爆破类型有以下几种：

（1）三定控爆，即定向、定距和定量爆破。

（2）四减控爆，即减震、减冲、减飞、减声，或有时只减其中某项。

（3）成型控爆，如机件加工、石材开采等要求成型的爆破。

（4）光稳控爆，指要求爆后岩面光滑和保证未爆部分稳定的控爆。这类控爆在工程中应用很广，如隧道或巷道掘进时的光面爆破、露天台阶爆破中的预裂爆破和缓冲爆破等。

（5）联合控爆，指上述四类的综合应用。

（6）特殊控爆，指满足某项特殊要求的控爆，如抛松控爆、高温控爆、水下岩塞控爆、医疗控爆、急救控爆、疏通控爆等。

实现控制爆破的方法较多，但其基本原理不外乎以下几点：

（1）等能原理。优选参数后使每孔产生的爆能与破碎岩石所需的最低能量相等，从而使转化为爆害的能量最少。

（2）微分原理。使总药量分散化和微量化，减少爆害，也就是所谓的“多打眼、少装药、多段起爆”，在时间上多段多次微差，在地点上多点微量装药。

（3）失稳原理。只爆去一部分，使被爆物自身失稳后利用自重继续破坏。

（4）缓冲原理。改变装药结构，使爆轰峰值压力得到缓冲，例如不耦合装药就具有缓冲作用。

(5) 防护原理。对已采取的四减措施进行附加防护处理（如包缠被爆物或设置隔离物）。

(6) 定向原理。通过精心选择最小抵抗线，使爆破向预定方向进行。

在本章中，重点讲述一般生产中常用的几种控爆手段和控爆方法。拆除爆破是一种重要的控制爆破方法，将在第13章专门讲述。

12.1 微差爆破

微差爆破，就是指顺序起爆的炮孔或炮孔组之间在时间上相差若干毫秒的爆破方法，比起以秒为单位的秒差爆破来，其延期时间要短得多，但又不同于同时起爆。这种方法又称为毫秒爆破。多年来，微差爆破技术得到广泛应用。它在控制地震效应、扩大爆破规模、控制爆破块度和提高爆破效果方面，以及充分利用爆能、降低药耗等方面均起着重要作用。所以微差爆破是重要的控制爆破手段之一。

12.1.1 微差爆破机理

国内外公认微差爆破方法具有三大技术效果：扩大爆破规模、降低药耗；改善爆破的破碎质量；减少地震效应。下面以露天台阶单排炮孔微差间隔起爆为例，介绍较为公认的观点。

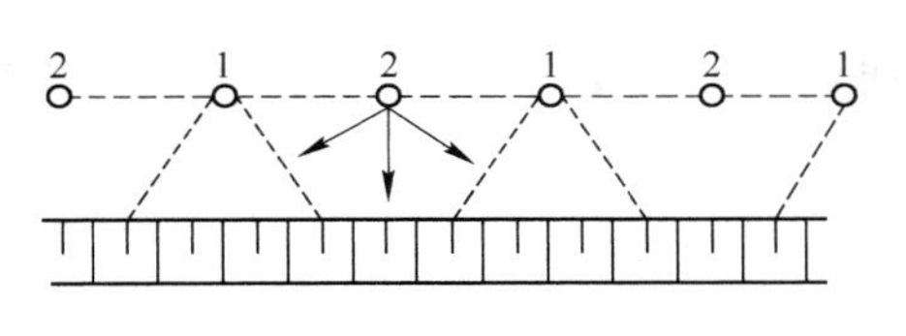

图 12-1 露天台阶单排孔起爆
1—第一段起爆；2—第二段起爆

图 12-1 中，炮孔按奇偶数分别先后起爆，在先起爆的药包形成爆破漏斗并与原来的岩体发生分离但未有明显位移时，后起爆的炮孔起爆。此时，会出现以下的效应：

(1) 先起爆的药包在岩体内造成应力场，在它未消失前，后起爆药包起爆，岩体受叠加应力而易于破碎。

(2) 先起爆药包为后起爆药包创造了附加自由面，改善了后起爆药包的爆破条件，从而改善了爆破效果。

(3) 由于先后起爆的时差极短，故先后抛移的岩块相互碰撞，创造了再次破碎的优越破岩条件。

(4) 爆破地震能量在时间上、空间上的分散，使主震相相位错开而削减，可减震 1/3～2/3。图 12-2 所示为典型的爆破地震波形，合成波形不会超过原来的峰值振幅（即主震相最大振幅）。

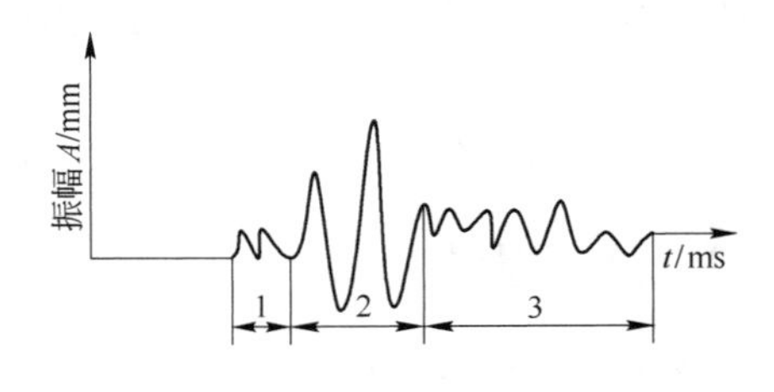

图 12-2 爆破地震波形
1—初震相；2—主震相；3—余震相

在生产实际中，微差爆破还有利于减少爆破次数和增大爆破规模（有的爆破矿岩量达150万吨以上），提高运输设备效率，改善爆堆形状等。

12.1.2 微差间隔时间的确定

微差间隔时间长短是影响微差爆破效果的重要参数。国内外对其确定方法做过许多研究，但因影响因素甚多，目前尚无通用计算公式，比较普遍使用的公式是瑞典兰格弗尔斯公式和前苏联丹切夫公式。

（1）兰格弗尔斯公式认为岩石破坏和移动时间与最小抵抗线成正比：

$$\Delta t = KW \tag{12-1}$$

式中 Δt——微差间隔时间，ms；

K——系数，$K=3\sim6$ms/m，当岩石 f 值大时，取 $K=3$；当 f 值小时，取 $K=6$；

W——最小抵抗线，m。

此式适用于 $W=0.5\sim8$ m 的露天台阶爆破。

（2）丹切夫公式适用于我国鞍山本溪地区岩石条件：

$$\Delta t = KW(24-f) \tag{12-2}$$

式中 K——与岩石裂隙有关的系数，一般取 0.5～0.55。

一般矿山采用经验取值法，并受起爆器材限制，多采用 $\Delta t=15\sim75$ms，常为 15～30ms。根据矿山条件不同，Δt 也会有最优值存在。选择时，大体上应考虑下列因素：

（1）爆破目的。如松动爆破时，Δt 宜小；抛掷爆破时，Δt 宜长，应为松动爆破的 2～4 倍。

（2）岩石条件。岩石坚硬时 Δt 宜小。

（3）孔网参数。W 大 Δt 宜长，W 小则 Δt 宜短。

（4）起爆方式。孔间微差 Δt 宜短，排间微差则 Δt 宜长。

（5）炮孔的作用。掏槽炮孔 Δt 宜长，崩岩孔则 Δt 宜短。

（6）其他特殊要求。

12.1.3 实现微差爆破的技术方法

目前，实现微差爆破主要以延时电雷管起爆网路或导爆管延时雷管起爆网路起爆，或用导爆索与继爆管的微差起爆网路起爆。

微差爆破的布孔方式和爆破顺序安排，应根据爆破工程的不同要求，采用多种孔网方式，具体内容可分别参考本书中露天深孔爆破和地下爆破的相关内容。

12.2 挤压爆破

挤压爆破与多排孔微差爆破的综合应用，在地下采场爆破和露天台阶爆破中得到了广泛的应用。传统爆破技术要求在自由面处保留一定空间作为岩石破碎后体积增大的补偿空间，而且爆下的岩碴堆应清理后才能进行下排孔的爆破。挤压爆破（露天矿又叫压碴爆破）则相反，它要求在工作面上留有一定厚度的爆落松散岩石，即在不留足够补偿空间的条件下爆破。由于此时的爆破自由面是原岩体与爆落松散岩体间的界面，所以又可以将挤压爆破理解为特殊自由面条件下的爆破。

12.2.1 挤压爆破的原理简述

爆破在岩体内引起的应力波传至不同介质界面时，入射波将会转化为反射波与透射波两部分。若以 E_0 为入射波总能量，E_1、E_2 分别表示界面处反射波能与透射波能，则应有下式表示的关系：

$$E_1 = \left(\frac{\rho_1 C_1 - \rho_2 C_2}{\rho_1 C_1 + \rho_2 C_2}\right)^2 E_0 \tag{12-3}$$

$$E_2 = \frac{4\rho_1 C_1 \rho_2 C_2}{(\rho_1 C_1 + \rho_2 C_2)^2} E_0 \tag{12-4}$$

式中 $\rho_1 C_1$——介质Ⅰ的波阻抗，$kg/(cm^2 \cdot s)$；

$\rho_2 C_2$——介质Ⅱ的波阻抗，$kg/(cm^2 \cdot s)$。

在挤压爆破时，由于松散岩石波阻抗较空气的波阻抗大，因而反射波能量所占比值减小，透射波能量比例增大（大 20% ~30%）。但是，由于挤压材料（松散岩石）的阻挡作用和撞击挤压作用，使得高压的爆炸气体产物的膨胀做功能力因时间延长而增长，故又有利于裂隙发展和爆能的有效利用。在自由面附近岩石位移量大，浪费能量；而经过挤压作用后的远自由面处，则岩石位移量小，无效消耗的能量大为减少。当然，挤压介质过宽就不再起挤压作用了（一般 <20m）。

12.2.2 挤压爆破的评价

挤压爆破的优点是爆堆集中，块度小，易装运，能贮矿使生产均衡，飞石少且飞距小，安全性好，可减少地下切割空间的开掘工作量和开掘时间。

挤压爆破的缺点是由于要留大量的碴堆作为挤压的物质，大量占用已崩落的矿（岩）石量而致资金积压，炸药消耗量大；当矿（岩）石易结块时，则会造成后续的装运工作困难。

12.2.3 挤压爆破工艺中应注意的特殊技术问题

（1）留碴厚度要适当。一般为 2 ~6m，但也有的露天矿达到 10 ~25m，需用实验确定。

（2）适宜的一次爆破排数多为 3 ~7 排，不宜用单排，而更多的排数也会增大药耗，效果难以保证。

（3）第一排孔十分关键，应适当增大其药量，减小 W，增加超深值。

（4）药量要适当。通常应比非挤压爆破时增加 10% ~15% 左右，药量过多则效果适得其反。

（5）微差间隔时间应较常规爆破时增大 30% ~60% 为宜，当岩石坚硬且碴堆（挤压材料）较密时应取上限数值。

（6）补偿系数（即补偿空间体积与崩落岩体的原体积之比）应取 10% ~30% 为宜。

（7）压碴密度过大时效果不良；可通过先出部分矿（碴）的办法人为地使碴堆密度降低至合适程度，然后再进行挤压爆破。

图 10－7 所示为露天台阶挤压爆破（压碴爆破）示意图，图 12－3 为地下采场挤压爆破示意图。

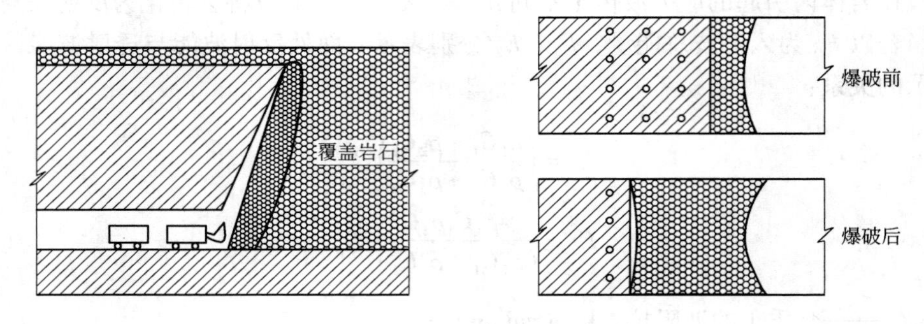

图 12－3 地下采场挤压爆破示意图

12.3 光面爆破与预裂爆破

12.3.1 光面爆破的特点

光面爆破是控制爆破中的一种典型方法，其目的在于控制被开挖的岩石轮廓光滑平整，而使不应开挖的岩体部分不受到明显的破坏。在井巷（或隧道）掘进和露天堑沟开挖等爆破工程中，常常要采用光面爆破技术以达到目的。

用光面爆破技术施工的岩石壁表面有以下优点：

（1）成形规整，符合设计轮廓，壁面上常呈现清晰的半边炮孔痕迹。

（2）超欠挖量少，仅为5%左右，比普通爆破超欠挖量（达20%左右）要低得多。

（3）新暴露的岩面稳定可靠，不产生或少产生爆震裂隙，不降低原岩的承载能力，施工安全，并可减少支护工作量。

（4）新岩壁光滑平整，应力集中少；光面爆破的地下井巷通风阻力小。

12.3.2 光面爆破的原理

相邻炮孔同时起爆时，其应力相遇可形成如图 12－4 所示的叠加应力，它主要是垂直于两药包中心连线上的合成拉应力。由于岩石的抗拉强度极小，合成拉应力在炮孔中心连线上首先产生裂隙而破坏，形成平整的破坏面；其余方向上因裂隙来不及扩展，破坏作用微弱，从而在炮孔中心连线上形成一条光滑平整的新断面。

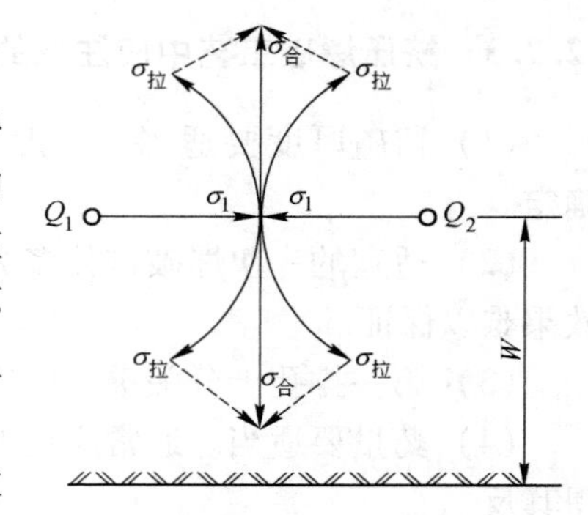

图 12－4 相邻炮孔同时起爆应力波相遇时的应力作用示意图

试验研究表明，炮孔爆破时，其周围会形成许多大小不等的裂隙。当药包直径与炮孔直径之差较大时，由于药包与孔壁间空气间隙的作用，裂隙可以控制在几条主要方向上，孔壁的过大压力降低。在相邻药包的猛度不大且同时起爆的条件下，此裂隙可被控制在相邻的药包中心连线方向上。这就是为什么光面爆破能做到壁面光滑的原因。

12.3.3　井巷掘进光面爆破的技术措施

（1）合理布置周边孔。周边孔孔距应小于一般孔孔距，常取 $a=500\sim700$mm，即采用周边密孔法；周边孔位要精确，向外甩应小于100mm，外倾角应小于4°～5°，炮眼相互平行，眼底落在同一平面上。

用周边孔爆落的岩石层称为光面层，其厚度即为周边孔的最小抵抗线 W，通常 $W=0.6\sim1.0$m。布孔时应严格掌握好比值 $m=\frac{a}{W}$，即周边孔密集系数。通常取 $m=0.8\sim1$，弯曲处可取 $m=1$，岩石较破碎时可取 $m=0.5$，难爆的韧岩取 $m\geqslant1$。

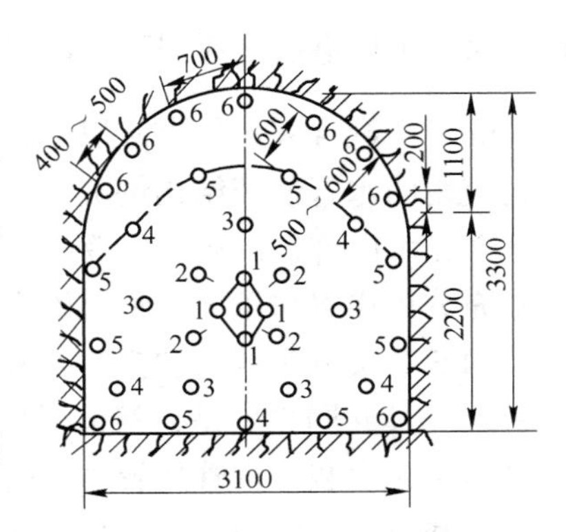

图12－5　平巷光面爆破实例
1～2—菱形直线掏槽眼；
3～5—辅助眼；6—光爆周边眼；
虚线—光面层里圈眼

（2）合理规划开挖顺序。尤其注意：

1）光面层最后爆，以克服夹制作用。

2）可先预留光面层，并采用超前1.5倍正常孔深爆破非光面层等办法，以保证光面层达到设计要求。

3）井巷断面不大时，可用多段微差爆破，光面层最后一段起爆，如图12－5所示。若开挖大断面井巷时，可采用先掘进导硐再刷大的办法，光面层最后爆破，如图12－6所示，这种方法可以达到较好的光面效果。

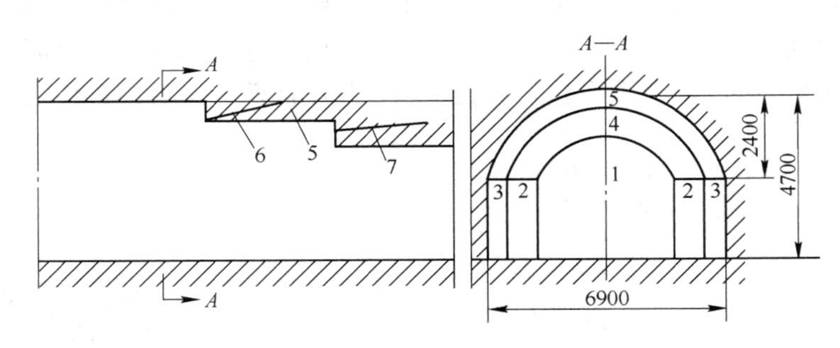

图12－6　大断面井巷光面爆破开挖顺序实例
1—下导坑；2—扩帮；3—墙部光面层；4—挑顶；5—拱部光面层；6—光面眼；7—粗面眼

（3）合理选用炸药和装药结构。光面孔应采用猛度低但威力适当的炸药，例如岩石炸药、铵油炸药等。由于周边孔较密，除应保证不耦合装药外，还应使每米炮孔装药量较小，一般不大于0.15～0.25kg/m，即只用通常装药量的1/4～1/3即可。此外，还要考虑使炸药在整个光面孔内均匀分布，避免炸药集中于孔底，引起岩石“鼓包”现象。为此，可采用第8章图8－1所示的间隔不耦合装药或径向不耦合装药结构。不耦合装药（又称间隔装药）也是光面爆破装药结构的特点。

一般地，设计装药时应选择合适的不耦合系数 K 值，$K=D/d$，其中 D 为孔径；d 为药包直径。一般情况下，当 $K=2\sim3$ 时，光面爆破效果较好。有时也选用 $K=1.4\sim1.5$，这主要取决于实际情况。

（4）确保周边孔同时起爆。这一点十分重要，因为不同时起爆就得不到叠加应力场，从而就会加大岩壁的不平整度。理论研究与实验数据均表明，相邻周边孔起爆的时间误差值不得大于0.1s（即100ms）。为此，在现有的起爆器材中只能使用同段别的毫秒电雷管或导爆管毫秒雷管，还可以采用导爆索起爆，个别情况下即发电雷管也可代用。而火雷管和秒差电雷管由于其秒量误差有可能大于允许值，故一般不用于光面爆破。

12.3.4 水压爆破法在光面爆破中的应用

除了不耦合装药的方法以外，作为实现光爆的技术手段，还有一种新的方法，即日本首先应用的水管装药结构爆破法（Aqua Blasting System），简称ABS法。这种方法是将药包置于充水的容器（炮眼、深孔、金属管等）中，利用水的可压缩性小和波阻抗大的特性来充分传递爆炸压力，将周围介质有效破碎。

ABS法又分为普通和定向两种，前者叫AB法（见图12－7），后者叫ABS法（见图12－8）。其共同之处是，都采用直径30～35mm，长为0.5～1.5m的白铁皮或聚氯乙烯塑料筒形管，内装带雷管的胶质炸药或水胶炸药卷，再注满水，盖上帽盖，并用聚乙烯绝缘带加以密封，以防漏水。管长约为炮孔深度的1/3～1/2，上部仍用炮泥堵塞。两种方法的区别在于，ABS管是在白铁管中加装一个稍短的金属凹面反射体，在凹槽中再装抗水药卷，空隙中注满水。反射体壁厚1mm，曲率半径常为12～15mm，用胶布将抗水高威力炸药和导爆索固定在反射凹槽下部。起爆后除利用水的不可压缩性传递爆能外，还利用了凹面的聚能效应，使主爆力集中于5的方向，达到定向破裂的目的。此法震动小、噪声低、粉尘少，在露采二次爆破、光面爆破、拆除控爆以及建筑用石材的切割等方面均有广泛应用价值。例如，日本某采石场用ABS法切割一块尺寸为3.0m×2.5m×1.8m的花岗岩，只布置间距为80cm的三个炮孔，每孔装33g胶质炸药，爆后即可使之裂成两半。

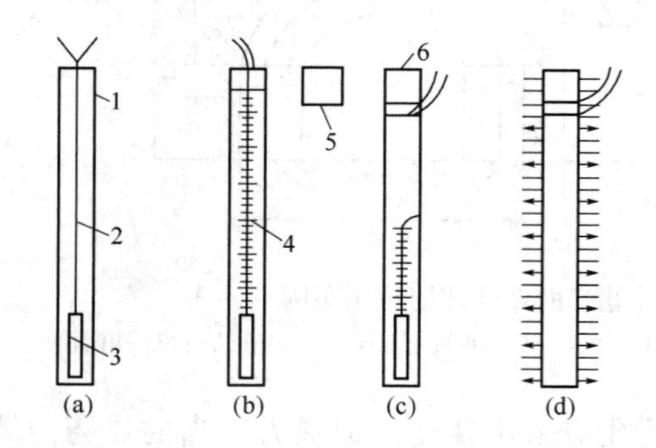

图12－7 AB法装药结构示意图

（a）药卷放入管底；（b）AB管中注满水；（c）加帽盖封口；
（d）爆炸应力波垂直管轴均匀向外传播
1—AB管；2—导爆索；3—药卷；4—水；5—帽盖；6—密封

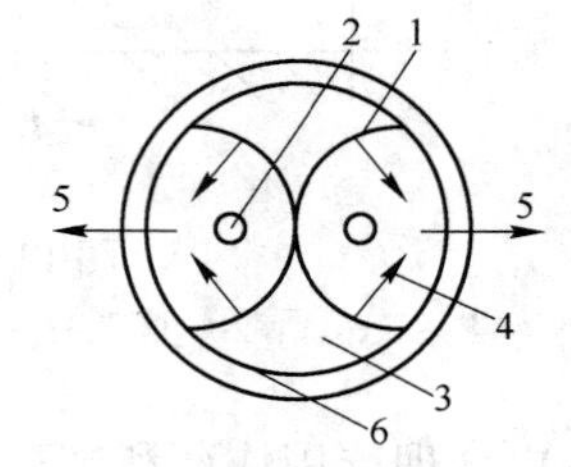

图12－8 ABS法装药结构示意图

1—反射体；2—药卷；
3—水；4—反射波；
5—合力；6—白铁管

12.3.5 预裂爆破简介

预裂爆破是用来控制开挖轮廓的控制爆破技术，这种技术能严格保护不需开挖部分免受爆破地震波的影响，形成光滑平整的新轮廓，使未爆部分岩体保持原岩的稳定状态。它与光面爆破在技术上有着共同之处，即密集孔、小药量、不耦合装药、边界孔钻凿质量要求高（相互平行、孔位误差小）并同时起爆等。但预裂爆破的起爆顺序与光面爆破不同：预裂爆破时，预裂孔先于主爆炮孔起爆，以造成阻断裂缝，使大量破岩孔爆破时的地震波不致破坏预裂孔后侧的原岩。预裂孔是在最小抵抗线相当大的情况下起爆，可视为无自由面条件下的爆破。

预裂爆破广泛用于露天矿邻近永久边坡时的台阶爆破、公路高边坡开挖工程爆破及港口开挖爆破等。在工程实际中，常将预裂爆破与缓冲爆破结合起来使用，图 10－8 所示为典型的预裂与缓冲爆破结合的使用方法。

12.4 静态破碎技术

在建筑物的控制爆破拆除中多是以炸药为能源，其特点是在极短的时间内能骤然释放出大量能量，产生很大的摧毁力来破坏建筑物。然而，在建筑如林、人口密集的闹市区和工厂厂房内，用炸药爆破也会带来很多困难和不便。又如人们在进行大理石等建筑装饰石材的开挖和切割中，采用炸药爆破的方式会使石材因激烈震动而出现裂缝（纹）而致使产品质量下降。针对这些问题，人们研制了一系列安全可靠的新型破碎剂，它能够在无爆破地震波、空气冲击波、噪声和飞石的情况下实施破碎，故人们就把用这种技术进行的爆破称为无声爆破或静态破碎。无声破碎剂（Soundless Cracking Agent）有膨胀剂和燃烧剂，燃烧剂现在已基本不用，目前主要使用的是膨胀剂（也叫破碎剂）。

12.4.1 膨胀剂简介

静态膨胀剂又称为静态胀裂剂或静态破碎剂，它靠水化反应时的体积膨胀来破碎岩石、混凝土等物质，广泛地用于在石料开采、拆除爆破等特殊爆破作业中取代工业炸药。

膨胀剂是以特殊的硅酸盐、氧化钙为主要原料，经过煅烧、粉磨，再配一些有机、无机添加剂制作而成，是一种灰白色粉末状物质。膨胀剂的品种和生产厂家很多，表 12－1 中 5 个系列产品为国内广泛应用的产品。

表 12－1　不同系列静态膨胀剂适用条件

序号	膨胀剂型号	适用季节	适用温度/℃	适用孔径/mm
1	SCA－Ⅰ	夏季	20～35	30～50
	SCA－Ⅱ	春秋	10～25	30～50
	SCA－Ⅲ	冬季	5～15	30～50
	SCA－Ⅳ	寒冬	－5～8	30～50
2	HSCA－1	夏季	25～40	30～50
	HSCA－2	春季	10～25	30～50
	HSCA－3	冬季	0～15	30～50
3	JC－1－Ⅰ	夏季	>25	38～50
	JC－1－Ⅱ	春、秋	10～25	38～50
	JC－1－Ⅲ	冬季	0～10	38～50
	JC－1－Ⅳ	寒冬	<0	38～50

续表 12－1

序　号	膨胀剂型号	适用季节	适用温度/℃	适用孔径/mm
4	南京－Ⅰ	春、秋	10～25	38～50
	南京－Ⅱ	冬、春	5～10	38～50
	南京－Ⅲ	冬季寒冷期	－5～10	38～50
	南京－Ⅳ	高温期	25～35	38～50
5	JB－Ⅰ	夏　季	＞25	38～50
	JB－Ⅱ	春、秋	10～25	38～50
	JB－Ⅲ	冬　季	0～10	38～50
	JB－Ⅳ	寒　冬	＜0	38～50

12.4.2 膨胀剂破岩原理

膨胀剂与水调成浆状，装入已在岩石或混凝土中钻好的孔内，通过水化反应，生成膨胀性的结晶水化物——氢氧化钙，其化学反应式为：

$$CaO + H_2O \longrightarrow Ca(OH)_2, \quad \Delta_r H_m^{\ominus} = +65kJ/mol$$

据测定，氧化钙的密度为3.35g/cm^3，氢氧化钙的密度为2.24g/cm^3，其比容分别为0.299cm^3/g与0.447 cm^3/g 。不难看出，当氧化钙变成氢氧化钙时，其体积增大了49.5%，同时每摩尔还释放出65kJ的热量。因此在化学反应过程中，膨胀剂的温度升高，体积膨胀，从而在被爆介质中产生两向应力，即径向压应力和切向拉应力。由于爆破的岩石或混凝土均属于脆性材料，而脆性材料的抗拉强度只有抗压强度的1/50～1/10，如岩石的抗压强度可达30～300MPa，而抗拉强度一般小于20MPa；混凝土抗压强度为10～60MPa，而抗拉强度为1.5～3MPa。产生的切向拉应力达到介质的抗拉强度，介质便被拉断。

据有关计算，当孔径为40mm，孔距为400～600mm时，使介质产生径向裂隙所需的膨胀压力p值为：

混凝土和软岩石　　　　$p \geq 10 \sim 15MPa$

中硬和硬岩石　　　　$p \geq 15 \sim 30MPa$

大量试验表明，无声破碎剂所产生的最大膨胀压力为30～50MPa，所以能满足混凝土和各种岩石解体的需要，只要选择适当的孔径和最小抵抗线，就可以把介质破碎。

目前使用的破碎剂，一般0.5～2h即会使被破碎体出现裂缝。

12.4.3 膨胀剂破岩设计与施工

12.4.3.1 炮孔参数与单耗

采用膨胀剂进行破岩施工时，炮孔参数与破碎剂单耗，可参考表12－2。

表 12-2 炮孔参数与单耗

爆破对象		孔径/mm	孔距/cm	孔 深	最小抵抗线/cm	单耗/kg·m^{-3}	
						切 割	破 碎
孤 石	软岩石	30~42	50~60	(0.7~0.75)H	40~60	2~3	3~4
	中软岩石	30~42	40~50	(0.75~0.85)H	40~50	3~4	4~6
	硬岩石	38~50	30~40	(0.8~0.9)H	30~40	4~5	5~7
整体岩石	软岩石	30~42	40~60	(1~1.05)H	40~60	3~5	5~7
	中软岩石	30~42	30~50	1.05H	40~50	4~6	8~10
	硬岩石	38~50	20~30	(1.05~1.1)H	30~40	5~7	10~12
混凝土	素混凝土	30~42	35~60	(0.7~0.85)H	30~40	4~6	6~8
	钢筋混凝土	38~50	20~35	(0.9~0.95)H	20~30	10~15	15~20

注：1. 这些参数主要是我国目前生产的无声破碎剂的实验值；
2. H 是指被破碎体的高度或破碎高度；
3. 一般当孔径 $d=40$mm 时，每米孔长可装 2kg 破碎剂；
4. 对钢筋混凝土，最好事前将外围的钢筋部分或全部切断，这样破碎效果会更好。

12.4.3.2 施工工艺

（1）按被破碎对象的材质、结构尺寸和破碎要求，选取破裂参数和工具；根据气温条件，正确选用破碎剂型号。

（2）按设计的破裂参数进行钻孔。对于位于地表以下的结构物，应尽可能将四周的土挖开，以增加自由面，提高破碎效果。

（3）搅拌和浸泡。对于散装粉状破碎剂，按设计时确定的水灰比计算用水量和破碎剂的用量，在塑料桶或铁皮桶中先后倒入称量好的水和破碎剂，并搅拌 40~60s。

对于筒装破碎剂只需将它浸泡在盛水的容器中，直到变为不发生气泡的饱水状态为止，一般需要 4~5min，取出后直接装入炮孔中。

对于颗粒状的破碎剂，装填前不需用水处理。

（4）装填。搅拌好的破碎剂，必须在 5~10min 内用完，否则会影响它的流动性和破碎效果，往炮孔中灌注浆体时，一定要装填密实。对于垂直炮孔可直接倾倒进去；对于水平或倾斜炮孔，应采用砂浆泵把浆体压入孔内，然后用塞子堵口。

对于颗粒状破碎剂，装填时先在孔中插入一根铁棍，注入半孔水后，一边往孔内填破碎剂，一边将铁棍轻轻搅动并拔出，以防破碎剂在孔中棚住。若发现孔中漏水，可事先在孔中装入一薄膜塑料袋，然后将水和破碎剂装入袋中。

（5）养护。在夏季装填完浆体后，孔口应当覆盖，以免发生喷孔。冬季气温过低时，应采取保温和加温措施。

（6）安全注意事项。施工时，为了安全，应尽量戴防护眼镜和手套。装填浆体时，应事先规划好人员行走的路线，尽量避免从已装填好浆体的炮孔区走过，以免发生喷孔而烧伤人体。如果人体皮肤上沾上浆体，应立即用清水洗净，因为浆体有弱腐蚀性。

本章小结

控制爆破可以实现精确爆破并有效控制爆破的危害作用。

微差爆破是利用毫秒量级延时起爆一次爆破中不同位置药包的爆破方法，可以提高爆破规模和效率。

挤压爆破可以充分利用炸药的能量进行补充破碎，爆破下来的矿（岩）破碎程度较好，二次破碎少，有利于后续的装运工作。

光面爆破用于确保爆后矿岩轮廓的平整和光滑，其基本施工特点是多打眼少装药。预裂爆破和缓冲爆破是对爆破对象的保留部分进行有效保护的方法，其施工特点与光面爆破相似，但须预先起爆预裂炮孔，缓冲孔则是最后起爆。

值得注意的是，各种控制爆破技术并非单独应用，往往是根据实际情况将几种技术进行综合应用，以期取得最佳爆破效果。

静态破碎技术是利用静态膨胀剂水化反应时的体积膨胀对周围介质进行切割或破碎作用，这种方法对周围环境几乎不产生影响，而且能精确施工，常用于拆除爆破或石材的开采、切割等工作。

重要概念

控制爆破　微差爆破　挤压爆破　光面爆破　预裂爆破　静态破碎　膨胀剂

复习思考题

12-1　控制爆破的目的是什么，常见的控制爆破有哪些？
12-2　简述微差爆破的机理及施工要点，并说明微差爆破可用在哪些工程爆破中。
12-3　简述挤压爆破的机理及施工要点，并介绍挤压爆破在工程爆破中的应用。
12-4　简述光面爆破的机理及施工要点，并说明它们在工程爆破中的应用。
12-5　简述静态破碎剂的破岩机理。
12-6　简述膨胀剂施工工艺。

13 拆除爆破

本章要点及学习目的

拆除爆破是对人工建（构）筑物进行解体的一种方法，以工期短、安全性好和成本低等突出优点而在城市建（构）筑物拆除中被大量使用。根据拆除爆破的特点不同，拆除爆破分为房屋拆除爆破、烟囱和水塔拆除爆破、基础和地坪拆除爆破、水压拆除爆破等类型。拆除爆破的基本原理是我们理解这种技术的关键，而不同类别的建（构）筑物拆除爆破方案各有不同。本章主要介绍楼房、烟囱、水塔等高大建筑物拆除爆破的技术方案、爆破参数和现场施工等内容。

在人口稠密的城市居民区或繁华街道以及各种设备密集的厂矿区内，采用控制爆破技术拆除废弃的楼房、烟囱、水塔等高大建筑物及地震后的高大危险建筑物，是一种最有效的、安全的施工方法。与人工拆除或机械拆除相比，它不仅能拆除某些用人工或机械法难以拆除的高大建筑物，而且能获得效率高、速度快、费用省和安全可靠的显著效果。例如高几十米乃至一百多米、重达数百吨的高大烟囱，若采用控制爆破拆除，包括准备工作、爆破设计和机械钻孔、施爆作业，一般 3 ~ 4 天内即可完成；而在爆破时，仅需几秒钟便可使庞大的烟囱在预定的范围之内坍塌。

采用控制爆破拆除建（构）筑物，一方面必须使爆破飞石、震动、噪声和爆破影响范围受到有效控制；另一方面则必须根据待拆建（构）筑物周围的环境、场地条件及建筑结构特点，控制其倒塌方向和坍塌范围。高大建筑物的爆破坍塌范围除了与其本身高度有关外，通常取决于坍塌方式及相应的施爆工艺。其爆破坍塌方式基本上可分为两种类型：一种为“原地坍塌”以及由此派生出的如高层楼房层层“内向折叠坍塌”等；另一种为“定向倒塌”以及由此派生出的如“单向折叠倾倒坍塌”、“双向交替折叠倾倒坍塌”等。

对于高耸建筑物，如楼房、烟囱、水塔的控制爆破拆除，无论采用哪一种爆破坍塌方式，其基本设计原理是，必须充分破坏建筑结构的大部或全部承重构件，如承重墙体或立柱与横梁等，从而使整个建筑物的稳定性遭受破坏，重心失去平衡和产生位移，并在巨大的自重作用下形成倾覆力矩或重力转矩，迫使建筑物原地坍塌或按预定方向倒塌。

拆除爆破还广泛用于基础和地坪拆除爆破、水压拆除爆破、金属拆除爆破中，后者如采用聚能药包拆除桥梁、船舶（沉船、废旧船等）、钢架、钢柱、钢管、钢板、大型金属块体等；高温凝结物拆除爆破，如高炉、炼焦炉中凝固的熔渣和炉瘤等的拆除；以及其他各类需要严格控制爆破范围或爆破危害的地方。

20 世纪 70 年代以来，拆除爆破技术在国内得到了日益广泛的应用，国内成立了数百家研究机构和专业爆破公司，大型拆除爆破经常见诸媒体。在国外，拆除爆破技术发展很快，应用更为广泛。拆除爆破已经成为一项不可缺少的重要技术。

本章主要介绍高大建筑物的控制爆破拆除技术。其他类型的拆除爆破，可以参照本书的基本原理和方法，并参考其他资料进行设计和施工。

13.1 拆除爆破的基本原理

关于拆除爆破基本原理的研究，现有的认识尚难准确解释拆除爆破中所发生的各种力学现象，这主要是因为拆除爆破比一般工程爆破所处的周围环境更为复杂，要求条件更为苛刻，主控目标更为多变，这就给理论研究带来了更大的困难。根据长期的爆破实践和理论分析，拆除爆破的基本原理可归纳为以下几点。

13.1.1 最小抵抗线原理

由于从药包中心到自由面的距离沿最小抵抗线方向最小，因此，爆破受介质的阻力在该方向上也最小；此外，又由于沿最小抵抗线方向冲击波（或应力波）波动的距离最短，所以在此方向上波的能量损失也最小，因而在自由面处最小抵抗线出口点的介质首先突起。故将爆破时介质破坏和抛掷的主导方向是最小抵抗线方向这一原理，称为最小抵抗线原理。

最小抵抗线方向不仅决定着介质的抛掷方向，而且对爆破飞石、震动以及介质的破碎程度等也有一定的影响。此外，最小抵抗线的大小，还决定装药量的多少和布药间距的大小，并对炮眼深度和装药结构等有一定的影响。

最小抵抗线的方向与大小可根据炮眼的方向、深度、布药的位置与起爆顺序，在特定的爆破对象条件下来确定。但是，此时的最小抵抗线的方向和大小是否是最优的，还要从具体的爆破对象出发，权衡其安全程度、破碎效果、施工方便与经济效益等方面因素加以综合考虑并予以选择。

13.1.2 分散装药原理

将欲要拆除的某一建（构）筑物爆破所需的总装药量，分散地装入许多个炮眼中，形成多点分散的布药形式，采取分段延时起爆，使炸药能量释放的时间错开，从而达到减少爆破危害、控制破坏范围和提高爆破效果的目的，这就是分散装药原理（也叫微分原理）。“多打眼、少装药”是拆除控制爆破中微分原理的形象而通俗的说法。

布药形式基本上有两种：其一是集中布药，即将所需药量装在一个炮孔中或集中堆放；其二是分散布药，即将所需药量分别装入许多炮孔内，并分段延时起爆。这两种布药形式均可达到一定的爆破效果和拆除目的。但是，两者所引起的后果却截然不同。前者将会引起较强烈的震动、空气冲击波、噪声和飞石等爆破危害，这是拆除控制爆破尤其是城市拆除爆破所不允许的；而后者既可满足爆破效果的要求，又能在某种程度上控制爆破危害。

例如，某钢铁厂的一台烧结机基础，仅离正在运转的另一台烧结机 2m，离运输皮带 0.2~0.5 m，将 12kg 炸药分散装在 140 多个炮孔中，在周围设备正常运转的情况下安全施爆。瑞典哥德堡市中心一条繁华的大街上有一幢大楼，为拆除这栋大楼，将 200kg 炸药分散装入 800 多个炮孔中，用 18 段毫秒雷管起爆，爆后大楼原地坍塌，周围建筑物安然无恙，交通也未中断。我国北京天安门广场两侧，总建筑面积达 1.2 万平方米的三座钢筋混凝土大楼的拆除爆破，将 439kg 的总药量分散地装入 8999 个炮孔中，平均每孔装药量仅为48.8g，有效地控制了爆破危害，收到了预期的爆破效果。

13.1.3 等能原理

根据爆破的对象、条件和要求，优选各种爆破参数，如孔径、孔深、孔距、排距和炸药单耗等，同时选用合适的炸药品种、合理的装药结构和起爆方式，以期使每个炮孔所装的炸药在其爆炸时所释放出的能量与破碎该孔周围介质所需的最低能量相等。也就是说，在这种情况下介质只产生一定的裂缝，或就地破碎松动，顶多是就近抛掷，而无多余的能量造成爆破危害，这就是等能原理。

假设介质破坏所需要的总能量为A，为破坏它由外界提供的能量为B。若能量在做功过程中没有任何损失而全部被有效利用，此时只需满足$A=B$，介质便可被破坏。但是在爆破过程中，炸药所释放出的能量并非全部都做有用功，而是有相当一部分转化为无用功，如声、光、热和震动以及部分从裂隙中逸出，则上式变为$A=KB$，其中K为一个小于1的炸药有效利用系数，它取决于炸药种类、药量、孔网参数、装药结构、堵塞状况、起爆方式、介质强度与介质破碎面积等诸多因素。

该原理初看起来是十分理想的，它符合能量准则，即它是一个材料的破坏判据，正如材料在某时某处一旦达到了允许极限强度，它就在该处立即破坏一样。但是，作为主要破坏判据的装药量，其影响因素很多，又由于炸药爆炸反应过程十分复杂，所以迄今为止，关于药量的计算还没有建立起一套完整的公式。即便如此，该原理对建立经验或半经验的装药量公式仍有一定的指导意义。

13.1.4 失稳原理

在认真分析和研究建（构）筑物的受力状态、荷载分布和实际承载能力的基础上，利用控制爆破将承重结构的某些关键部位爆松，使之失去承载能力，同时破坏结构的刚度，则建（构）筑物在整体失去稳定性的情况下，可在其自重作用下原地坍塌或定向倾倒，这一原理称为失稳原理。

例如，当采用控制爆破拆除楼房时，根据上述失稳原理，应使其形成相当数量的铰支和倾覆力矩。铰支是结构的承重构件某一部位受到爆破作用破坏时，失去其支撑能力所形成的。对于素混凝土立柱来讲，一般只需对立柱的某一部位进行爆破，使之失去承载能力，立柱在自重作用下下移，造成偏心失稳，便可形成铰支。对于钢筋混凝土立柱来说，则需要对立柱某一部位的混凝土进行爆破，使钢筋露出，钢筋在结构自重作用下失稳或发生塑性变形，失去承载能力，才可形成铰支。

13.1.5 缓冲原理

拆除控制爆破如能选择适宜的炸药品种和合理的装药结构，便可降低爆轰波峰值压力对介质的冲击作用，并可延长炮孔内压力的作用时间，从而使爆破能量得到合理的分配与利用，这一原理称为缓冲原理。

爆破理论研究资料表明，常用的硝铵类炸药在固体介质中爆炸时，爆轰波阵面上的压力可达几万兆帕。该高压首先使紧靠药包的介质受到强烈压缩，特别是在3～7倍药包半径的范围内，由于爆轰波压力极大地超过了介质的动态抗压强度，致使该范围内的介质极度粉碎而形成粉碎区。虽然该区范围不大，但却消耗了大部分爆破能量，而且粉碎区内的微细颗粒在气体压力作用下又易将已经开裂的缝隙填充堵死，这样就阻碍了爆炸气体进入裂缝，从而减弱了爆轰气体的尖劈效应，缩小了介质的破坏范围和破碎程度，并且还会造成爆轰气体的积聚，给飞石、空气冲击波、噪声等危害提供能量。由此可见，粉碎区的出现，既影响了爆破效果，又不利于安全。所以在拆除控制爆破中，应充分利用缓冲原理，以缩小或避免粉碎区的出现。

大量实践证明，如采用与介质阻抗相匹配的炸药，选择合适的不耦合装药、分段装药、条形药包等装药结构形式，可达到上述目的。

13.2 楼房的拆除爆破

13.2.1 楼房爆破拆除方案的选择

为确保楼房控制爆破拆除工程安全顺利地进行，爆破前，必须对楼房的结构和受力情况进行仔细认真的分析，摸清其结构类型及其全部承重构件的部位与分布，探明材质情况和施工质量；了解爆破点周围的环境和场地情况，从而根据实际情况和拆除要求，确定出安全的、合理的、切实可行的控制爆破拆除方案。根据不同的具体情况，楼房爆破拆除方案通常有下列五种。

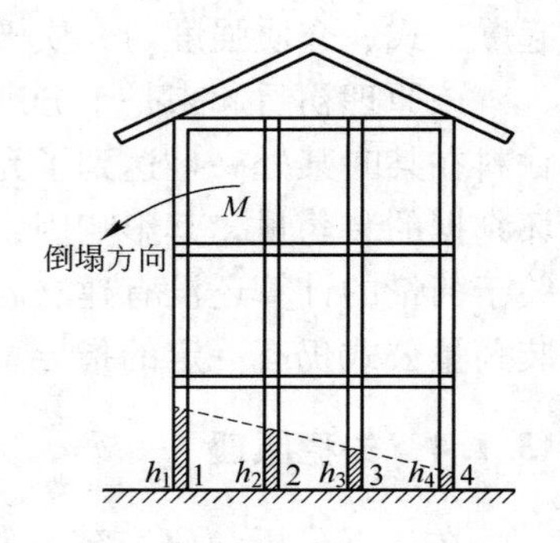

图 13－1 定向倒塌

13.2.1.1 定向倒塌

当爆破点四周有一个方向的场地较为开阔，允许楼房一次爆破“定向倒塌”时，任何类型楼房的拆除均可采取这种方案。这种拆除方案的优点是，钻爆工作量小，拆除效率高。爆破时，除事先破坏底层阻碍倒塌的隔断墙外，只需爆破最底层的内承重墙、柱和倒塌方向及其左右两侧三个方向的外承重墙、柱，即可在重力转矩 M 作用下达到“定向倒塌”的目的。如图 13－1 所示，图中阴影部分为爆破部位；此时，第四个方向的外承重墙、柱，对整个楼房按预定方向倒塌起着支撑作用，并随楼房的定向倾倒，一般坍塌于相反方向。这种拆除方案除要求楼房倒塌方向必须具备较为开阔的场地外，其倾倒方向场地的水平距离不宜小于 2/3～3/4 楼房的高度。一般刚度好的楼房，其倒塌距离大一些，刚度差的，倒塌距离小一些。

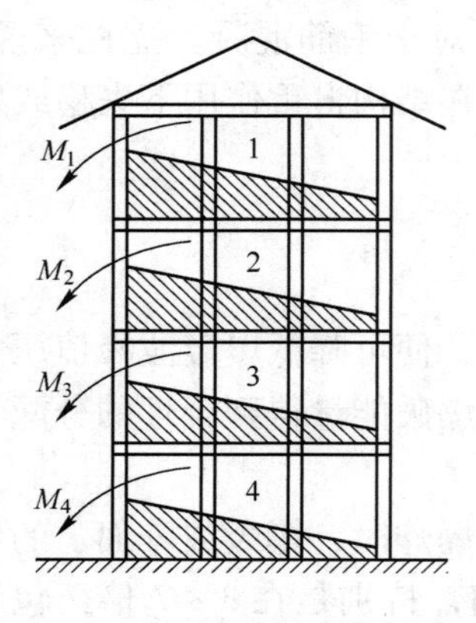

图 13－2 单向连续折叠倒塌

13.2.1.2 单向折叠倒塌

当爆破点四周均无较为开阔的场地或四周任一方向场地的水平距离均小于 2/3～3/4 楼房的高度时，为控制楼房的倒塌范围，任何类型砖结构楼房的拆除均可考虑采取“单向折叠倒塌”爆破方案。这种爆破拆除方式，系自上而下对楼房每层的承重结构大部分加以破坏，如图 13－2 中所示的阴影部分，其破坏方法类似“定向倒塌”方式，但必须利用延时起爆技术，自上而下顺序起爆，迫使每层结构在重力转矩 M_1、M_2、M_3 和 M_4 的作用下，均朝一个方向连续折叠倒塌。

这种爆破拆除方案主要优点是，倒塌范围相对小一些，楼房坍塌破坏得较为充分；其主要缺点是，钻爆工作量较大，而且倒塌一侧场地的水平距离要求接近或等于2/3楼房的高度。

13.2.1.3　双向交替折叠倒塌

若楼房四周任一方向地面水平距离均小于2/3楼房高度时，为控制楼房倒塌范围，任何类型楼房的拆除可采用“双向交替折叠倒塌”爆破方案。这种爆破拆除方式类似“单向折叠倒塌”，其不同之处是，自上而下顺序起爆时，上下层结构一左一右地交替定向连续双向折叠倒塌，如图13－3中所示的阴影部分即为交替顺序爆破部位。此种爆破拆除方案与前一种相比，其优越性是倒塌范围又相对小一些，但倒塌两侧场地的水平距离不宜小于1/2楼房的高度。

采用“单向折叠倒塌”或“双向交替折叠倒塌”爆破拆除方案时，在分别满足相应要求的倒塌水平距离的前提下，亦可自上而下每间隔一层楼房结构顺序爆破，这样可使钻爆工作量减少50%，例如在图13－2或图13－3中，仅需对第1层和第3层的承重结构进行爆破即可。图13－4所示为简化后的“双向交替折叠倒塌”拆除方案。

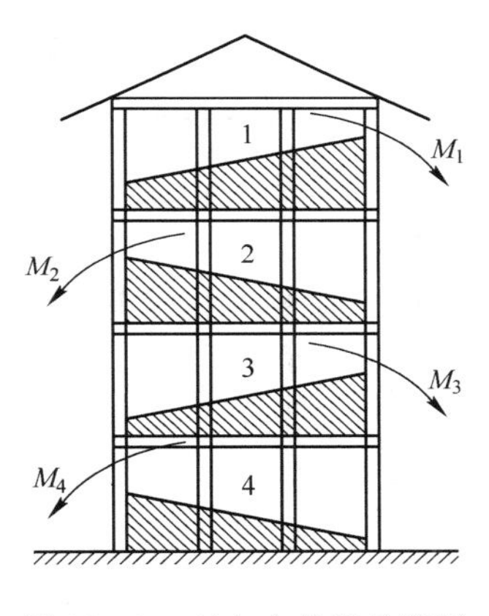

图13－3　双向交替折叠倒塌

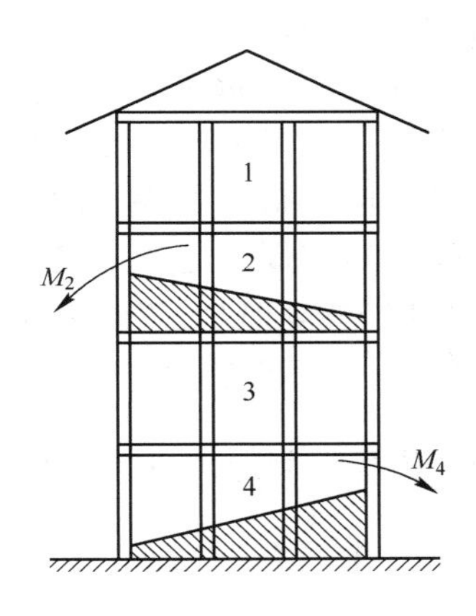

图13－4　简化双向交替折叠倒塌

13.2.1.4　原地坍塌

若楼房四周场地的水平距离均小于1/2楼房的高度，而砖结构楼房的每层楼板又为预制楼板时，这种类型结构楼房的拆除便可采用“原地坍塌”爆破方案。

如图13－5所示，爆破时，除事先将最底层阻碍楼房坍塌的隔断墙进行必要破坏外，只需将最底层的承重墙和柱子充分破坏至足够高度，则整个楼房便可在自重作用下达到“原地坍塌”的目的。这种坍塌破坏方式的钻爆工作量小、拆除效率高，其四周场地的水平距离有1/3～1/2楼房的高度即可。采用上述这种“原地坍塌”爆破拆除方式有一定的局限性，通常适用于爆破拆除砌筑预制楼板的砖结构楼房，即楼房整体结构刚度较低的楼房；对于钢混结构或框架结构等整体性较好的楼房，采用“原地坍塌”爆破拆除方

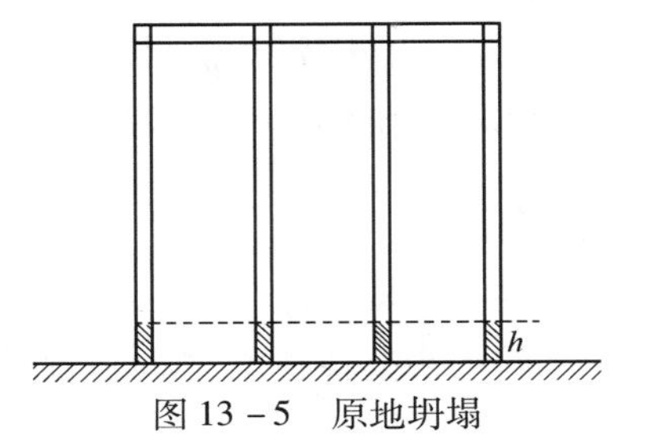

图13－5　原地坍塌

式，往往达不到楼房整体坍塌的目的，因为这种楼房当底层的内外承重墙及柱子炸毁后，极易出现上部楼房结构整体垂直下坐而不坍塌的现象，上层楼板和墙体仅仅产生一些裂纹或裂缝而已。所以对这种结构的建筑物，必须同时对建筑物各层的承重墙、梁、柱等进行必要的破坏才能达到较好的效果，故工程量较大。对于这种类型楼房的爆破拆除方案，可根据其周围的场地条件，从前三种坍塌破坏方式中选择或采用“内向折叠坍塌”爆破拆除方案。

13.2.1.5 内向折叠坍塌

“内向折叠坍塌”爆破拆除方式类似“原地坍塌”，其区别主要是自上而下对楼房的每层内承重构件，如墙、柱和梁等予以充分破坏，从而在重力作用下形成内向重力转矩，如图 13－6 所示的 M，图中阴影部分为爆破部位，在一对重力转矩作用下促使上部构件和外承重墙、柱向内折叠坍塌；但必须采用延时起爆技术，自上而下顺序起爆，方可形成楼房结构层层连续向内折叠坍塌的破坏方式。若外承重墙较厚或其中有钢筋混凝土承重立柱时，亦应在顺序起爆过程中予以爆破一定高度，使之疏松后形成一个铰，从而确保其顺利向内折叠倒塌；通常外承重构件应在内承重构件爆破后起爆。这种爆破拆除方式的优越性类似“双向交替折叠倒塌”，不同之处是坍塌范围相对小一些，楼房四周的场地水平距离要求具备 1/3～1/2 楼房的高度即可。

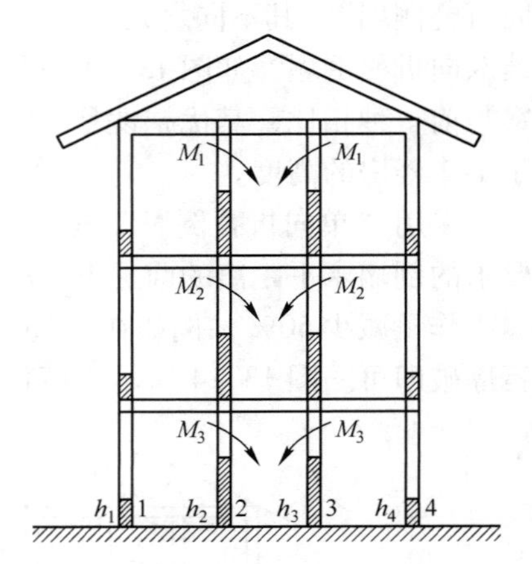

图 13－6 内向折叠坍塌

13.2.2 楼房控制爆破技术设计

13.2.2.1 爆破参数的选择

最小抵抗线 W 通常取砖墙厚度 δ 的一半，即 $W=\frac{1}{2}\delta$。

承重砖墙控制爆破时，常常采用水平钻孔。炮孔间距 a 一般视墙体厚度或 W 值的大小及砖墙的强度而定。对于墙厚630mm 或750mm，且为水泥砂浆砌筑时，可取 $a=1.2W$，石灰砂浆砌筑时，取 $a=1.5W$；对于墙厚 370mm 或 500mm，且为水泥砂浆砌筑时，可取 $a=1.5W$，石灰砂浆砌筑时，取 $a=(1.8\sim2.0)W$。

在按上述原则选择炮孔间距 a 的前提下，炮孔排距 $b=(0.8\sim0.9)a$。

炮孔深度 L 的设计原则是，应使药包的中心恰好位于墙体的中心线上。这样设计的孔深，可确保在按控制爆破装药将墙体炸塌的同时，使飞石受到有效控制。因此，若已知墙体厚度 δ，则炮孔深度 L 为：

$$L=\frac{1}{2}(\delta+L') \tag{13-1}$$

式中 δ——墙体厚度，cm；

L'——药包长度，cm，可根据单孔装药量 Q_1、装药密度 Δ 和炮孔半径 r 按 $L'=Q_1/(\pi r^2\Delta)$ 计算。

在砖墙控制爆破中，当采用的炮孔直径不小于40mm 时，集中装药的药包长度L'往往等于或小于5cm。当小于5cm 时，则L'值可按5cm 计，5cm 即为8 号电雷管的长度。

墙角的炮孔深度L应慎重确定，如果确定不当，不仅墙角结构难以炸塌，而且易于产生飞石。若墙角两侧墙的厚度δ相等，则墙角孔深L可按下式确定：

$$L=(0.35\sim0.37)C \tag{13-2}$$

式中 C——墙角内外角顶的水平连线长度，cm，$C=\delta/\sin45°$。

13.2.2.2 单孔装药量的计算

浆砌砖墙控制爆破时，其单孔装药量可按公式$Q_1=KabH$计算，但式中的H应代换为墙体的厚度δ，即$Q_1=Kab\delta$。单位用药量系数K值可根据W值的大小、材质情况及临空面个数，从表13－1 中选取或通过试爆确定。

表13－1 单位用药量系数K值参考表

建筑物名称及材质		W/cm	K/g·m^{-3}		
			一个临空面	两个临空面	多个临空面
混凝土圬工强度较低		35～50	150～180	120～150	100～120
混凝土圬工强度较高		35～50	180～220	150～180	120～150
混凝土桥墩及桥台		40～60	250～300	200～250	150～200
混凝土公路路面		45～50	300～360		
混凝土桥墩及台帽		35～40	440～500	360～440	
混凝土铁路桥板、梁		30～40		480～550	400～480
浆砌片石或料石		50～70	400～500	300～400	
钻孔桩桩头	ϕ1.0m	50			250～280
	ϕ0.8m	40			300～340
	ϕ0.6m	30			530～580
浆砌砖墙	厚约37cm	18.5	1200～1400	1000～1200	
	厚约50cm	25	950～1100	800～950	
	厚约63cm	31.5	700～800	600～700	
	厚约75cm	37.5	500～600	400～500	
混凝土大块二次破碎	$BaH=0.08\sim0.15\ m^3$				180～250
	$BaH=0.16\sim0.4\ m^3$				120～150
	$BaH>0.4\ m^3$				80～100

注：1. 浆砌砖墙的K值是指水平炮孔上部有重压的情况，若无重压时，应乘以0.8。
2. 表中K值系使用2 号岩石硝铵炸药时的数据，当用其他炸药时K值应乘以炸药换算系数e。

爆破砖墙时，墙角的夹制作用较大，因此墙角炮孔的装药量应适当加大，可按正常炮孔计算的药量Q_1的1.2 倍计算，即角孔的装药量等于$1.2Q_1$。

13.2.2.3 布孔范围的确定及炮孔布置

布孔范围，通常取决于所选择的控制爆破坍塌破坏方式。当采用“原地坍塌”破坏方式时则需将楼房底层四周的外承重墙炸开一个相同高度的水平爆破缺口，这种爆破缺口

的高度 h 不宜小于墙体厚度 δ 的两倍，即 $h>2\delta$。内承重墙的爆破高度可与外承重墙相同或略高一些。采用“内向折叠坍塌”破坏方式时，则主要是将每层楼房的内承重墙和与其垂直的内外承重墙炸开一定高度的水平爆破缺口，缺口的高度 h，自下层至上层可从1.5倍墙的厚度 δ 递增至3.5倍，即 $h=(1.5\sim3.5)\delta$。这种水平爆破缺口，通常就是“原地坍塌”和“内向折叠坍塌”爆破时的布孔范围。

近似梯形的爆破缺口也是常用的另一种爆破缺口，如图13－7所示，图中的近似梯形，系三侧外承重墙的爆破缺口展开后的形状，L 为爆破缺口的展开长度，h 为高度，b 为炮孔排距。这种布孔范围的爆破缺口，一般适用于楼房“定向倒塌”、“单向折叠倒塌”或“双向交替折叠倒塌”的破坏方式。对于前一种破坏方式，爆破缺口高度 h 不宜小于两倍承重墙的厚度 δ，即 $h>2\delta$；对于后两种破坏方式，缺口高度 h，自楼房下层至上层可从1.5倍承重墙的厚度 δ 递增至3.5倍，即 $h=(1.5\sim3.5)\delta$。

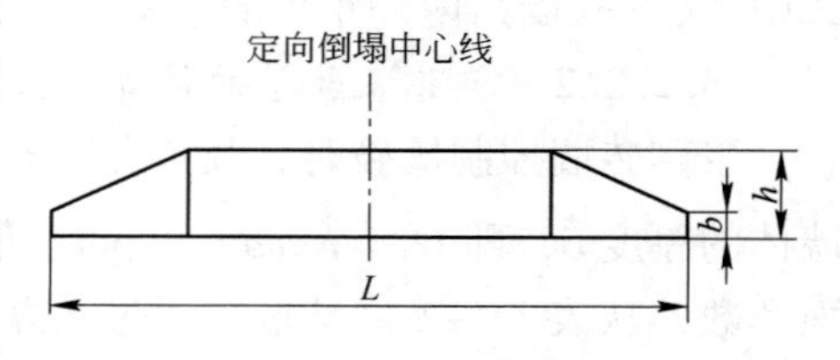

图13－7　近似梯形爆破缺口

无论采用哪一种坍塌破坏方式，若楼房为砖石与钢筋混凝土混合结构，则爆破缺口的高度，均应以钢筋混凝土承重立柱的破坏高度为基准来确定。

理论分析和实践经验表明，为确保钢筋混凝土框架结构爆破时顺利坍塌或倾倒，钢筋混凝土承重立柱的爆破破坏高度 H 宜按下列公式计算：

$$H=K(B+H_{\min}) \tag{13-3}$$

式中　B——立柱截面的边长；

$H_{\min}$——承重立柱底部最小爆破破坏高度；

K——经验系数，$K=1.5\sim2.0$。

立柱形成铰链部位破坏高度 H' 可按以下公式计算：

$$H'=(1.0\sim1.5)B \tag{13-4}$$

布孔范围确定后，便可根据所选择的炮孔间距 a 和排距 b 进行布孔，一般大多采用梅花形交错布孔方式；凡是要求按预定方向倒塌的爆破，必须在爆破缺口倒塌中心线的两侧对称均衡地布置炮孔；爆破缺口最下一排炮孔距地面或室内地板不宜小于0.5m，最小也不得小于最小抵抗线 W，通常确定为0.5m的目的有二：一是为减小最下一排炮孔爆破时的夹制作用，二是为便于钻孔施工操作。一般房屋墙角的结构较为坚固，为确保将其炸塌，根据爆破缺口的高度，在墙角必须布置相应数量的炮孔；采用水平炮孔时，其方向应与内外墙角连线的方向保持一致，如图13－8所示。

在进行“单向”、“双向”和“内向”折叠倒塌爆破时，通常有一侧或两侧外承重墙不予以爆破，但当外承重墙较厚或较坚固时，为使墙体顺利折叠倒塌，亦可考虑对其进行爆破；通常只需在外承重墙内侧布置一定数量的炮孔，炸开一条缺口后即可达到预定的目的。炮孔布置如图13－9所示，一般布置三排炮孔，梅花形交错排列，炮孔间距 $a=\delta$；排距 $b=0.55\delta$；上下排炮孔深度 $L_2=\frac{3}{7}\delta$；中间一排炮孔深度 $L_1=\frac{4}{7}\delta$。单孔装药量可按公式（13－5）计算。

$$Q_1 = KWaH \qquad (13-5)$$

式中，H 应以 L_1 和 L_2 取代之，单位用药量系数 K 值按减弱松动爆破要求确定即可。

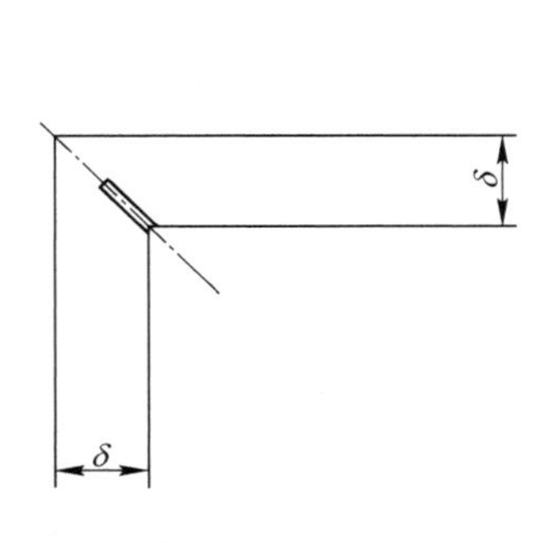

图 13-8 角孔平面布置

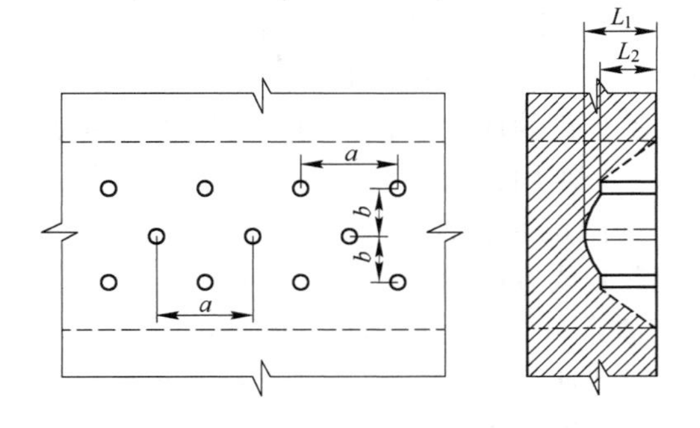

图 13-9 墙体定向倒塌炮孔布置

13.2.2.4 爆破安全检算

一般拆除楼房的控制爆破，大都在工业民用建筑密集的地区进行，为确保周围建筑物和设施的安全，需进行爆破震动安全检算，严格控制一次允许起爆的药量。相关内容可参考第 14 章。

13.2.3 楼房控制拆除爆破施工和安全防护

楼房控制拆除爆破施工和安全防护的工艺、方法、技术要求，与一般的控制爆破基本相同。现就楼房拆除爆破的一些问题具体简述如下：

（1）爆破时，为使楼房顺利坍塌，作为准备工作事先宜将门窗拆除，特别是爆破低矮楼房时更要注意这一问题；此外，对阻碍或延缓坍塌的隔断墙亦应事先进行必要的破坏，其破坏高度可与承重墙的爆破高度相一致，一般半砖厚的隔墙可用人工破坏，一砖厚以上的可用爆破法破坏。

（2）对楼梯的承重构件，如梁、柱或墙，只要在楼房爆破前用爆破法将这类承重构件的材料强度和刚度稍加破坏即可，以保证楼房爆破时顺利坍塌。

（3）采用炮孔法爆破时，炮孔直径不宜小于 38～40mm，以利提高装药集中度和相对增加堵塞长度。

（4）在城市控制爆破工程中，楼房的拆除爆破一般采用浅孔爆破法，因此最好在室内墙壁上进行钻孔，以利于控制可能出现的冲炮造成的危害；若墙体有两个临空面时，只要按设计要求钻孔和装药，并使药包中心位于墙体中心线上，就可将墙体炸塌，且不会出现飞石；对于那种在室外墙壁上钻孔，并使药包的最小抵抗线指向房屋内部的爆破方法是不可取的。因为采用这种方法爆破时，欲将墙体内外两侧同时炸塌，势必加大单位耗药量和总的爆破用药量。

（5）若拆除的楼房有地下室时，宜将地下室的承重构件，如墙、柱及顶板的主梁等予以彻底炸毁，爆破可与楼房爆破同时进行或超前（滞后）进行，主要取决于爆破拆除方案。无论采用哪一种方案，有计划地炸毁地下室承重构件后，均有利于缩小楼房的坍塌范围，使上层结构的部分坍落物充填于地下室空间。

（6）一般地下室承重墙的爆破部分只有一个临空面，炮孔深度可取 $L=\left(\frac{2}{3}\right)\delta$；墙体为水泥砂浆砌筑时，炮孔间距可取 $a=(0.8\sim1.0)L$，石灰砂浆砌筑时，可取 $a=(1.0\sim1.2)L$；梅花形交错布孔时，炮孔排距取 $b=0.85a$。

（7）在砖墙上进行钻孔时，宜用金属电钻，配以特制钻头，不仅操作省力、轻便、灵活，不需笨重的风动设备，而且可以避免风动凿岩机钻孔时造成的粉尘污染。用电钻钻好的炮孔，必须用掏勺将孔内的粉尘清除干净。

（8）在闹市区或居民稠密区，进行楼房控制爆破拆除时，应根据爆破点周围具体情况考虑设置必要方向的围栏防护排架。

（9）通常一栋楼房内约有85%的空间充满空气，当楼房爆破坍塌时，空气便受到急剧压缩而形成压缩喷射气流，致使灰尘飞扬。因此，有条件时，在楼房坍塌过程中应进行喷水消尘。无条件喷水时则应发出安民告示，通知爆破点周围或下风向一定范围内的居民临时关闭门窗。

（10）楼房爆破坍塌后，有时存在一些不稳定因素，如个别或部分梁、板等构件仍未完全塌落，因此必须等待坍塌稳定后，一般在爆破后一小时左右，经爆破负责人许可方可进入现场检查和处理。未检查和处理前，需安排警戒人员看守，因为坍塌不完全现象的发生，往往是出现瞎炮所导致的后果。

13.2.4 砖结构楼房的爆破拆除实例

13.2.4.1 概况

在某市区内有一座地震后的危险楼房，其东侧7m处是一临时修建的大型木结构商店；西侧为空旷场地，12m处有大片居民临时抗震房屋；南侧为人行便道，在2.8m处有一束架空电话线路，是该市与全国各省市联系的重要通讯线路，人行便道外为20m宽的街道，街道以南为大片居民临时抗震房屋；北侧为空旷场地，22m处有大片居民临时房屋。由于楼房周围的环境复杂，为确保附近通讯线路、临时房屋和居民人身的安全，并满足快速拆除的要求，因此决定采用控制爆破法拆除。

该危险楼房为六层单身职工宿舍楼，高17.7m，平面呈长方形，东西向长48.8m，南北向宽11.8m，总建筑面积为3400多平方米。楼房为砖结构，内、外承重墙分别厚38cm和50cm，内隔断墙厚25cm，楼板、过梁和楼梯均为钢筋混凝土预制构件组成。根据该楼房周围的环境、场地情况和楼房结构、破损情况，以及对拆除与安全的要求，确定采用控制爆破定向炸塌方案。为确保楼房南侧2.8m处电讯线路的安全，爆破时，必须使楼房朝北坍塌，为此，应将一层的全部内承重墙和东、西、北三侧外承重墙，炸开一定高度的爆破缺口，从而使楼房重心失稳，在重力倾覆力矩的作用下和南侧外承重墙的支撑下向北坍塌。

13.2.4.2 爆破技术设计

（1）爆破参数。对于两面临空墙体的爆破，最小抵抗线取 $W=\left(\frac{1}{2}\right)\delta$。外承重墙厚50cm，取 $W=25$cm；内承重墙厚38cm，取 $W=19$cm。承重墙均由水泥砂浆与红砖砌筑，由于墙体已出现裂纹等破损，取炮孔间距 $a=1.6W$，即对于38cm和50cm厚的砖墙，炮孔间距 a 分别为30cm和40cm；布孔方式采用梅花形，故炮孔排距 b 均按0.85倍炮孔间距取值，即 b 分别为26cm和34cm。

墙体有两个临空面时，炮孔深度 L 可按式（13－1）确定，墙角孔深 L 应按式（13－2）来确定。墙厚 50cm 时，墙体上的炮孔深度 $L=27.5$cm，墙角孔深 $L=26$cm；墙厚 38cm 时，炮孔深度 $L=21.5$cm，墙角孔深 $L=20$cm。

（2）药量计算。单孔装药量 q 可按公式 $q=Kab\delta$ 计算，K 值可从表 13－1 中初步选取。由于楼房的墙体在地震后出现裂纹等破损，通过药量计算和试爆后的药量调整，对于厚 50cm 和 38cm 两侧临空的承重墙，单位用药量系数 K 值分别确定为 700g/m^3 和 950g/m^3。将有关爆破参数代入上述药量计算式重新计算后，分别得出单孔装药量 $q\approx48$g 和 $q\approx28$g；由于邻近门、窗的炮孔有三个临空面，其单孔装药量应按正常装药量的 80% 计算，则分别得出 $q\approx38$g 和 $q\approx22$g；对于墙角的炮孔，其装药量应适当增加，可按正常装药量的 1.15 倍计算，则分别得出 $q\approx55$g 和 $q\approx32$g。

（3）布孔范围及炮孔布置。在该楼房的定向坍塌爆破中，作为承重墙布孔范围的爆破缺口采用了长方形，其长度等于承重墙的内侧长度，为使楼房坍塌时上部结构彻底碎裂，取爆破缺口的高度 h 大于两倍承重墙的厚度 δ，即 $h>2\delta$。对于厚 50cm 和 38cm 的承重墙均布置了四排炮孔，故其爆破缺口高度分别为 $h=3\times34=102$cm 和 $h=3\times26=78$cm。

在确保预期爆破效果的前提下，为尽可能减少钻孔工作量，在承重墙上布置炮孔时，宜将炮孔布置在门、窗之间的墙体上。本次爆破的炮孔平面布置如下：在外承重墙上，最下一排炮孔距地面 58cm，第二、三、四排炮孔在窗与窗之间的墙体上；在内承重墙上，最下一排炮孔距地面亦为 58cm，全部四排炮孔均布置在门与门之间的墙体上。根据以上确定的孔网参数及布孔范围，结果在东、西、北三侧外承重墙共布置炮孔 490 个，其中墙角炮孔 8 个、三个临空面的炮孔 88 个、两个临空面的炮孔 394 个；内承重墙上共布置炮孔 682 个，其中墙角炮孔 12 个、三个临空面的炮孔 102 个、两个临空面的炮孔 568 个。在内外承重墙上总共布置炮孔 1172 个，共需钻孔 281m；外承重墙爆破共需装药 22.7kg，内承重墙爆破共需装药 18.5kg，总共需用硝铵炸药 41.2kg、电雷管 1172 发。

（4）爆破安全检算。本例主要进行爆破震动安全检算。检算结果表明，一次起爆 41.2kg 炸药时，对于距楼房 7m 处的商店建筑物是安全的，爆破震动引起的地层质点震动速度 v 仅为 1.54cm/s；实爆后的观察也表明，该建筑物未出现任何破损。

（5）起爆网路。根据设计要求，一次起爆的药包数量较多，共 1172 个药包，为简化电力起爆网路的设计与计算，采用了 GM-2000 型高能脉冲起爆器作为一次起爆的电源。此外，为确保电爆网路中的全部电雷管准爆，还采取了以下五项具体措施：

1）选用近期出厂同一批生产的质量好的瞬发电雷管。

2）每条串联支路中电雷管之间的阻值差，控制在不超过 0.1Ω；各串联支路之间的阻值差，控制在不超过 1.0Ω，否则，用附加电阻进行平衡。

3）在堵孔和连接电爆网路时，须认真仔细操作，防止导线绝缘破损产生漏电，并用爆破专用仪表检查有无漏电现象，一旦发现漏电现象，及时予以消除。

4）对起爆器的起爆能力进行检验。

5）对实际采用的电爆网路进行了模拟试验，以检验其准爆的可靠性。

通过采取以上措施，结果实施爆破时，完全达到了安全准爆的预期效果。

13.2.4.3 爆破施工与安全防护

在爆破时，为确保楼房顺利坍塌，事先将 25cm 厚的隔断墙逐一打开了缺口，缺口高度为50cm左右。

为保证钻孔工作人员在危险楼房中的施工安全，采用了配以 ϕ40mm 特制钻头的金属电钻进行钻孔作业，以降低钻孔时的振动，并防止了粉尘污染。对于钻好的炮孔逐一进行了检查和验收。

爆破楼房时，为防止个别碎块飞扬造成危害，在该楼房东侧7m处商店的橱窗上挂以荆笆作为防护，在西侧5m和南侧2.8m处搭设了高2.5m的荆笆围墙作为防护。

13.2.4.4 爆破效果

爆破后，该危险楼房在3s左右全部坍塌，朝北定向塌落比较明显，周围的临时房屋建筑及南侧2.8m处的架空电讯线路安然无恙，达到了快速安全拆除的预期效果。少量爆破碎块飞扬约在10m以内，楼房坍塌堆积高度约6m，南北堆积宽度为22m、西东堆积范围达60m。

该次爆破从爆破设计、施工到防护总共使用45个工作日，较之人工拆除提高工效20余倍，而且安全可靠，迅速消除了危险楼房的隐患。

13.3 烟囱与水塔的拆除爆破

在城市改建和厂矿企业技术改造中，经常需要对废弃烟囱、水塔进行拆除。此外，当烟囱、水塔的结构发生破损或倾斜并成为危险建筑物时，亦需迅速予以拆除。因这类高耸构筑物往往位于人口稠密的城镇和厂矿区的建筑群中，故人工拆除十分困难。采用控制爆破技术拆除则是十分有效的方法。

13.3.1 烟囱与水塔的爆破坍塌破坏方式及其设计原理

无论采用何种方法拆除烟囱或水塔，都必须了解其类型与结构。一般工业民用烟囱的类型主要为圆筒式，也有正方筒式的，其横截面自下而上呈收缩状，即烟囱的横截面自下而上为变截面。按材质区分有砖结构和钢筋混凝土结构两种，通常在其内部自下而上还砌有一定高度的耐火砖内衬，内衬与烟囱内壁之间保持有一定空隙。

水塔属于一种高耸的塔状构筑物，按其支承类型区分主要有桁架式支承和圆筒式支承两种。顶端的水罐主要采用钢筋混凝土结构，桁架式支承也大多采用钢筋混凝土结构，而圆筒式支承有砖结构和钢筋混凝土结构两种。

本节所介绍的水塔爆破均系指圆筒式支承的水塔，而这种水塔的爆破与烟囱爆破的方法基本相同，故将两者合并予以介绍。

应用控制爆破拆除烟囱或水塔时，最常采用的坍塌破坏方式为“定向倒塌”，其次是“原地坍塌”。

“定向倒塌”的设计原理主要是在烟囱、水塔倾倒一侧的底部，沿其支承筒壁炸开一个大于周长1/2的爆破缺口，如图13-10所示，从而破坏其结构的稳定性，导致整个结构失稳和重心产生位移，在本身自重作用下形成倾覆力矩，迫使烟囱或水塔按预定方向倒塌，并使其倒塌在预定范围之内。

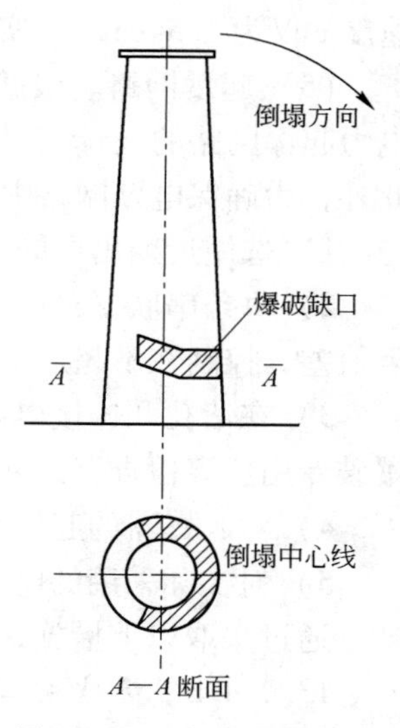

图13-10 烟囱定向倒塌

“原地坍塌”的设计原理主要是在烟囱、水塔底部，沿其支承筒壁整个周长炸开一个足够高度的爆破缺口，从而借助于其本身自重的作用和重心下移过程中产生的重力加速度，导致烟囱、水塔“原地坍塌”破坏。一般实现烟囱、水塔“原地坍塌”破坏方式的技术难度比较高，在筒壁全周长爆破缺口形成后，有时坍塌非常顺利，但有时在其垂直坍塌过程中会出现预料不到的任意方向的倒塌。

实践经验表明，欲准确无误地实现烟囱、水塔“原地坍塌”破坏方式，还需辅以其他必要的技术措施。例如可在烟囱、水塔顶端同一高度至少拴固三根相邻夹角为120°的钢丝绳。在爆破前，钢丝绳分别由锚固于地面的三台转速相同的电动卷扬机拉紧，在圆周形爆破缺口形成的瞬间，利用同步闸刀装置立即开动3台卷扬机，随着烟囱或水塔向下坍塌，卷扬机组不断地收紧三向钢丝绳，直至其全部坍塌为止。

13.3.2 烟囱、水塔控制爆破拆除方案的确定

烟囱或水塔“定向倒塌”拆除方式，要求其倒塌方向必须具备一定宽度的狭长场地，其水平长度自烟囱或水塔的中心算起不得小于其高度的1.0~1.2倍，垂直于倒塌中心线的横向宽度，不得小于烟囱或水塔爆破部位外径的2.0~3.0倍。对于钢筋混凝土烟囱、水塔或刚度好的砖砌烟囱、水塔，其倒塌的水平距离要求大一些；对于刚度差的砖砌烟囱、水塔，其倒塌的水平距离要求相对小一些，约等于0.5~0.8倍烟囱或水塔的高度，此时其倒塌的横向宽度则应大一些，可达爆破部位外径的2.8~3.0倍。

根据对大量烟囱、水塔“定向倒塌”爆破结果的分析，倒塌的水平距离，主要与烟囱、水塔本身的高度、结构、刚度、风化破损程度，以及设计爆破缺口的形状、高度，爆破缺口长度与周长比值的大小等多种因素有关。例如在以“定向倒塌”方式爆破烟囱的大量实践中，对于数座同为水泥砂浆砖砌烟囱，且采用的设计爆破缺口形状和参数也基本相同的条件下，结构坚固、刚度好的烟囱，其倒塌的水平距离均为烟囱高度的1.0~1.1倍；而刚度差的烟囱，其倒塌的水平距离大多为烟囱高度的0.5~0.7倍。又如生产性试验表明，虽然爆破的砖砌烟囱的刚度很差，但由于爆破缺口的长度仅稍微超过爆破部位周长的1/2（约超5%），结果烟囱倒塌的水平距离达到其高度的2.5倍，这主要是由于烟囱倒塌时出现严重的前冲现象造成的后果。

烟囱或水塔“原地坍塌”拆除方式要求其四周必须具备一定的场地，以容纳爆破坍塌后的堆积物。实践表明，爆堆范围的直径约等于烟囱或水塔高度的1/3，因此，若从烟囱或水塔的中心向外算起，其周围场地的半径或地面水平距离不得小于烟囱或水塔高度的1/6。

一般来说，烟囱、水塔拆除爆破应根据场地条件来决定采用“定向倒塌”还是“原地坍塌”拆除方式，但必须明确指出“原地坍塌”破坏方式，仅仅适用于刚度低的砖砌烟囱或砖结构支承的水塔的控制爆破拆除工程，而钢筋混凝土结构的烟囱或钢筋混凝土结构的圆筒式支承水塔的控制爆破拆除，只能采用“定向倒塌”破坏方式。

根据以上有关烟囱、水塔拆除爆破问题的讨论，在制定其控制爆破拆除方案时，首先必须到现场进行实地勘察与测量，要仔细了解烟囱或水塔周围的环境与场地情况，包括空中、地面、地下建筑物和设施与爆破点的相对位置和距离；同时还应了解烟囱或水塔的结构与几何尺寸，从而确认其是否具备“定向倒塌”或“原地坍塌”拆除方式所要求的必

要条件。如果不具备这种条件，则应排除爆破法拆除的可能性；如果具备这种条件，则应根据具体情况初步确定烟囱或水塔的控制爆破拆除方案。为使最终制定的爆破方案经济合理、安全可靠和切实可行，则应进一步收集烟囱或水塔的原始设计和竣工资料，并与实物认真核对，查明其构造、材质、刚度、筒壁厚度、施工质量和完好程度或风化、破损情况，要准确地测量其实际高度，并把以上的实际资料详细注明在核对的图纸上。在此基础上，制定出最终的控制爆破拆除方案。

13.3.3 烟囱、水塔控制爆破技术设计

13.3.3.1 爆破设计参数的选择

（1）炮孔深度 L。理论分析和实践表明，圆筒式烟囱及水塔支承的爆破缺口部分，应视为一个类似拱形的构筑物，如图 13－11 中所示的阴影部分，若以药包中心的连接线为分界线，则药包爆炸时产生的应力波将使拱形构筑物的内侧受压、外侧受拉。而砖砌体或混凝土的抗拉强度远远小于其抗压强度，因此确定炮孔深度 L 必须慎重。若孔深 L 稍浅，则爆破时形不成爆破缺口，不仅烟囱或水塔不能倒塌，而且产生飞石，呈扇形扩散飞扬；若孔深 L 超深，则爆破时亦形不成爆破缺口，烟囱或水塔仍然不能倒塌，甚至成为危险建筑物，给下一步拆除工作造成困难。因此应选择合适的炮孔深度 L。

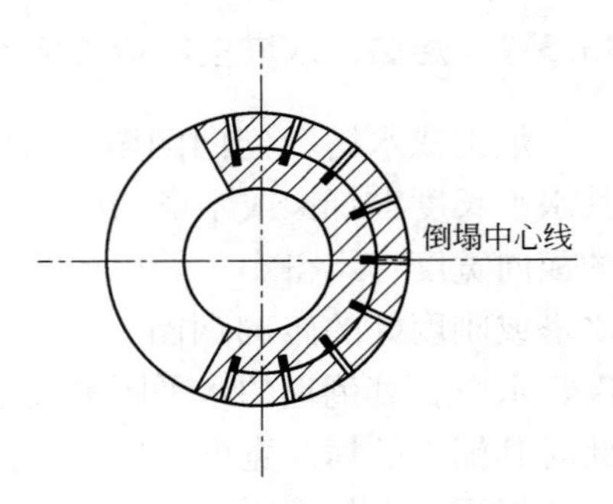

图 13－11 爆破缺口断面炮孔布置

影响炮孔深度 L 的因素除烟囱或水塔支承的壁厚 δ 外，还有材质、爆破缺口部位直径的大小及烟囱、水塔的构造等。烟囱、水塔的拆除爆破，通常采用布置水平炮孔的浅孔爆破法。当在筒壁外侧钻水平炮孔（孔径为 38～42mm）时，针对不同具体情况，合理的炮孔深度应取 $L=(0.67\sim0.7)\delta$。若砖砌烟囱无耐火砖内衬，或有耐火砖内衬但其爆破部位的外径大于 3m 以及水塔支承为砖砌体时，宜取 $L=(0.67\sim0.68)\delta$；若砖砌烟囱有耐火砖内衬或虽无耐火砖内衬，但其爆破部位的外径小于 3m 以及水塔支承为钢筋混凝土结构时，宜取 $L=(0.69\sim0.70)\delta$。

对于旧式圆筒形砖结构支承的水塔，内径达 5m 或 5m 以上时，亦可在筒壁内侧钻水平炮孔，其合理的炮孔深度宜取 $L=(0.56\sim0.58)\delta$。

（2）炮孔间距 a 和排距 b。炮孔间距 a 的确定主要与炮孔深度 L 有关，应使 $a<L$，要确保炮孔装药后的堵塞长度 L_1 大于或等于炮孔间距 a，以防止产生冲炮。此外，炮孔间距还与构筑物的材质及风化程度等因素有关。对于砖结构烟囱或水塔支承，炮孔间距宜取 $a=(0.8\sim0.9)L$；若爆破部位的砖砌体完好，取 $a=(0.8\sim0.85)L$，有风化腐蚀现象时，取 $a=(0.85\sim0.9)L$。对于钢筋混凝土烟囱或水塔支承，炮孔间距取 $a=(0.85\sim0.95)L$；若爆破部位的材质完好，取 $a=(0.85\sim0.9)L$，有风化腐蚀现象时，取 $a=(0.9\sim0.95)L$。

若上下排炮孔采用梅花形交错布孔方式，可取炮孔排距 $b=0.85a$。

在烟囱爆破部位，若耐火砖内衬厚度为 24cm，为确保烟囱按预定方向顺利倒塌，在爆破烟囱的同时，耐火砖内衬亦应用爆破法予以破坏，一般破坏内衬周长的 1/2 即可。

13.3.3.2 布孔范围的确定及炮孔布置

布孔范围需根据其爆破方案予以确定。当采取“原地坍塌”破坏方式时，爆破缺口为水平型，其展开后的形状呈长方形，长度等于水塔爆破部位的整个圆周长度，高度 h 一般大于或等于爆破部位壁厚 δ 的两倍，即 $h \geqslant 2\delta$。以上这种水平型的爆破缺口即为烟囱或水塔“原地坍塌”时的爆破布孔范围。

在采用“定向倒塌”方式爆破烟囱或水塔的实践中，常见的爆破缺口有五种类型，其展开后的形状如图 13－12 所示。实践表明，作为布孔范围的斜形爆破缺口比较好，不仅定向准确，有利于烟囱或水塔按预定方向顺利倒塌，而且在倾倒过程中出现向后倾斜坐塌现象，在一定条件下有助于缩小倒塌距离；其次，水平型爆破缺口在实际应用中也有其优越性，主要是设计与施工简便，烟囱或水塔在倾倒过程中一般不出现向后坐塌现象，有利于保护其相反方向邻近的建筑物，故采用水平形爆破缺口时，如能做到精心设计与施工，亦可获得定向准确的效果。

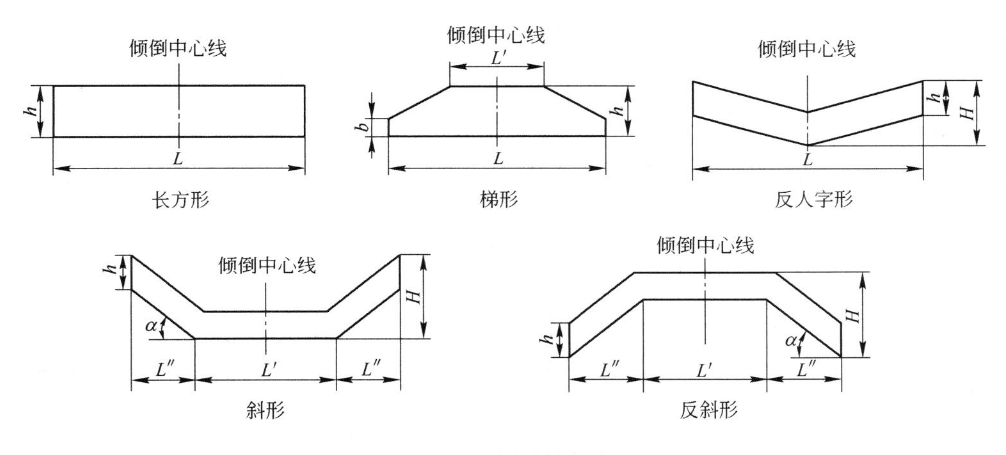

图 13－12 爆破缺口类型

h—爆破缺口高度；L—缺口的水平长度；L'—斜形缺口水平段的长度；
L''—斜形缺口倾斜段水平长度；H—斜形或反人字形缺口的矢高；α—倾斜角度

当采取“定向倒塌”方式爆破拆除烟囱或水塔时，爆破缺口的高度 h 不宜小于爆破部位壁厚 δ 的 1.5 倍，一般取 $h=(1.5\sim2.0)\delta$。爆破缺口高一点，可防止烟囱或水塔在倾倒过程中出现偏转，因此确定合理的爆破缺口高度 h，也是保证其定向倒塌的一个重要设计参数。爆破缺口的长度 L 值是否合理，对控制倒塌距离和方向均有直接影响，一般 L 值宜取爆破部位外径圆周周长的 2/3～3/4。采用反人字形或斜形爆破缺口时，其倾角 α 宜取 35°～45°；斜形缺口水平段的长度 L' 一般取缺口全长 L 的 0.36～0.40 倍，倾斜段的水平长度 L'' 取 L 的 0.30～0.32 倍；反人字形或斜形缺口的矢高 $H=0.5L\tan\alpha$ 或 $H=L''\tan\alpha$。

如前所述，钢筋混凝土烟囱或水塔支承的爆破拆除，只能采用“定向倒塌”方式。一般这种结构的高大建筑物，在倒塌过程中不易出现断裂与后坐现象，系整体倒塌。倒塌撞击地面后，有时混凝土全部破碎并脱离钢筋骨架，有时在骨架上还残留部分或大部分混凝土，这主要与建筑物的高度和倒塌速度有关。其布孔范围（即爆破缺口）除按以上介绍的方法确定外，为了提高预定方向倒塌精确度，还应在设计的爆破缺口的两端，事先用爆破法或人工法凿出两个洞口，并将洞口内的钢筋切断，从而使爆破后形成的缺口控制在两个洞口处为止。一般洞口的高度取爆破缺口高度 h 的0.8倍，宽度取0.5～0.7m即可。

布孔范围确定后，则应根据所选择的炮孔间距 a 和排距 b 进行炮孔布置，一般以梅花形布孔方式为宜；对于“定向倒塌”方式的爆破，必须在烟囱或水塔支承倾倒中心线的两侧对称布置炮孔；最下一排炮孔距地面不得小于0.5m，若烟囱或水塔支承内部有大量堆积物而又不准备清除时，则最下一排炮孔的布置应高于堆积物0.5m。

13.3.3.3 单孔装药量 Q_1 的计算

采用浅孔控制爆破法拆除烟囱或水塔时，单孔装药量可按 $Q_1 = Kab\delta$ 计算。若按本节介绍的方法选择设计参数，使用2号硝铵炸药及双发8号电雷管起爆每个药包时，对于水泥砂浆砖砌和钢筋混凝土结构的烟囱或水塔支承的爆破，单位用药量系数 K 值可根据不同壁厚 δ 从表13－2中选取。筒壁爆破部位有风化腐蚀现象时，K 取小值；完好时 K 可取大值。若砖结构烟囱或水塔支承中每间隔六行砖砌筑一道环形钢筋时，表13－2中的 K 值需增加20%～25%；每间隔十行砖砌筑一道环形钢筋时 K 值需增加15%～20%；使用 ϕ6mm钢筋时，增加少一些，使用 ϕ8mm钢筋时，增加多一些。

表13－2 烟囱和水塔拆除爆破时缺口的炸药单耗 K 值

类　型	壁厚 δ /mm	炸药单耗 K /$g \cdot m^{-3}$	类　型	壁厚 δ /mm	炸药单耗 K /$g \cdot m^{-3}$
水泥砂浆砖砌结构	370	2100～2500	钢筋混凝土结构	200	1800～2200
	490	1350～1450		300	1500～1800
	620	880～950		400	1000～1200
	750	640～690		500	900～1000
	890	440～480		600	660～730
	1010	340～370		700	480～530
	1140	270～300		800	410～450

13.3.3.4 爆破安全检算

实践表明，若设计得当，烟囱、水塔等高大建筑物爆破时的爆破震动和飞石均能受到有效控制，不致对周围建筑物造成危害。例如爆破50m高的烟囱时，其总用药量也仅为8kg左右（耐火砖内衬厚12cm时），所以爆破震动是微弱的，一般可不进行爆破震动安全检算。如有特殊情况需要检算，可按本书有关章节介绍的方法进行。砖结构烟囱或水塔支承定向倒塌时，如果技术设计合理，通常在其倾倒过程中，随着倾斜角度的增加，在后坐的同时断裂成数段，自下而上逐段连续地接触地面，因此撞击地面时的震动也是微弱的。以“定向倒塌”方式爆破钢筋混凝土结构的烟囱或水塔支承时，一般在爆破缺口形成后，其倒塌是整体性的，虽然爆破时产生的震动轻微，但其整体倒塌撞击地面时产生的震动却往往大于爆破震动，而频率则低于爆破振动频率。

此外，应该特别注意两个问题：一是在一定条件下必须准确地控制其倒塌时的方向，有时偏离预定方向几度，就有可能危及邻近建筑物或重要设施的安全，因此，钻爆前对倒塌方向的中心线需用经纬仪反复认真地测量校核，并将其定位于烟囱或水塔的爆破部位；二是对倒塌距离与堆积范围，应根据具体条件和技术设计进行检算。

13.3.4 烟囱、水塔等高大建筑物的爆破施工与安全

对烟囱、水塔等高大建筑物进行控制爆破时，必须精心设计与施工，除严格执行控制爆破施工与安全的一般规定和技术要求外，还应特别注意下列问题：

（1）在周围环境复杂的情况下，对定向倒塌的方向和中心线需用经纬仪认真地测量与校核，要准确地将倒塌中心线定位于烟囱或水塔支承的爆破部位上。

（2）炮孔布置，应严格按照设计图纸的要求将其定位于烟囱或水塔等构筑物的爆破缺口部位；采用的炮孔直径不宜小于 38～40mm。

（3）钻孔时，钻杆应指向烟囱或水塔支承筒壁的圆心，不得上下左右偏斜，从而确保炮孔方向既指向圆心又垂直于构筑物的表面；还应严格按照设计要求，确保炮孔深度；对于钻好的炮孔，要用掏勺清除孔内的粉尘，并逐个检查验收，对于孔深不符合要求的炮孔，应采取补救措施。

（4）在风化破损甚至有时掉块的砖结构烟囱或水塔底部钻爆施工时，为确保钻爆操作人员的安全，应架设棚架，棚架上覆以 2～3 层荆笆，以防掉块伤人；当钻爆操作结束后或临爆前，棚架即可拆除。此外，在这类破损构筑物底部钻孔时，宜采用配以特制钻头的金属电钻。

（5）必须严格杜绝产生瞎炮，确保准爆与爆破安全，否则就有可能对人民的生命和财产造成威胁或重大损失。实践中采用双套串联电爆网路是一项确保准爆与爆破安全的重要技术措施。只要严格执行连接网路操作的技术要求和检验规定，就完全可以杜绝瞎炮的产生。

（6）当采用“定向倒塌”方式爆破时，若烟囱爆破部位的筒壁与耐火砖内衬之间的空隙中积存有煤粉粉尘，则应将该部位的煤粉予以清除，否则，爆破烟囱时有时会引起煤粉爆炸，以致使烟囱的倾倒方向发生改变，砸毁邻近的建筑物；爆破水塔时，为确保其倾倒方向和降低水罐撞击地面时的震动，应事先排除罐内的存水，并切断阻碍其定向倒塌的水管管道。

（7）爆破时，为防止个别飞石，通常在爆破缺口部位，以悬挂方式覆盖两层草袋或一层草袋、一层轮带胶帘作为覆盖防护。

（8）若烟囱或水塔倒塌方向的场地为混凝土等硬路面时，烟囱或水塔倒塌时撞击地面会产生震动和形成大量碎块飞溅，这种碎块的飞溅距离一般均超过爆破时的飞石距离，故应在倒塌方向的硬路面上铺一定厚度的土壤，必要时，还可在土壤上覆盖一层草帘。

（9）进行定向倒塌爆破时，应于爆破前 1～2 天确切地掌握天气预报，主要是风向和风力。当风向与倒塌方向一致时，对爆破无影响，若风向不一致、而且风力又达 3 级以上时，这类高大建筑物在定向倒塌过程中就可能发生偏转，因此，当周围环境不允许其发生偏转时则应推迟爆破日期。

（10）采用“定向倒塌”方式爆破时，邻近烟囱或水塔的房屋内的人员及贵重物品应暂时转移至安全处，以防发生意外；围观人员严格限制在安全距离外。

13.3.5 烟囱拆除爆破实例

13.3.5.1 工程概况

某市一胶鞋厂内烟囱高45m，在距地面2m高处，外周长12.35m，壁厚0.55m，内衬厚0.24m，外壁与内衬之间有5cm的空隙。在距地面14m高处，外周长9.6m，壁厚0.45m，内衬0.11m。烟囱为砖砌结构，正东有烟道，烟囱周围环境如图13－13所示。烟囱北3.5m处是围墙，8m处是高压线，西22m处是水塔，南30m处及东南5m处是生产车间，东15m处是水池，30m处是在建楼房，环境比较复杂。

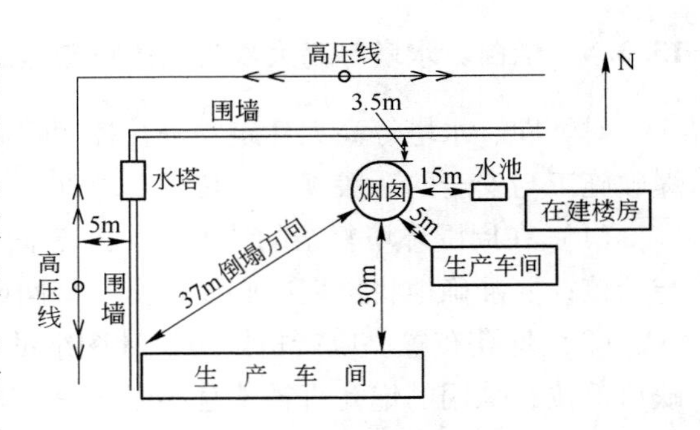

图13－13 烟囱周围环境示意图

13.3.5.2 方案选择

根据爆区环境，决定采用单向折叠定向倒塌方案。上切口定在基底以上14m处。下切口为避开烟道，定在基底2m处。

13.3.5.3 爆破技术设计

上切口距地面14m，切口高1.2m，切口长6.4m，为周长的2/3。在切口两端设定向窗为长方形，宽0.4m，高1.2m。在切口中间设定位窗，宽0.4m，高0.8m。此三部分用风镐打穿。

开定向和定位窗后烟囱强度校核：设烟囱从14m以上厚度均为56cm，切口部位保留部分的截面积为5.38m^2，截面上载荷为262kPa，小于砖的抗压强度3MPa，能保证安全。

需要爆破的切口由两部分组成，每部分长2.6m，高1.2m，布置4排炮孔，孔距a＝400mm，排距b＝400mm，最外边炮孔离侧向自由边界310mm，孔深L＝350mm，单孔装药50g，单位炸药消耗量q＝530g/m^3。

下切口为倒梯形水平切口。切口高1.65m，切口长8.23m，为切口外周长的2/3，定向窗为长方形，宽0.4m，高1.1m，用风镐打穿。

开定向窗后烟囱强度校核：设烟囱从2m以上厚度均为80cm，切口以上部分重764.7t，切口部位保留部分截面积9.88m^2，截面上载荷为774kPa，小于砖的抗压强度3MPa。

切口爆破部分长7.43m，高1.65m。布置4排孔，孔距a＝550mm，排距b＝550mm，最外边炮孔离侧向自由边孔450mm，孔深L＝510mm，上两排单孔装药量100g，下两排单孔装药量150g，炸药单耗q＝590g/m^3。

13.3.5.4 起爆方式及延时时间

采用半秒非电延时雷管，上切口用2段，下切口用6段，上下延时时间间隔为2s。

13.3.5.5 安全防护措施

上切口和下切口爆破部位在外面挂一层带草袋的竹笆，用铁丝捆牢，并使竹笆与墙体有20cm的间隙；警戒范围80m。

13.3.5.6 爆破效果

起爆后约1s，在重力弯矩作用下，烟囱上段开始缓慢倾斜，在倒塌过程中，上段部分保持完整并倾斜约80°~90°时，下切口起爆，由于上段塌落过程冲击的影响，烟囱下段迅速倾斜，在倾斜过程中完整性较差，但整体基本保持定轴转动。落地后，整个烟囱解体为可清理的碎块。爆破后经测量，头部落在距烟囱中心36m处，前冲较小。后坐3.5m，周围建筑设施没有任何损坏。

本章小结

拆除爆破是对人工的建（构）筑物进行解体的一种方法，以其工期短、安全性好、成本低的突出优点而在城市建（构）筑物拆除中被大量使用。根据拆除爆破的特点不同，拆除爆破有房屋拆除爆破、基础和地坪拆除爆破、烟囱或水塔拆除爆破、水压拆除爆破等类型。

拆除爆破的基本原理包括最小抵抗线原理、微分原理、等能原理、缓冲原理、失稳原理，它们是拆除爆破的基础。

本章围绕高大建筑物的拆除爆破技术，介绍了拆除方案的选择、爆破参数设计、爆破施工和安全等的具体做法和要求，它是拆除爆破成功与否的关键。

楼房和烟囱、水塔等的拆除爆破是较为常见的拆除爆破类型，其实例具有典型意义。

重要概念

拆除爆破　最小抵抗线原理　微分原理　等能原理　缓冲原理　失稳原理　房屋拆除爆破　烟囱、水塔拆除爆破　安全防护

复习思考题

13-1　拆除爆破的特点是什么？
13-2　常见的拆除爆破有哪几种？
13-3　拆除爆破的基本原理是什么，在工程施工中如何运用？
13-4　房屋的拆除爆破有哪些方案，各用在什么场合？
13-5　房屋的拆除爆破如何设计计算，施工中要注意什么？
13-6　烟囱和水塔的拆除爆破如何设计计算，施工中要注意什么？

14 爆破安全技术

本章要点及学习目的

工程爆破是一种特殊的作业，由于其独特的施工工艺特点，危险性较大。在爆破器材的生产、运输、贮存、使用、销毁等各个环节，都必须十分注意安全工作。为确保工程爆破的生产安全，必须严格遵守相关的法律法规和《爆破安全规程》的规定。

14.1 爆破器材的贮存、运输和保管

运输爆破器材时，应严格遵守《中华人民共和国民用爆炸物品管理条例》和《爆破安全规程》（GB 6722—2011）的有关规定。

14.1.1 概述

在企业外部购买运输爆破器材，首先要到当地县（市）公安局办理《爆炸物品购买证》和《爆炸物品运输证》。

用运输工具运输爆破器材到达车站或码头时，单位领导人应指派专人前往领取。领取时应认真检查爆破器材的包装、数量和质量，如果包装破损或数量、质量与托运要求不相符合，应立即报告上级主管部门和当地县（市）公安局，并按运输部门规章制度，在有关代表参加下，编写报告书，分送公安部门、运输部门和上级主管部门。

爆破器材从生产厂或总库向分库运送时，包装箱（袋）及铅封必须完整无损。

运输和装卸爆破器材时，要采取严格的防范措施，防止差错、丢失和被盗；防止烟火、日晒和烘烤；防止静电、雷电、杂电、交流电或直流电引爆爆破器材；防止酸、碱或杂物与爆破器材接触或混装；防止性能不可共存的爆破器材共存共运。

同一车厢或船舱运输两种以上的爆破器材时，其中任何两种均应满足共运的要求。表14－1列出了爆破器材允许共存共运的范围。表中“＋”表示爆破器材名称类横行的某种爆破器材与竖列的某种爆破器材两者可以同车（船）运输，“－”则表示不可同车（船）运输。

在特殊情况下，经爆破工作领导批准后，起爆器材与炸药也可同车（船）装运。但是，其数量必须严格控制，炸药不得超过1000kg，雷管不得超过1000发，导爆索和导火索不得超过2000m，雷管必须装在内壁衬有软垫的专用保险箱内，箱子应紧固于运输工具的前部。装炸药的箱（袋）不得放在雷管箱上。

运输爆破器材的车（船）应按指定路线（航线）行驶，不准在人多的地方、交叉路口和桥上、桥下停留；车（船）上的爆破器材应用帆布覆盖；车（船）的首尾均应设危险标志；必须有押运人员，其他人员不准搭乘运载爆破器材的车（船）。

运输硝化甘油类炸药或雷管等敏感度高的爆破器材时，车厢和船舱底部应铺软垫。雷

管箱（盒）内的空隙部分应用泡沫塑料之类的软材料塞满，以防爆破器材震动和相互碰撞。易冻硝化甘油炸药在气温低于10℃和难冻硝化甘油炸药在气温低于15℃时，感度升高，运输时必须采取保温防冻措施。

表 14－1 爆破器材允许共存的范围

爆破器材名称	黑索金	梯恩梯	硝铵类炸药	胶质炸药	水胶炸药	浆状炸药	乳化炸药	苦味酸	黑火药	二硝基重氮酚	导爆索	电雷管	非电导爆系统
黑索金	+	+	+	–	+	+	–	–	–	–	+	–	–
梯恩梯	+	+	+	–	+	+	–	–	–	–	+	–	–
硝铵类炸药	+	+	+	–	+	+	–	–	–	–	+	–	–
胶质炸药	–	–	–	+	–	–	–	–	–	–	–	–	–
水胶炸药	+	+	+	–	+	–	–	–	–	–	+	–	–
浆状炸药	+	+	+	–	+	+	–	–	–	–	+	–	–
乳化炸药	–	–	–	–	–	–	+	–	–	–	–	–	–
苦味酸	+	+	–	–	–	–	–	+	–	–	+	–	–
黑火药	–	–	–	–	–	–	–	–	+	–	–	–	–
二硝基重氮酚	–	–	–	–	–	–	–	–	–	+	–	–	–
导爆索	+	+	+	–	+	+	–	–	–	–	+	–	–
电雷管	–	–	–	–	–	–	–	–	–	–	–	+	–
非电导爆系统	–	–	–	–	–	–	–	–	–	–	–	+	+

14.1.2 装卸

装卸爆破器材的地点要有明显的危险标志（信号），白天悬挂红旗和警戒标志，夜晚有足够的照明并悬挂红灯。根据装卸时间的长短，爆破器材的种类、数量和装卸地点的情况，确定警戒的位置和专门警卫人员的数量。禁止无关人员进入装卸场地，禁止携带发火物品进入装卸场地，严禁烟火。

爆破器材装入运输工具之前，要认真检查运输工具的完好状况，确认拟用的工具是否适合运输爆破器材，清扫运输工具内的杂物，清洗运输工具内的酸、碱和油脂痕迹。

装卸爆破器材时，要有专人在场监督装卸人员按规定装卸，轻拿轻放，严禁摩擦、撞击、抛掷爆破器材。不准站在下一层箱（袋）子上去装上一层，不得与其他货物混装。运输工具的装载量、装载高度、起重机的一次吊运量都必须按有关规定进行。

装卸爆破器材应尽可能在白天进行，雷雨或暴风雨（雪）天气，禁止装卸爆破器材。

14.1.3 铁路运输和水路运输

14.1.3.1 铁路运输

铁路运输爆破器材时，装有爆破器材车厢的停车路线应与其他线路隔开，通往该线路的转辙器应锁住，防止别的车辆进入。车辆必须楔牢，防止自溜，严禁溜放。车辆前后50m处要设危险标志。

车辆在矿区运行速度不得大于30km/h，在厂区不得大于15km/h。列车编组时，装有爆破器材的车厢与机车之间，炸药车厢与雷管车厢之间应用未装爆破器材的车厢隔开。

14.1.3.2 水路运输

运输爆破器材的机动船的船舱底必须严密无缝，船口能关严，与机舱相邻船舱的隔墙、蒸汽管均应有可靠的隔热措施，装爆破器材的船舱不得有电源，防止热能或电能引爆（燃）爆破器材。

航行中的船只遇到大风、巨浪和浓雾时必须停止航行。船只停靠地点距岸上建筑物不得小于250m。船头和船尾要设危险标志，夜间和雾天设红色安全灯。船上要准备足够数量的消防器材。

禁止用筏类工具运输爆破器材。

14.1.4 道路运输

道路运输可分为汽车运输和畜力车运输。

14.1.4.1 汽车运输

准备用于运输爆破器材的汽车，出车前要认真检查，车库主任（或队长）要在出车单上注明“该车检查合格，准许用于运输爆破器材”。司机应熟悉爆破器材的性质，具有安全驾驶经验。在能见度好时，汽车的行驶速度不得超过40km/h，在扬尘、有雾、暴风雪等能见度低时，行驶速度减半。在平坦的道路上行驶时，两台汽车之间的距离不得少于50m，上山或下山时不得小于300m。遇有雷雨时，车辆应停在远离建筑物和村庄的空旷地方，路面上有冰或雪时，车辆要有防滑措施。

14.1.4.2 畜力车运输

用畜力车运输爆破器材，牲口要经过训练，性情要温驯，车辆要有制动，运输雷管或硝化甘油类炸药的车轮还要有防震装置。装载量不得超过正常装载量的一半，车上的爆破器材要捆牢，防止震动和丢失。行驶中两车之间的距离：在平坦的道路上不小于20m，上山或下山时不小于100m。车上要有危险标志。

14.1.5 往爆破地点运输爆破器材

把爆破器材从竖井（斜井）井口、平硐口或露天堆放地点运输到爆破作业地点，称为往爆破地点运输爆破器材。其形式有：竖井、斜井运输；斜坡道汽车（简称斜坡道）运输；人工运搬。

14.1.5.1 竖井、斜井运输

运输爆破器材经过竖井、斜井井口时，不准在井口停留，上、下班或提升人员集中时间，禁止升降爆破器材。升降爆破器材前，应首先通知卷扬司机和信号工，信号要确认，卷扬机操作要细心。用罐笼运输硝铵炸药，装载高度不得超过车厢边缘，运输硝化甘油炸药或雷管，不准超过两层，层间要铺软垫，罐笼的升降速度应不大于2m/s。用吊桶或斜坡道卷扬机（斜井）运输爆破器材时，升降速度应不大于1m/s。运输电雷管时应采取绝缘措施。除运输爆破器材的押送人员（爆破工）和信号工外，其他人员不得与爆破器材同罐升降。

14.1.5.2 电机车运输

电机车运输爆破器材时，列车的前后应设明显的危险标志，在远处就能使人明显地看到，以便及时躲避。装爆破器材的车厢要用密闭型的专用车厢，防止架线落下或电火花引爆爆破器材；车厢内应铺设软垫，运行速度不得超过2m/s，用未装爆破器材的车厢将机车或装雷管的车厢与装其他爆破器材的车厢隔开。用架线电机车运输，装卸爆破器材时，机车必须停电。运输电雷管时，必须采取可靠的绝缘措施。

14.1.5.3 斜坡道汽车运输

在斜坡道用汽车运输爆破器材时，车辆应认真检查，确保完好无损，适合运输爆破器材。司机应熟悉爆破器材的性能，技术熟练，驾驶经验丰富。车辆应在斜坡道中间行驶，速度不得超过10km/h。会车让车时，应靠边停车，车头和车尾应安装特制的蓄电池红灯，作为危险标志。在上、下班或人员集中通过斜坡道时，禁止运输爆破器材。

14.1.5.4 人工运搬爆破器材

爆破员不得提前班次领取爆破器材。领到爆破器材后，应将雷管和炸药分别装在两个专用的背包（或木箱）内，禁止装在衣袋内；爆破员应将爆破器材直接送到爆破地点，不得携带爆破器材在人群聚集的地方停留；禁止乱丢乱放。在夜间或井下，爆破器材搬运人员要随身携带完好的矿用蓄电池灯、安全灯或绝缘手电筒。

一人一次运搬的爆破器材数量不准超过：

同时搬运炸药和起爆器材	10kg
拆箱（袋）搬运炸药	20kg
背运原包装炸药	1箱（袋）
挑运原包装炸药	2箱（袋）

14.1.6 爆破器材库管理

14.1.6.1 库区的管理

进入库区不准携带烟火及其他引火物，不应穿带钉子的鞋和易产生静电的化纤衣服；不应使用能产生火花的工具开启炸药雷管箱。库区的消防设备、通讯设备、警报装置和防雷装置，应定期检查。从库区变电站到各库房的外部线路，应采用铠装电缆埋地敷设或挂设，外部电器线路不应通过危险库房的上空。

在通讯方面，库区内不宜设置电话总机，只设与本单位保卫和消防部门的直拨电话，电话机应符合防爆要求；库区值班室与各岗楼之间，应有光、音响或电话联系。

在消防设施方面，应根据库容量，在库区修建高位消防水池，库容量小于100t者，贮水池容量为50m^3（小型库为15m^3）；库容量100~500t者，贮水池容量为100m^3；库容量超过500t者，设消防水管。消防水池距库房不应大于100m，消防管路距库房不应大于50m。草原和森林地区的库区周围，应修筑防火沟渠，沟渠边缘距库区围墙不应小于10m，沟宽1~3m，深1m。在安全警戒方面，库区应昼夜设警卫，加强巡逻，无关人员不准进入库区。库区不应存放与管理无关的工具和杂物。

14.1.6.2 库房的管理

库房的照明，不应安装电灯，宜靠自然采光或在库外安设探照灯进行投射采光。电源开关和保险器，应设在库外面，并装在配电箱中。采用移动式照明时，应使用安全手电筒，不应使用电网供电的移动手提灯。应经常测定库房的温度和湿度，库房内要保持整洁、防潮和通风良好，杜绝鼠害。

每间库房贮存爆破器材的数量，不应超过库房设计的安全贮存药量。对爆破器材进行贮存时，应使爆破器材码放整齐、稳当，不能倾斜。在爆破器材包装箱下，应垫有高度大于0.1m的垫木。爆破器材的码放，宜有0.6 m以上宽度的安全通道，爆破器材包装箱与墙距离宜大于0.4m，码放高度不宜超过1.6m。存放硝化甘油类炸药、各种雷管和继爆管的箱（袋），应放置在货架上。

对井下爆破器材库的电器照明，应采用防爆型或矿用密闭型电器器材，电线应用铠装电缆。井下库区的电压宜为36V。贮存爆破器材的硐室或壁槽，不得安装灯具。电源开关和保险器，应设在外包铁皮的专用开关箱里，电源开关箱应设在辅助硐室里。有可燃性气体和粉尘爆炸危险的井下库区，只准使用防爆型移动电灯和安全手电筒。其他井下库区应使用蓄电池灯、安全手电筒或汽油安全灯作为移动式照明。对爆破器材库房的管理，应建立健全严格的责任制度、治安保卫制度、防火制度、保密制度等，宜分区、分库、分品种贮存，分类管理。

14.1.6.3 临时性爆破器材库和临时性存放爆破器材的管理

临时性爆破器材库应设置在不受山洪、滑坡和危石等威胁的地方，允许利用结构坚固但不住人的各种房屋、土窑和车棚等作为临时性爆破器材库。临时性爆破器材库的最大存药量为：炸药10t，雷管2万发，导爆索1万米。

临时性爆破器材库的库房宜为单层结构，地面应平整无缝，墙、地板、屋顶和门为木结构者，应涂防火漆，窗门应用外包铁皮的板窗门。宜设简易围墙或铁刺网，其高度不小于2m。库内应设置独立的发放间和雷管库房，发放间面积不小于9m^2。

不超过6个月的野外流动性爆破作业，用安装有特制车厢的汽车或马车存放爆破器材时，存放爆破器材量不得超过车辆额定载重量的2/3，同一车上装有炸药和雷管时，雷管不得超过2000发和相应的导火索。特制车厢应是外包铝板或铁皮的木车厢，车厢前壁和侧壁应开有0.3m×0.3m的铁栅通风孔，外部应设有外包铝板或铁皮的木门，门应上锁，整个车厢外表应涂防火剂，并设有危险标记，且不应将特制车厢做成挂车形式。在车厢内的右前角设置一个能固定的专门存放雷管的木箱，木箱里面应衬软垫，箱应上锁。车辆停放位置，应确保作业点、有人的建筑物、重要构筑物和主要设备的安全，白天、夜晚均应有人警卫。加工起爆管和检测电雷管电阻，允许在离危险车辆50m以外的地方进行。

14.1.6.4 爆破器材的收存和发放

爆破器材的收存和发放是爆破器材管理的重要内容，是防止爆破器材遗失、变质和禁止使用变质爆破器材的手段，是爆破器材保管员的主要职责。

A 收存

入库时，保管员应对入库的爆破器材及入库文件、资料进行认真检查，有下列情况之一者，不准该批爆破器材入库：

（1）入库手续不符合规定。例如，从外地运来的爆破器材没有《爆炸物品购买证》和《爆炸物运输证》，本企业下属单位运（或交）来的爆破器材违反企业爆破器材管理规定或退库手续等。

（2）爆破器材的品种、数量与《爆炸物品购买证》或入库单等不一致。例如，某次爆破工程结束后，爆破工程领导人签写爆破器材退库单，指定爆破员持退库单和剩余的

10 发瞬发电雷管退回爆破器材库，途中爆破员将两发瞬发电雷管送人，保管员发现退库单上的数字与实物不符。

（3）将要入库的爆破器材与库内原来存放的爆破器材不能共存者（见表14-1）。

（4）库内贮存的爆破器材已达到设计贮存量。

（5）变质、失效的爆破器材和超过贮存期的爆破器材。

爆破器材入库后，保管员要在《爆炸物品购买证》或入库单、退库单等有关单据上签字，并开爆破器材入库收据。

B 发放

爆破器材的发放有两种，一是将爆破器材卖给外单位，购货者提货时的发放；二是爆破器材用于本单位的爆破施工，爆破员领取爆破器材时的发放。保管员在发放爆破器材时必须遵守下列规定：

（1）认真检查购货单位的提货单、《爆炸物品购买证》和《爆炸物品运输证》，发现疑点或不符合规定时不发。

（2）本单位爆破施工使用的爆破器材，应根据爆破工作领导人提出的爆破器材计划和签发的爆破器材领取单（或称发料单）发放。

（3）按爆破器材入库的先后顺序发放，即早入库的先发，晚入库的后发。

（4）禁止发放过期、失效和变质的爆破器材。

（5）只有在符合安全要求的运输工具和押运人员到达指定的爆破器材装卸地点后，才准搬运爆破器材。

C 账目

爆破器材要有总账和流水账，爆破器材的收存和发放均要及时记账，做到日清月结，账物相符。账目和建账的原始资料（如入库收据存根、发料单）要长期保存，不准轻易销毁，以备查询。当发现账物不符，爆破器材或账目丢失或被盗时，要立即报告上级主管部门和当地公安机关，并认真查找。

14.2 爆破器材的销毁

经检验确认失效、不符合技术要求或国家标准的爆破器材，均应销毁。销毁时必须登记造册，编写书面报告；报告中应说明销毁爆破器材的名称、数量、销毁原因和销毁方法、销毁地点、时间；报告一式五份，分别报送上级主管部门、单位总工程师或爆破工作领导人、单位安全保卫部门、爆破器材库和当地县（市）公安局。

销毁工作应报上级主管部门批准，根据单位总工程师或爆破工作领导人的书面批准进行。

爆破器材的销毁方法有爆炸法、焚烧法和溶解法。

14.2.1 爆炸法

（1）销毁对象：只有确认雷管、导爆索、继爆管、起爆药柱、射孔弹、爆炸筒和炸药能爆炸时，才可用爆炸法销毁。

（2）地点和时间：一般应在专门销毁场，设有坚固掩体的，掩体到销毁场的距离由设计确定。如无掩体，参加销毁的人员应撤到危险区之外，危险半径由设计确定。

销毁炸药筒、射孔弹、起爆药柱和有爆炸危险的废弹壳时，只准在深 2m 以上的坑（或废巷道）内进行，并在其上覆盖一层松土。

禁止在夜间、雨天、雾天和三级风以上的天气情况下用爆炸法销毁爆破器材。

销毁炸药时，一次销毁量不得超过 20kg；应采用电雷管、导爆索或导爆管起爆。用雷管起爆时，起爆线必须有足够的长度，并拉直、覆土，由下风向敷设到销毁地点。起爆药包必须用质量好的爆破器材制作。销毁传爆性能不好的炸药，可以用增加起爆能的方法起爆。

14.2.2 焚烧法

（1）销毁对象：炸药、火药、不溶解的残药渣、导爆索等在焚烧时不会引起爆炸的爆破器材和不能使用的包装材料（经检查确认无雷管、残药），包装过硝化甘油炸药的有渗油痕迹的药箱（袋、盒）。

严禁用焚烧法销毁雷管、继爆管、起爆药柱、射孔弹和爆炸筒。

（2）场地和时间：同爆炸法。禁止将爆破器材装在容器内焚烧。

（3）销毁量：每个燃烧堆允许销毁的爆破器材量不得超过 10kg。

（4）焚烧方法：燃烧堆应有足够的燃料，在燃烧过程中不准添加燃料；药卷在燃料上应排列成行，互不接触；焚烧有烟和无烟火药时，应散放成长条形，厚度不得大于 10cm，条间距不得小于 5m，条宽不得大于 30 cm，同时点燃的条数不得多于 3 条。

点火前应从下风向敷设起爆线和引燃物，只有在一切准备工作完成和全体工作人员进入安全区后才准点火。

只有在确认燃烧堆已完全熄灭后，才准进场检查，焚烧场地冷却后，才准焚烧下一批爆破器材。

14.2.3 溶解法

不抗水的硝铵类炸药和黑火药可以用溶解法销毁。对于不溶解的残渣应收集到一起，用焚烧法或爆炸法销毁。

14.3 早爆及预防

14.3.1 概念

早爆是指在预定的时间之前意外地起爆，如在装药过程中或装药结束但人员尚未完全撤离到安全地点之前发生的爆炸。早爆一旦发生，将造成财产损失和人员伤亡，在工程中应高度重视，避免早爆的发生。

14.3.2 产生的原因及预防措施

产生早爆的原因很多，如爆破器材不合格（导火索速燃、雷管速爆等）、工作面存在杂散电流、机械装药时产生的静电积聚、炸药自燃、意外机械作用引起雷管或感度高的炸药爆炸等。下面就常见的几种原因进行分析。

14.3.2.1 杂散电流

杂散电流是存在于起爆网路之外（如大地、风水管、矿体或其他金属物体）的杂乱无章的漏电流，当其进入电爆网路且电流大于最大安全电流（0.03A）时，就可能引爆网路。杂散电流主要有以下一些来源：

（1）架线式电机车牵引网络漏电。当轨道接头电阻较大，轨道与巷道底板之间的过渡电阻较小时，就会有大量的电流进入大地，形成杂散电流。

（2）动力或照明线路漏电。电气设备或照明线路的绝缘被破坏时，容易发生漏电，尤其在潮湿环境和有金属导体时，杂散电流就更大些。

（3）化学电。装药过程中，散落在底板上的硝铵炸药，遇有水时可形成化学电源。这是因为硝酸铵溶于水后，会离解成带正电的铵离子和带负电的硝酸根离子，在大地自然电流作用下，铵离子趋向负极，硝酸根离子趋向正极，在铁道、风水管之间形成电位差，即可形成电流，其值可达几十毫安。

在工程中，对杂散电流应采取积极措施进行预防。如尽量减少杂散电流的来源；采用防杂散电流的电爆网路；采用抗杂散电流的电雷管；加强爆破线路的绝缘；采用非电起爆方法等。

14.3.2.2 静电

静电是由物体相互摩擦产生的，在爆破施工现场的静电主要源于压气装药器（可高达20~30kV），也可能产生于如作业人员穿的衣物。其危害表现在以下几个方面：

（1）引爆雷管；

（2）直接引爆瓦斯、矿尘或药尘；

（3）对作业人员产生电击而引起坠落等二次伤害。

预防静电危害的措施：

（1）机器装药时采用半导体输药管，防静电装药工艺（穿半导体胶鞋）；

（2）采用抗静电雷管或非电起爆网路；

（3）作业人员严禁穿化纤衣服。

14.3.2.3 雷电

在爆破作业中，由于被雷电直接击中，或由于雷电引起的电磁感应产生感应电流作用于爆破网路，或雷电作用在矿岩上形成静电，都可能引起早爆而产生事故。在工程施工中，可采取以下一些预防措施：

（1）根据天气预报安排爆破工作，避开雷雨天气；

（2）采用屏蔽线连接爆破网路；

（3）在爆区附近设避雷针系统或防雷消散塔；

（4）采用非电起爆系统。

14.3.2.4 射频电

射频电的产生主要是由于爆破现场有电磁波的存在，当电磁波大小变化或起爆网路的大小或位置发生变化时，在电磁感应下起爆网路中会产生感应电流，当其值达到一定数值时，就会使电爆网路产生早爆。受射频电影响的场所主要是在无线电发射站、雷达站等强大的射频场内。表14-2为爆区与中长波（AM）的安全距离。表14-3为爆区与超高频（UHF）电视发射机的安全距离。可以看出，安全距离与发射机的功率有关，与发射频率也有关。

在采用电爆网路时，为确保不因射频电发生早爆，首先应查明爆破地点附近是否有射频能源及其功率大小、距离远近。若射频能源对电力起爆有影响，就应采取措施，如采用屏蔽线爆破，或者改用非电起爆方法。

表 14－2 爆区与中长波（AM）的安全距离

发射功率/W	100～250	250～500	500～1000	1000～2500	2500～5000	5000～10000
安全距离/m	109	136	198	305	455	670

表 14－3 爆区与超高频（UHF）电视发射机的安全距离

发射功率/W	$10 \sim 10^2$	$10^2 \sim 10^3$	$10^3 \sim 10^4$	$10^4 \sim 10^5$	$10^5 \sim 10^6$	$10^6 \sim 5 \times 10^6$
安全距离/m	7.6	136	198	305	455	670

14.3.2.5 *硫化矿自燃引起药包早爆*

原因：矿岩中的硫与水和空气中的氧发生反应并放出热量，使炮孔和装入孔内的炸药温度升高，温度升高又加剧了硫化矿的氧化反应。当矿岩含硫量达18%以上时，就可能由于硫化矿的自燃引起早爆。

在工程中，可采用以下预防措施：

（1）降温后再装药。如当炮孔温度超过35℃时，装药前应用水或泥浆灌孔，以降低炮孔温度；

（2）使用多层牛皮纸加沥青包装炸药，使炸药与炮孔隔开；

（3）加快作业速度，缩短作业时间。

14.4 炮烟及盲炮

在工程爆破中，由于炮烟中毒引起的安全事故所占的比重较大，而盲炮处理不当也会造成安全事故，在生产中必须引起高度重视。

14.4.1 炮烟的危害性及允许浓度

炮烟是指炸药爆炸后产生的有毒气体。工业炸药爆炸后产生的有毒气体主要是CO和氮氧化合物，其他的还有H_2S、SO_2和NH_3。

一氧化碳（CO）是无色、无味、无嗅的气体，比空气轻。它与人体内血色素的亲和力比与氧的亲和力大250～300倍，所以当吸入一氧化碳后，人体组织和细胞将因严重缺氧而中毒，直至窒息死亡。

氮氧化合物主要是指一氧化氮（NO）和二氧化氮（NO_2），它对人的眼、鼻、呼吸道和肺都有强烈的刺激作用，其毒性比一氧化碳大得多，中毒者因肺水肿和神经麻木而死亡。

我国爆破安全规程规定，井下爆破作业地点，有毒气体的浓度不得超过表14－4中的数值。

表 14－4 井下爆破作业地点有毒气体的最大允许浓度

有毒气体名称	最大允许浓度		有毒气体名称	最大允许浓度	
	体积分数/%	质量浓度/mg·m^{-3}		体积分数/%	质量浓度/mg·m^{-3}
CO	0.0024	30	SO_2	0.0005	15
氮氧化合物（换算成 NO_2）	0.00025	5	H_2S	0.00066	10
			NH_3	0.0040	30

14.4.2 预防炮烟中毒的措施

为了防止炮烟中毒，可采取下列措施：

（1）采用零氧平衡的炸药，使爆后不产生有毒气体；加强炸药的保管和检验工作，禁止使用过期变质的炸药。

（2）保证填塞和填塞长度，以免炸药发生不完全爆炸。

（3）爆破后，必须加强通风。按规定，井下爆破需要等15min以上，露天爆破需要等5min以上，炮烟浓度符合安全要求时，才允许人员进入工作面。

（4）露天爆破的起爆站及观测点不允许设在下风向，在爆区附近有井巷、涵洞和采空区时，爆破后炮烟有可能窜入其中而积聚不散，故未经检查，不准入内。

（5）井下装药工作面附近，不准使用电石灯、明火照明，井下炸药库不准用电灯泡烤干炸药。

（6）设有完备的急救措施。如井下设有反风装置，当井下发生炸药燃烧时，可以改变井下风流方向，等等。

14.4.3 盲炮产生的原因、处理及预防

盲炮又称瞎炮，系指炮眼或深孔中的起爆药包经点火或通电后，雷管与炸药全部未爆，或只爆雷管而炸药未爆的现象。当雷管与部分炸药爆炸，但孔底剩留有未爆的药包，则称为半爆或残炮。

盲（残）炮是爆破作业中经常遇到的一种爆破事故，必须认真按照安全规程操作，采取措施竭力避免。表 14－5 中列出了盲（残）炮产生的原因、处理方法及预防措施，以供实际爆破参考。必须注意的是，在凿岩工作中，严禁打残眼，以免发生事故。

表 14－5 盲（残）炮产生的原因、处理方法及预防措施

现　象	产 生 原 因	处 理 方 法	预 防 措 施
孔底剩药	1. 炸药变潮变质，感度低； 2. 有岩粉相隔，影响传爆； 3. 径向间隙效应影响，传爆中断；或起爆药包被邻炮带走	1. 用水冲孔； 2. 取出残药	1. 采取防水措施； 2. 装药前，吹净炮眼； 3. 密实装药； 4. 防止带炮，改进爆破参数
只爆雷管，炸药未爆	1. 炸药变质或变潮； 2. 雷管起爆力不足或拒爆； 3. 雷管与药卷脱离	1. 掏出炮泥，重新装起爆药起爆； 2. 用水冲洗炸药	1. 严格检查炸药质量； 2. 采取防水措施； 3. 雷管与起爆药包绑牢

续表 14－5

现象	产生原因	处理方法	预防措施
雷管和炸药全部未爆	对火雷管起爆： 1. 导火索与火雷管质量不合格； 2. 导火索切口不齐或雷管与导火索脱离； 3. 装药时导火索受潮； 4. 点火遗漏或爆序乱。 对电雷管起爆： 1. 电雷管质量不合格； 2. 网路不符合准爆要求； 3. 网路连接错误，接头接触不良等。 导爆索（管）同上	1. 仔细掏出部分炮泥，重新装起爆药起爆； 2. 仔细掏出部分炮泥，重新装聚能药包进行殉爆起爆； 3. 查出错连的炮孔，重新连线起爆； 4. 距盲炮 0.3m 以外，钻平行孔装药起爆； 5. 水洗炮孔； 6. 用风水吹孔处理	1. 严格检查起爆器材，保证质量； 2. 保证导火索与火雷管质量。装药时，导火索靠向孔壁。禁止用炮棍猛烈冲击； 3. 点火时注意避免漏点； 4. 电爆网路必须符合准爆条件，认真连接，并按规定进行检测； 5. 点火及爆序不乱； 6. 保护网路

14.5 爆破引起的瓦斯、煤尘爆炸事故及预防

在煤矿开采或在附近有煤（气）层的地方进行隧道施工时，可能会发生瓦斯爆炸或煤尘爆炸。无论瓦斯爆炸还是煤尘爆炸，其都是一场灾难，因为这种爆炸有很大的破坏作用，同时产生有毒气体、高温和爆炸火焰，将导致工作人员伤亡、设备或建筑物损坏，使生产中断。若两者同时发生爆炸，则其危害更大。

当矿井工作面向前推进时，瓦斯会从新的自由面和煤层里不断放出，一旦空气中瓦斯的浓度达到5%～16%时，就形成了爆炸性的气体混合物，这种混合物遇有温度为650℃的热源，经10s的感应时间，即可爆炸。爆炸可能引起瓦斯突出，爆破可以引燃引爆瓦斯。在井下作业工作面必须遵守《煤矿安全规程》规定的有关瓦斯标准（见表14－6）。

表 14－6 煤矿作业瓦斯标准

地点	浓度/%	措施
总回风或一回风	0.75	总工程师立即查明原因，进行处理并报矿务局总工程师
采区风道或采掘面风道	1	停止工作，撤出人员，工程师采取有效措施处理
采掘工作面	1	停止电钻打孔
	1.5	停止工作，撤出人员，切断电源，进行处理
爆破地点 20m 内风流中	1	严禁爆破
电动机或其开关 20m 内风流中	1.5	停止运转，撤出人员，切断电源，进行处理
采掘工作面积大于 0.5m	2.0	附近 20m 内停止工作，撤出人员，切断电源，进行处理

煤尘是指0.75～1.00mm的煤粉，当煤尘在空气中的含量达到一定数量时，遇到火源也可以发生爆炸。1942年本溪煤矿发生过世界历史上最大的一次煤尘爆炸事故，造成巨大伤亡。近年来我国一些煤矿发生的爆炸事故，多由煤尘爆炸引起。

小于10μm的煤尘不仅对人的肺部危害很大，而且具有爆炸性；小于0.1μm的煤尘会长期游浮在空气中，0.2μm的煤尘在静止空气中需46h才会停落。煤尘达到一定浓度又遇到火源或高温（700～800℃）时，容易发生爆炸。煤尘爆炸的特点是：①爆炸有连续性，爆炸点形成负压促使空气向爆区流动，当空气中有煤尘而爆区有热源时，引起二次

爆炸，来回往复，危害更大；②距引爆点 10～20m 内破坏较轻，远处因往复爆炸破坏反而越加严重。

14.5.1 瓦斯及煤尘燃烧、爆炸的条件

（1）具有一定浓度的瓦斯或煤尘与空气混合形成爆炸气体的最低浓度称为爆炸下限，最高浓度称为爆炸上限。这种爆炸界限还与空气组成、混合气体的初始温度和压力有关。在一般条件下（空气中含氧量 20%，1 个大气压和常温），瓦斯的爆炸下限为 5%、上限为 16%；16% 以上时，因含氧不够发生不完全燃烧。当空气中的瓦斯浓度为 9.5%，含氧量为 19% 时，火焰传播速度最快，爆炸可能性最大，反应最完全，爆炸威力最强，破坏作用也最大。一般把瓦斯浓度、含氧量和点燃火源称为瓦斯爆炸的三要素。煤尘的爆炸界限变动范围较大：干燥的肥煤煤尘，其爆炸界限为 50～1700g/m^3，其他品种的煤爆炸界限为 10～2500g/m^3。爆炸产生破坏威力最大的煤尘浓度约为 300g/m^3。

（2）加热温度不低于瓦斯的爆发点。在给定实验条件和有限时间内，能使瓦斯爆炸的最低温度称为爆发点。爆发点与瓦斯浓度、压力和散热条件有关。在标准实验条件下，瓦斯爆发点约为 650℃，煤爆发点的变化范围约为 750～1105℃。

（3）加热时间不低于引火延迟时间。由于瓦斯热容量大，据实验，1m^3 瓦斯吸收 3868.6 kJ 的热量时才开始分解与燃烧反应。因此，瓦斯与高温火源接触时要经过一定的时间才引燃，这一时间叫做引火延长时间。瓦斯的引火延长时间取决于火源温度的高低、火源表面积的大小、瓦斯浓度和压力。若压力保持不变，延长时间随温度上升而减小；若温度保持不变，延迟时间随压力增大而减小，随瓦斯浓度增大而增加。

煤尘与空气发生反应之前须气化，所以煤尘与空气的混合物的延迟时间较瓦斯长。煤尘的爆炸多数是由瓦斯爆炸引起。

炸药爆炸时温度很高，达 2000℃ 以上，但火源存在的时间极短，万分之一秒就熄灭，在这样短的时间内瓦斯来不及引燃。但应注意，当使用的炸药质量不好、炸药的结构不合理或爆破作业不合要求时，炸药爆炸火焰存在的时间就要延长，就有引燃瓦斯的危险。

14.5.2 爆破引起瓦斯、煤尘爆炸的主要原因

（1）爆炸气体产物的直接作用。炸药爆炸生成的高温高压气体产物，在扩散和渗透作用下，逐渐与瓦斯和空气相混合，形成爆炸产物、瓦斯和空气的可燃性气体。此时，如果温度还高于瓦斯爆发点，而且存在的时间超过引火延长的时间，就会燃烧或爆炸。爆温和爆热越大，炸药爆炸引燃瓦斯的可能性也越大。

（2）炽热固体颗粒的作用。如果爆炸产物中有炽热固体产物，或当炸药爆炸不完全，使部分正处于燃烧的炸药颗粒从炮孔中飞出混入瓦斯和空气的混合物中，且存在时间超过引火延迟时间，就会发火燃烧。因此要求炸药必须具有良好的爆炸性能，以保证炸药能完全爆炸，生成产物全为气体。

（3）爆炸冲击波作用。炸药爆炸时将产生冲击波，如果瓦斯和空气的混合物被冲击波压缩时产生的温度超过瓦斯爆发点，且冲击波正压区作用时间超过引火延迟时间，就能使瓦斯发火燃烧。

14.5.3 爆破引起瓦斯、煤尘爆炸的预防措施

防止爆破引起瓦斯和煤尘爆炸的方法：一是不在瓦斯超限和积存的情况下进行爆破；二是避免炸药爆炸释放的能量引燃瓦斯。主要措施是：

(1) 爆破前必须检查爆区风流中的瓦斯浓度。当爆破地点附近 20m 以内风流中瓦斯浓度达到或超过 1% 时，禁止爆破。对爆破工作面和爆破地点要做到一炮一检查。

在有煤尘爆炸危险煤层中的掘进工作面爆破前，必须对作业面 20m 以内的巷道进行洒水降尘。

(2) 使用煤矿许用爆破器材。应按危险程度选用相应安全等级的煤矿炸药：在低瓦斯矿井中有瓦斯或煤尘爆炸危险的采掘工作面，必须使用一级或一级以上的煤矿许用炸药；在高瓦斯矿井中有瓦斯或煤尘爆炸危险的采掘工作面，必须使用二级或二级以上的煤矿许用炸药；在有煤尘与瓦斯突出危险的采掘工作面，必须使用三级煤矿许用炸药。

在矿井下进行电力起爆时，低瓦斯矿井允许使用普通瞬发电雷管或毫秒电雷管；高瓦斯和有煤尘与瓦斯突出危险的采掘工作面，必须使用煤矿许用瞬发电雷管或毫秒电雷管。在上述情况下，使用毫秒电雷管和煤矿许用毫秒电雷管时，其总延长时间不超过 130ms，严禁使用秒和半秒延时电雷管。

为了避免爆炸时发生炸药燃烧、缓爆、反应不完全等可能诱发瓦斯燃烧或爆炸的现象，禁止使用不合格或过期变质的爆破器材。

(3) 为了防止起爆电源引起电爆网路的接头部位或开关接点产生火花，煤矿井下爆破必须使用防爆式起爆器，电力起爆的接线盒必须是防爆型的，并严格控制杂散电流。

(4) 进行合理的设计和施工。按规程进行布孔、装药、填塞和起爆，以防爆破引爆瓦斯。

在煤层或岩层内爆破，炮孔深度不得小于 0.65m；在煤层内爆破堵塞长度至少等于排炮孔深度的 1/2；使用割煤机掏槽时，堵塞长度不得小于 0.5m；在岩层内爆破，孔深在 0.9m 以下时，装药长度不得超过孔深的 2/3，炮孔的剩余部分都要用堵塞物填满，堵塞物要用不燃性的、可塑性的松散材料（如砂子和黏土的混合物）制成，也可以使用水封炮泥，但其后部必须用不小于 0.15m 的堵塞物将炮孔堵满堵严；严禁裸露爆破和放糊炮；煤层内相邻炮孔之间的距离不得小于 0.4m，在有几个自由面的工作面爆破时，应取 $W \geqslant 0.5$m；爆破大块时，$W \geqslant 0.3$m；掘进爆破，应采用毫秒雷管一次分段起爆法；长壁回采工作面不准分区段同时爆破，不得在一个炮孔中使用两种不同品种的炸药；禁止使用火雷管起爆法。

(5) 封闭采空区，以防氧气进入和瓦斯溢出。

除了上述预防爆破事故的各种技术措施外，加强组织管理、搞好爆破警戒、提高爆破作业人员素质、增强责任感等，也是保证爆破安全、防止爆破事故的重要措施。

14.6 爆破安全距离

进行爆破施工时，安全距离是必须确定的一个重要技术参数。爆破安全距离是指进行爆破时会造成人员、设备、建（构）筑物伤害和损害的最大距离，一般包括个别飞石、空气冲击波和地震波三个方面的影响，设计时以其最大值作为警戒区的范围进行警戒。

14.6.1 爆破飞石飞散距离的计算

大爆破时，个别飞石飞散的距离与爆破方法、爆破参数、炮孔填塞长度和填塞质量、地形、开采地质情况（岩石、岩溶发育、老洞等）和地质构造（节理、裂隙、软弱层等）以及气象条件等因素有关，且这些影响因素之间的关系是非常复杂的。在实际工作中一般是借鉴相关经验计算公式来估算飞石飞散的距离。

（1）硐室爆破个别飞石的飞散距离可按下式计算：

$$L = 20Kn^2W \tag{14-1}$$

式中 L——碎石飞散的安全距离，m；

n——爆破作用指数；

W——最小抵抗线，m；

K——安全系数，一般取 1.0 ~ 1.5；风大顺风时，抛掷方向取 1.5，山坡下山方向取 1.5 ~ 2。

（2）露天台阶爆破飞石飞散距离可按下式计算：

$$L = d(40/2.54) \tag{14-2}$$

式中 L——碎石飞散的安全距离，m；

d——深孔直径，cm。

在确定安全距离时，个别飞石对人员的安全距离不应小于表 14-7 的规定，对设备及建筑物的安全距离，应由设计确定。

表 14-7 露天土岩爆破（抛掷爆破除外）时飞石对人的安全距离

爆破类型和方法	个别飞散物的最小安全距离/m	爆破类型和方法	个别飞散物的最小安全距离/m
破碎大块岩矿裸露药包爆破法	400	蛇穴爆破	300
		深孔爆破	按设计，但不小于 200
		深孔药壶爆破	按设计，但不小于 300
破碎大块岩矿浅眼爆破法	300	浅眼眼底扩壶	50
浅眼爆破	200（复杂地形条件下或未形成台阶工作面时不小于 300）	深孔眼底扩壶	50
浅眼药壶爆破	300	硐室爆破	按设计，但不小于 300

注：1. 沿山坡爆破时，下坡方向的飞石安全距离应增大 50%。
2. 同时起爆或毫秒延时起爆的裸露爆破装药量（包括同时使用的导爆索装药量）不应超过 20kg。

14.6.2 爆破冲击效应的计算

14.6.2.1 空气冲击波超压值计算和控制标准

爆破引起的超压值可按以下经验公式计算：

（1）空中爆炸时

$$\Delta p = 10^4 g\left(7\frac{Q}{R^3} + 2.7\frac{Q^{2/3}}{R^2} + 0.84\frac{Q^{1/3}}{R}\right) \tag{14-3}$$

式中 Δp——冲击波超压，MPa；

g——重力加速度；

Q——一次炸药用量（此式适用于TNT炸药），kg；

R——离爆炸中心的距离，m。

（2）地面爆炸时

$$\Delta p = 10^4 g\left(14\,\frac{Q}{R^3} + 43\,\frac{Q^{2/3}}{R^2} + 1.1\,\frac{Q^{1/3}}{R}\right) \tag{14-4}$$

式中各符号意义同前。

（3）露天钻孔爆破时

$$\Delta p = K\left(\frac{\sqrt[3]{Q}}{R}\right)^{\alpha} \tag{14-5}$$

式中 Δp，Q，R——意义同前；

K，α——与爆破条件有关的系数，一般阶梯爆破 $K=1.48$，$\alpha=1.55$；炮孔法爆破大块，$K=0.67$，$\alpha=1.31$。

爆破形成的超压值对人员的伤害等级及对建筑物的破坏程度可参照表14-8和表14-9。

表14-8 超压值对人员的伤害等级

伤害等级	伤害程度	超压值 Δp/MPa
安　全	安全无损	0.02
轻　微	轻微挫伤	0.02～0.03
中　等	耳膜损伤，中等挫伤，骨折等	0.03～0.05
严　重	内脏严重挫伤，可引起死亡	0.05～0.10
极严重	大部分人员死亡	>0.10

表14-9 超压值与建筑物破坏程度

破坏等级	建筑物破坏程度	超压值 Δp/MPa
1	砖木结构完全破坏	>0.2
2	砖墙部分倒塌或开裂，土房倒塌	0.1～0.2
3	木结构梁柱倾斜、部分折断，砖结构屋顶散掉、墙部分移动或裂缝，土墙裂开或局部倒塌	0.05～0.1
4	木板隔墙破坏、木屋架折断、顶棚部分破坏	0.03～0.05
5	门窗破坏，瓦屋面大部分掀掉，顶棚部分破坏	0.015～0.03
6	门窗部分破坏，玻璃破碎，屋面瓦局部破坏，顶棚抹灰脱落	0.007～0.015
7	砖墙部分破坏，屋面瓦部分移动，顶棚抹灰部分脱落	0.002～0.007

14.6.2.2 空气冲击波最小安全距离

（1）一般松动爆破时，不考虑空气冲击波的安全距离。抛掷爆破的空气冲击波安全距离可按以下经验公式计算：

$$R = K\sqrt{Q} \tag{14-6}$$

式中 Q——一次炸药用量（微差分段爆破时为单段起爆药量），kg；

K——与爆破作用指数 n 和建筑物允许破坏程度有关的系数，可参考表 14－10 进行选取。

表 14－10 系数 K

建筑物破坏程度	爆破作用指数 n		
	3	2	1
完全无破坏	5～10	2～5	1～2
玻璃偶然破坏	2～5	1～2	
玻璃破碎，门窗部分破坏，抹灰脱落	1～2	0.5～1	

在狭谷中进行爆破时，沿山谷方向 K 值应增大 50%～100%，当被保护建筑物与爆源之间有密林、山丘时，K 减小 50%。

（2）破碎大块裸露爆破时，人员安全距离计算经验公式为：

$$R = 25\sqrt[3]{Q} \tag{14-7}$$

式中 R——空气冲击波对掩体内避炮人员的安全距离，m；

Q——一次炸药用量，kg，露天裸露爆破炸药量不得超过 20kg。

14.6.3 爆破地震效应的计算

爆破地震效应表现在其引起爆区附近区域产生震动。大量资料表明，震动速度的大小与炸药量、距离、介质情况、地形条件和爆破方法有关。岩土介质的震动矢量是由互相垂直的三个方向（垂直方向、水平径向和水平切向）的矢量和求得的，而作为判断标准，则是采用其中最大的一个分向量。由于爆区附近垂直方向震动比较明显，一般多采用质点的垂直震动速度作为判定标准。

14.6.3.1 爆破地震震动速度的计算

对于爆破地震震动速度的计算，目前国内外均用根据工程爆破实测数据所推导的经验公式进行计算：

集中药包时

$$v = K\left(\frac{\sqrt[3]{Q}}{R}\right)^{\alpha} \tag{14-8}$$

条形药包时

$$v = K\left(\frac{\sqrt{Q}}{R}\right)^{\alpha} \tag{14-9}$$

式中 Q——最大一段装药量（齐发爆破时为总装药量），kg；

K——与介质特性、爆破方式及其他条件因素有关的系数，参见表 14－11；

α——与传播途径、距离、地质、地形等有关的系数，参见表 14－11；

R——距爆源中心的距离，m。

表 14－11 不同岩性的 K、α 值

岩石类型	K	α	岩石类型	K	α
坚硬岩石	50～150	1.3～1.5	软岩石	250～350	1.8～2.0
中硬岩石	150～250	1.5～1.8	土　壤	150～220	1.5～2.0

由表 14－11 可以看出，系数 K、α 变化范围很大，很难准确选择。因此，最好通过试验确定，即根据实测资料用最小二乘法求得。此外，K 和 α 也可根据近似的条件参考类似的实际资料选取。若无法进行试验，也可用下式进行估算：

$$v = 65\left(\frac{\sqrt[3]{Q}}{R}\right)^{1.65} \tag{14-10}$$

《爆破安全规程》规定的主要类型的建筑物地面质点的安全震动速度及对人体容许的安全震动速度见表 14－12。

表 14－12 《爆破安全规程》规定的安全震动速度

建筑物类型	规定的安全震动速度/$cm \cdot s^{-1}$	建筑物类型	规定的安全震动速度/$cm \cdot s^{-1}$
土窑洞、土坯房、毛石房屋	1.0	围岩不稳固，有良好支护的矿山巷道	10
一般砖房、非抗震的大型砌块建筑物	2～3	围岩中等稳固，有良好支护的矿山巷道	20
钢筋混凝土框架房屋	5	围岩稳固，无支护的矿山巷道	30
水工隧洞	10	对人体容许的爆破震动速度	1.6
交通隧洞	15		

14.6.3.2 爆破地震安全距离计算

爆破地震安全距离可用以下经验公式计算：

$$R = \left(\frac{K}{v}\right)^{\frac{1}{\alpha}} Q^{\frac{1}{3}} \tag{14-11}$$

式中 Q——最大一段装药量（齐发爆破时为总装药量），kg；

K——与介质特性、爆破方式及其他条件因素有关的系数，参见表 14－11；

α——与传播途径、距离、地质、地形等有关的系数，参见表 14－11；

R——距爆源中心的距离，m。

根据美国矿务局推荐的安全爆破标准（对建筑物不产生破坏），允许震动速度 v 取 5.04cm/s 时，不同距离的允许用药量参见表 14－13。

表 14－13 不同距离的允许用药量

距离/m	6	9	15	21	30	40	50	60	70	100	110	122
药量/kg	0.6	1.4	3.8	7.5	15.7	26	45	60	90	160	203	258

14.6.3.3 降低爆破地震效应的措施

在爆破工程中，常常采用以下方法来降低地震效应：

（1）选用低爆速、低密度炸药，或减小装药直径，可获得显著效果；

（2）限制一次爆破最大用药量，如采用微差爆破方法等；

（3）增加布药的分散性；

（4）采用不耦合装药；

（5）开挖防震沟，即在爆源和被保护物之间开挖一定深度、长度和宽度的堑沟。同理，也可采取预裂爆破的方法。

本章小结

工程爆破的设计、施工一定要按规程进行，以确保安全。

由于炸药的爆炸特性，工程爆破在爆破器材的生产、运输、贮存、使用、销毁等各个环节，均要严格按相关规程进行。

炸药爆炸后会产生有毒气体，在工程爆破中必须合理选用炸药，并做好防止炮烟中毒的情况发生。

由于爆破时剧烈的爆破效应，要防止由于爆破器材不合格、工作面存在杂散电流、机械装药时产生静电积聚、炸药自燃、意外机械作用引起雷管或感度高的炸药爆炸等原因引起早爆；要正确确定安全距离（包括个别飞石、空气冲击波和地震波三个方面），并进行有效警戒；有瓦斯和煤尘爆炸危险的矿山必须采取有效措施防止瓦斯或煤尘爆炸事故发生；要尽量避免盲（残）炮的产生，在出现盲（残）炮时要采取正确的处理方式。

重要概念

安全技术　爆破器材的运输、贮存、使用和销毁　爆破器材管理　炮烟　盲炮　早爆　瓦斯爆炸　煤尘爆炸　安全距离　爆破安全规程

复习思考题

14-1　在工程爆破中如何确保安全？

14-2　起爆器材的运输、贮存、使用和销毁要注意哪些方面？

14-3　如何预防炮烟中毒？

14-4　早爆是如何产生的，如何预防？

14-5　盲炮是如何产生的，如何预防，如何处理？

14-6　如何确定爆破的安全距离？

15　爆破施工与管理

本章要点及学习目的

要想达到预期爆破效果并保证作业安全，现场的施工组织及管理是极为重要的。本章以拆除爆破为例介绍工程爆破的作业程序、材料准备、组织管理、爆破现场施工管理等实施爆破施工应具备的一般常识和一些技术方面的内容，其他爆破类型可根据实际情况参考本章内容。

在爆破作业中，相关人员应严格履行《爆破安全规程》中的具体规定，确保爆破作业安全。

15.1　爆破施工组织管理

爆破施工要有严密的组织管理，一切工作安排、作业进度，均需严格按计划有条不紊地进行，这一点对在人口密集的城市中实施爆破作业尤为重要。

15.1.1　爆破的作业程序

图 15－1 所示是拆除爆破工程的一般作业程序，其他爆破工程的施工组织与安排可参照图中所列内容部署。对于特殊环境和条件，则应根据具体情况作必要的补充和修正。

15.1.2　爆破施工准备

爆破施工准备，除人员组织和机具材料准备外，为确保施工安全，还要注意以下事项：

（1）调查了解清楚施工场地周围安全情况。在现场施工前，应了解施工周围有无电磁波发射源、射频电源及其他产生杂散电流或危及爆破安全的不安全因素，否则，应考虑采用非电起爆网路或相应的安全措施。还应充分了解邻近爆破区的建筑物、水电管路、交通枢纽、设备仪表或其他设施对爆破的安全要求，是否需要采取防护或隔离措施，必要时应考虑进行安全检查和仪器监测。

（2）校核爆破设计方案。按照现场条件，对所提供的爆破体的技术资料及图纸进行校核，包括几何尺寸、布筋情况、施工质量、材料强度等，如有变化，爆破设计应以实际情况为准。还应注意有无影响爆破安全的因素，并在现场会同施工人员落实施工方案。

（3）事先了解天气情况及爆破区的环境情况（如位于闹市区的爆破现场应掌握人流、车流规律），决定合理的爆破时间。一般情况下，雷雨天和大雾天不允许进行爆破作业。

（4）了解爆破区周围的居民情况，会同当地公安部门和居委会作好安民告示，消除居民对爆破存在的紧张心理，取得群众的密切配合与支持，同时对爆破时间可能出现的问题作出充分认真的估计，提前防范，妥善安排，避免不应有的损失或造成不良影响。

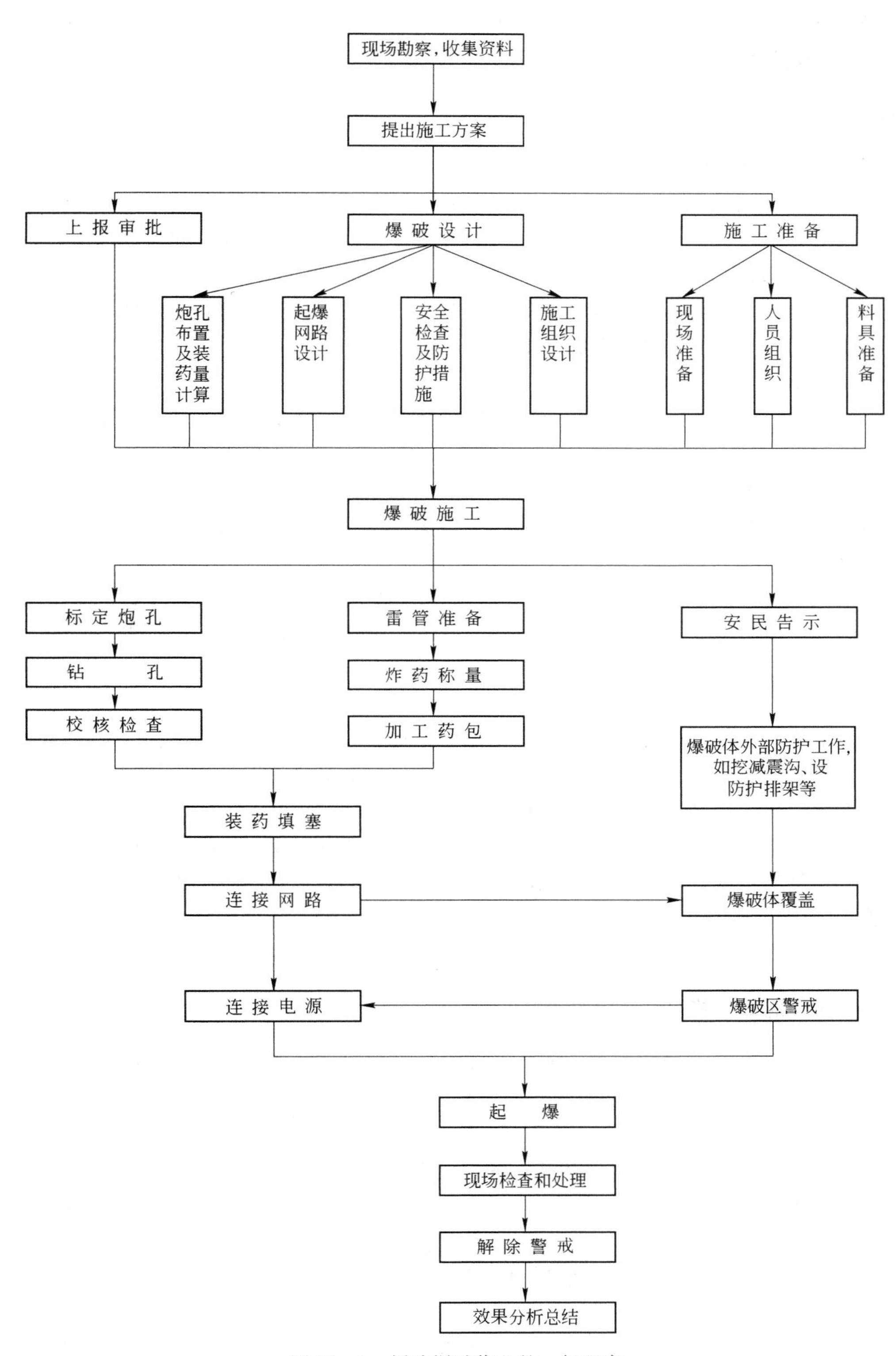

图 15－1 拆除爆破作业的一般程序

（5）研究决定如何设置爆破安全警戒，确定警戒范围和人员安全撤离爆破地点。

（6）选定爆破器材的存放点和加工起爆药包的地点。

15.1.3 钻孔爆破用主要机具材料

15.1.3.1 钻孔机具

钻孔机械有风动凿岩机（风钻）、内燃凿岩机和电钻，其中常用的是风动凿岩机。

风动凿岩机按其应用条件及架持方法，可分为手持式、柱架式、伸缩式几种。钻孔直径范围为34～42mm，爆破施工时的钻孔直径一般取38～40mm。

内燃凿岩机只能钻垂直孔或倾斜角不大的斜孔，当钻孔深度超过1m时，其效率显著降低。电钻适用于在煤层和砖砌物体上钻孔。

15.1.3.2 爆破器材

爆破器材为普通工业炸药、电雷管、塑料导爆管、导爆索、继爆管、起爆器械、导通器等。

15.1.3.3 防护材料

防护材料一般可用草袋、荆笆、胶皮带、铁丝网、铁板等，根据设计要求予以准备。

15.1.3.4 辅助材料及仪表

加工药包用牛皮纸、防水套、天平等，装药堵塞用木棍、铁锹等；连接爆破网路用电雷管测试仪、爆破电表、锁口钳、胶布等；警戒用信号旗、警报器、口哨等。

15.1.4 施工组织设计

对于规模较小的爆破任务，一般应在工程开始之前，提出并落实钻孔劳动力安排及进度；建立爆破组织和安全警戒组；提出材料计划及劳动安全防护措施；拟定爆破时间和爆破实施要求；整个爆破工作都应有计划、有组织地进行。

对于大、中型控制爆破工程，应编制施工组织计划书，以加强施工管理，提高工程经济效益，保证质量和安全。施工组织计划书一般包括下列主要内容：①工程概况；②工程数量表；③施工进度表；④劳动力组织；⑤机械、工具表；⑥材料表；⑦施工组织措施及岗位责任；⑧安全措施。

15.1.5 施工组织机构

大规模或高难度的爆破工程应成立爆破组织机构，其组成与任务如下所述。

15.1.5.1 爆破指挥部

爆破指挥部由总指挥、副总指挥和各组组长组成。指挥部的主要任务是：

（1）全面领导指挥爆破设计和施工的各项工作。

（2）根据设计要求，确定爆破施工方案，检查施工质量，及时解决施工中出现的问题。

（3）对全体施工人员进行安全教育，组织学习安全规程及进行定期和不定期的安全检查。

（4）在严格检查爆破前各项条件已确实达到设计规定后，指挥发出爆破信号和下达起爆命令。

（5）检查爆破效果，进行施工总结。

15.1.5.2 爆破技术组

爆破技术组的任务是：进行爆破设计，向施工人员进行技术交底及讲解施工要点；标定孔位，检验爆破器材；指导施工及解决施工中的技术问题。技术组长由爆破设计单位的领导或主要设计技术人员担任。

15.1.5.3 爆破施工组

施工组长由施工单位指派的领导担任。该组的任务是：按设计要求进行钻孔；导通电雷管、导线及检测电阻；制作起爆药包、装药填塞；进行防护覆盖；检查电源，在总指挥命令下合闸起爆；进行爆破后的检查，如遇到拒爆的情况，应按安全规程进行处理。

15.1.5.4 器材供应组

器材供应组组长由供应和保管部门的有关人员担任。该组的任务是：负责爆破器材的购买与运输工作；保管各种非爆破器材、机具及供应各种油料；供应各种防护材料及施工中所需的材料。

15.1.5.5 安全保卫组

安全保卫组长由熟悉爆破安全规程、责任心强的人员担任。该组的任务是：负责爆破器材的保管、发放工作；组织实施安全作业，起爆前负责派出警戒人员，爆破后负责组织排除险情；负责向爆破区附近的单位、居民区和有关人员进行宣传和解释工作。

施工组织建立后，应召集会议，下达任务，明确要求，组织学习有关技术资料和爆破安全规程，从而保证安全、保证质量，按期完成爆破任务。

15.2 爆破施工

爆破施工主要包括钻孔、装药、堵塞、连线、警戒、起爆和爆后检查等工作。在各类爆破施工中，拆除爆破一般采用小孔直径（34～42mm）和分散装药结构，钻孔位置、药包位置及其药量的准确度要求高。拆除爆破大多在人口密集区和建筑群内进行，因此对于安全防护要求也很高。这些措施将直接影响爆破的效果和安全。

15.2.1 标孔及钻孔

15.2.1.1 标孔

标孔是按照爆破设计，将孔位准确地标定在被爆物体上。标孔前，首先要清除爆破目标表面的积土和破碎层，再用油漆或粉笔等标明各个孔位，标孔应注意以下事项：

（1）不能随意变动钻孔的设计位置。遇有设计和实际情况不符时，应同技术人员协商处理。

（2）一般先标边孔，后标其他孔。边孔自由面多，碎块易飞散。标定边孔时，应从主要防护方向上标起，以便保证这些孔的准确位置。

（3）为了防止测量或设计中可能出现的偏差，在标定边孔或在梁、柱上标孔时，应校核最小抵抗线和构件的实际尺寸，使实际的最小抵抗线与设计的最小抵抗线基本相符，避免因两者偏差过大而出现碎块飞散或块度不匀的现象。

（4）在钢筋混凝土上标孔时，如发现孔的设计位置已暴露出或由探测仪探出有钢筋，则可与技术人员商定，在垂直于最小抵抗线附近适当移动，避开钢筋。

（5）在切割混凝土或预裂爆破时，对不装药的空孔，除标定孔位外，还应在孔的周围作出特殊标记，以防误装药。

（6）所标定的孔应编号，使之与钻孔说明书上的孔号、孔深、方向及角度相符。

15.2.1.2 钻孔

拆除爆破常用的炮孔直径为34～42mm，孔深一般为0.5～2.0m。钎头形状以“一”字形和“十”字形为常见，钎刃镶有YG8或YG15等硬质合金片。目前在坚硬岩石中，钎头平均寿命可达钻孔100m以上。在钻孔的过程中应注意以下事项：

（1）应准确地按标定的孔位钻孔，保证孔深、角度和方向合格。

（2）边钻孔，边检查和验收。验收前，要进行编号、登记，防止漏钻。炮孔钻好后，应将炮孔吹净，并将孔口封盖，以防杂物堵塞炮孔。

（3）遇有碎块卡在孔中，可将钢钎插入孔中，用锤击钎，使碎块坠入孔底。遇有钢筋卡住钎头，经处理后，在原孔附近适当位置另行钻孔。

（4）未达到设计深度或角度的炮孔，应报废并重新补钻；超深的炮孔，应采用硬黏土填实到设计深度。

（5）炮孔内有水时，要做好炮孔的排水或爆破材料的防水工作。

15.2.2 装药与填塞

15.2.2.1 药卷制作

爆破药卷的制作方法是，先按照设计的药卷直径制作纸筒，将称量的炸药装入纸筒（应在纸筒外面标明药包质量），然后把经过电阻测定的电雷管或预制好的带导爆管的雷管插入药中，将纸筒口收拢折转即可。药包包装要求捆扎规整、装药密实、雷管居中，当需要防潮时，在药卷外另套一塑料防水套，并处理好开口端的封口，也可以用乳化炸药等防水炸药。不管是用岩石硝铵炸药还是乳化炸药，药卷直径都不得小于各自的临界直径。药包的质量应准确称量。

15.2.2.2 装药

装药前，要仔细检查炮孔情况，清除孔内积水、杂物。检查孔深及药卷编号是否与设计相符。装药时，先将电雷管脚线展开适当长度，再将药卷置于孔口，一边握住脚线，一边用带刻度的木制炮棍轻轻推动药卷到达规定位置。要防止雷管和药包脱落，也要防止雷管脚线掉入炮孔内。

当装药的炮孔数目很多而且集中时，可按起爆的段数分配到各装药小组。炮孔分散、起爆段数较少时，可将炮孔分配到装药小组，再按起爆段数落实到装药工。每个装药小组和个人，必须明确自己承担的装药孔位、孔数、装药量和起爆段数。

整个装药过程，必须做到：

（1）精心操作，严防装错药量及起爆雷管的段数。

（2）装小直径药卷时，应防止偏斜，以免填塞时折断。

（3）向孔内推送药卷时，应避免损伤电雷管脚线，防止脚线在孔内绕圈或掉入孔中。

（4）分层装药的电雷管脚线较多，各段应有明显标志，以免连错。

15.2.2.3 填塞

(1) 填塞材料。爆破所用的炮孔填塞材料有黏土、沙、岩粉或水等。通常用黏土与沙的混合物，其混合比可取2∶1或3∶1，要求不混入石块和较大颗粒，含水量为15%～20%，使填塞材料用手握住略使劲时，能够成形，松手后不散且手上不沾水迹。为了便于使用，可制成直径30mm、长达80～100mm的炮泥。大量使用时，可采用炮泥机制作。对分层（间隔）装药，药包间的堵塞材料可用干沙。当垂直炮孔深度大于800mm时，可用干沙堵塞。不漏水的垂直炮孔，可用水作填塞，但应使用抗水处理的药卷。用水袋作填塞物，还有降尘的效果。

(2) 填塞长度。炮孔填塞长度不应小于最小抵抗线，一般为最小抵抗线的1.2倍，对于直径小于40mm的炮孔，应要求整个炮孔填满。如果使用水填塞时，药卷顶部的水深应超过400mm才有较好的填塞效果，否则不宜用水填塞。

(3) 填塞方法。药卷已装在规定位置后，可先洒入30～50mm厚的干沙和岩粉，以起缓冲作用。然后将长度为80～100mm的炮泥逐段装入炮孔，边装边捣，防止出现“空段”，起初用力轻些，逐渐加力捣实。分段装药时药卷之间可以采用干沙或钻孔岩粉充塞，一般不必捣实。最上一段装药后要填塞至孔口，且必须捣实。

15.2.3 安全防护

防护是拆除爆破施工的重要环节，不仅可以围挡个别飞石，还可以起到减少噪声的效果。就防护对象而言，主要可以分为以下两类：

(1) 爆破体防护。对爆破体的防护，主要是对装药区进行覆盖。在常用覆盖材料中，草袋比较廉价，在使用中，可将3～4个草袋用细绳或细铁丝连成一片，喷湿或内装少量沙土以加强覆盖防护效果。用废旧胶带或轮胎编制的胶帘具有较好的弹性，而且经久耐用，是良好的覆盖材料。

(2) 被保护对象的防护。对被保护对象的防护，主要是在离爆破体的一定距离外，设立一定高度的排架，其材料可以用木板、荆笆或铁丝网。排架的高度由爆破体及其排架的位置决定，以能遮挡可能出现的个别飞石为宜。

防护材料覆盖时，要注意保护爆破网路，在采用铁丝网等金属覆盖材料时，还要注意不使裸露的电雷管脚线与金属网相接触，所有接头均应包缠完好，处于绝缘状态。

15.2.4 起爆前的撤离工作

为了保证施工现场附近居民、来往行人、施工人员及交通运输的安全，在爆破前必须做好撤离和警戒工作。根据设计方案和有关规定对人员、建筑物（或构筑物）及设备等的安全距离要求，经现场实地勘察，确定危险区界线和撤离地点。起爆前在选定的明显位置设立标志，交通路口设置警戒哨所，并将起爆时间、危险范围、要求撤离时间、起爆信号等，以书面形式事先通知当地有关部门和单位，以便做好撤离工作。

对危险区内的建筑物及设备，应根据设计方案确定爆破地震波、空气冲击波、个别飞石的影响范围，采取相应的防护措施或者撤离。

警戒人员要在起爆前彻底清查危险区内人员的撤离情况，确认危险区内人员全部撤离且撤离到指定的安全地点后，向爆破指挥部汇报撤离情况。

15.2.5 起爆站和警戒信号

15.2.5.1 起爆站

起爆站应建在爆破危险区之外，一般建在爆区的上风向、交通方便、视野宽阔的地点。如果起爆站设在飞石危险区内，要设坚固的掩体，在面对爆区方向留出瞭望孔。起爆站内设备由专门警卫保护。当起爆站与爆破指挥部不设在一起时，应有比较可靠的通讯设施，站与站、站与指挥部之间要形成通讯联络网。

15.2.5.2 警戒信号

爆破前必须发出音响和视觉信号，使危险区内的人员都能清楚地听到或看到。

应使全体职工和附近居民，事先知道警戒范围、警戒标志和声响信号的意义，以及发出信号的方法和时间。

第一次信号——预告信号。所有与爆破无关人员应立即撤到危险区以外，或撤至指定的安全地点。向危险区边界派出警戒人员。

第二次信号——起爆信号。确认人员、设备全部撤离危险区，具备安全起爆条件时，方准发出起爆信号。根据这个信号准许爆破员起爆。

第三次信号——解除警戒信号。未发出解除警戒信号前，岗哨应坚守岗位，除爆破工作领导人批准的检查人员以外，不准任何人进入危险区。经检查确认安全后，方准发出解除警戒信号。

为了达到准确起爆的目的，应采用倒数计数法发布起爆口令。因为这种口令的程序十分科学，它简单明了，清楚准确，突出地表明了起爆的准备时间在逐渐减少，使人们思想集中，产生了准备时间即将完毕、起爆就要开始的紧迫感。

15.2.6 爆破的安全检查

爆破后，爆破员必须在规定的等待时间后再进入爆破地点，检查是否有冒顶、危石、支护破坏、盲炮，以及拆除爆破时建筑物未完全倒塌或倒塌未稳定等现象。如果检查有上述情况，都应及时处理，未处理前应在现场设立危险警戒和标志。在确认爆破地点安全后，方准人员进入现场。每次爆破后爆破员应认真填写爆破记录。

15.3 爆破作业人员的职责

根据爆破作业人员在爆破工作中的作用和职责范围，在《爆破安全规程》中把爆破作业人员分成：爆破工作领导人、爆破工程技术人员、爆破段（班）长、安全员、爆破员、爆破器材库主任、爆破器材保管员和爆破器材试验员。《爆破安全规程》中规定，进行爆破工作的企业必须设有爆破工作领导人、爆破工程技术人员、爆破段（班）长和爆破器材库主任。

在爆破工作领导人的领导下，爆破段（班）长直接领导、组织爆破员、安全员，按照爆破技术人员的爆破设计或爆破说明书，前往爆破器材库按规定领取爆破器材，并将其运至爆破作业地点，检查炮孔或硐室，消除作业地点的不安全因素，加工起爆药包、装药、填塞、连线、警戒、发信号、起爆、检查爆破效果，并进行盲炮处理，将剩余的爆破器材交回爆破器材库。从爆破工作开始到结束，爆破施工和爆破器材运搬等工作都是由爆破段（班）长和爆破员、安全员完成的。

《爆破安全规程》规定了爆破工作领导人、爆破工程技术人员、爆破段（班）长、安全员、爆破员、保管员、押运员和爆破器材库主任的职责。

15.3.1 爆破工作领导人的职责

爆破工作领导人，应由从事过三年以上与爆破工作有关的工作，无重大责任事故，熟悉爆破事故预防、分析和处理并持有安全作业证的爆破工程技术人员担任。其职责是：

（1）主持制定爆破工程的全面工作计划，并负责实施；

（2）组织爆破业务、爆破安全的培训工作和审查、考核爆破作业人员的资质；

（3）监督爆破作业人员执行安全规章制度，组织领导安全检查，确保工程质量和安全；

（4）组织领导爆破工作的设计、施工和总结工作；

（5）主持制定重大或特殊爆破工程的安全操作细则及相应的管理条例；

（6）参加爆破事故的调查和处理。

15.3.2 爆破工程技术人员的职责

爆破工作的技术人员，应持《安全作业证》。其职责是：

（1）负责爆破工程的设计和总结，指导施工，检查质量；

（2）制定爆破安全技术措施，检查实施情况；

（3）负责制定盲炮处理技术措施，进行盲炮处理的技术指导；

（4）参加爆破事故的调查和处理。

15.3.3 爆破段（班）长的职责

爆破段（班）长应由爆破技术人员或从事过三年以上与爆破工作有关的爆破员担任，其职责是：

（1）领导爆破员进行爆破工作；

（2）监督爆破员切实遵守爆破安全规程和爆破器材的保管、使用、搬运制度；

（3）制止无爆破员安全作业证的人员进行爆破作业；

（4）检查爆破器材的现场使用情况和剩余爆破器材的及时退库工作。

15.3.4 爆破员的职责

（1）保管所领取的爆破器材，不得遗失或转交他人，不准擅自销毁和挪作他用；

（2）按照爆破指令单和爆破设计规定进行爆破作业；

（3）严格遵守《爆破安全规程》和安全操作细则；

（4）爆破后检查工作面，发现盲炮和其他不利于安全的因素应及时上报或处理；

（5）爆破结束后，将剩余的爆破器材如数及时交回爆破器材库。

取得爆破员安全作业证的新爆破员，应在有经验的爆破员指导下实习三个月，方准独立进行爆破工作。在高温、有沼气或粉尘爆炸危险场所的爆破工作，应由经验丰富的爆破员担任。爆破员更换爆破类别应经过专门训练。

15.3.5 安全员的职责

安全员应由经验丰富的爆破员或爆破工程技术人员担任，其职责是：

(1) 负责本单位爆破器材的购买、运输、贮存和使用过程中的安全管理；

(2) 督促爆破员、保管员、押运员及其他作业人员按照《爆破安全规程》和安全操作细则的要求进行作业，制止违章指挥和违章作业，纠正错误的操作方法；

(3) 经常检查爆破工作面，发现隐患及时上报或处理，工作面瓦斯超限有权停止爆破作业；

(4) 经常检查本单位爆破器材仓库安全设施的完好情况和安全使用、运搬制度；

(5) 有权制止无爆破员安全作业证的人员进行爆破作业；

(6) 检查爆破器材的现场使用情况和剩余爆破器材的及时退库情况。

15.3.6 爆破器材保管员的职责

(1) 负责验收、保管、发放和统计爆破器材；

(2) 对无爆破员安全作业证和领取手续不完备的人员，不得发放爆破器材；

(3) 及时统计、报告质量有问题及过期、变质失效的爆破器材；

(4) 参加过期、变质、失效的爆破器材的销毁工作。

15.3.7 爆破器材押运员的职责

(1) 负责核对所押运的爆破器材的品种和数量；

(2) 监督运输工具按照规定的时间、路线和速度行驶；

(3) 监督运输工具所装载的爆破器材不超高、不超载，且可靠牢固；

(4) 负责看管爆破器材，防止爆破器材途中丢失、被盗或发生其他事故。

15.3.8 爆破器材库主任的职责

爆破器材库主任应由经验丰富的爆破员或爆破工程技术人员担任，并应持有爆破器材管理人员安全作业证。其职责是：

(1) 负责制定仓库管理条例并报上级批准；

(2) 检查督促保管员工作；

(3) 及时定期清库核账并及时上报过期及质量可疑的爆破器材；

(4) 组织或参加爆破器材的销毁工作；

(5) 督促检查库区安全情况、消防设施和防雷装置，发现问题及时处理。

本章小结

工程爆破的作业程序是进行爆破施工应遵循的步骤。

施工的组织工作是确保工程质量和安全的重要保障，在实施中要任务明确并落实到人。

爆破现场施工管理是确保施工质量和安全的具体内容，包括标孔和钻孔、装药填塞、安全防护、撤离工作、警戒与起爆、安全检查等内容。

爆破作业人员在爆破工作中的作用和职责范围，应严格按《爆破安全规程》中的具体规定进行落实。

重要概念

爆破施工组织　爆破施工　安全防护　撤离工作　警戒与起爆　安全检查　职责范围

复习思考题

15－1　简述爆破工程的一般作业程序。
15－2　爆破施工准备应包括哪些主要内容？
15－3　简述爆破施工组织机构的组成与任务。
15－4　爆破警戒信号分为哪几种，每种信号的意义和目的是什么？
15－5　为什么要对爆破作业人员进行分类和管理？
15－6　各类爆破作业人员在爆破工程中的作用和职责分别是什么？

附录　“爆破工”国家职业技能等级要求

一、职业定义

按爆破图表和作业规程要求，给炮眼（孔、洞）装药、充填、连线、警戒、引爆，使岩体抛离或松动的人员。

二、职业技能分级

爆破工根据知识和技能的不同分为初级工、中级工、高级工、技师和高级技师五级。经国家职业技能鉴定机构考核后，可颁发相应等级的职业资格等级证书。

三、初级工、中级工、高级工的知识、能力要求

（一）初级爆破工

1. 知识要求

（1）具有初中文化水平。

（2）具有矿山安全生产基本知识。

（3）具有爆破基础知识。

（4）掌握常用机具、仪器、仪表结构及使用方法。

（5）掌握爆破图的基本知识、爆破图表中文字、符号、数字所表示的意义。

（6）掌握常用爆破器材的名称、规格、主要性能、使用条件及其运输、保管的基本知识。

（7）具有处理瞎炮（盲炮）、残炮的一般知识。

（8）了解矿岩物理、力学性质及其坚固性分级标准。

2. 技能要求

（1）正确使用、维护装药设备、机具、仪器、仪表。

（2）正确选择爆破材料的品种、数量。

（3）正确进行装药、充填炮泥（填塞物）、连线、警戒、引爆。

（4）按要求处理瞎炮（盲炮）、残炮。

（5）正确使用二次爆破方法。

3. 工作实例

（1）制作起爆药包。

（2）装药、连线、放炮。

（3）验炮、处理瞎炮（盲炮）、残炮。

（二）中级爆破工

1. 知识要求

（1）掌握通风方法及通风系统的一般知识。

（2）掌握瓦斯、煤尘（矿尘）和有害气体的一般防治知识。

（3）掌握检测爆破材料的基本知识。

（4）掌握顶板管理的基本知识。

（5）掌握控制爆破的基础知识。

2. 技能要求

（1）掌握瓦斯、煤尘（矿尘）和有毒有害气体的一般处理方法。

（2）正确使用和维护爆破材料的检测仪器、仪表。

（3）根据矿、岩性质和工作面条件布置炮眼（孔），合理确定装药量。

（4）掌握控制爆破的基本方法。

（5）掌握爆破网路连线及排除故障的方法。

3. 工作实例

（1）正确进行爆破网路连线和排除故障。

（2）在复杂条件下进行爆破。

（三）高级爆破工

1. 知识要求

（1）具有高中文化水平。

（2）了解采掘工作面开采工艺和开采技术。

（3）掌握采掘工作面相关工种的基本知识。

（4）掌握各种爆破方法。

（5）具有编制爆破设计的知识。

（6）了解国内外爆破器材发展动态。

2. 技能要求

（1）掌握贯通爆破技术。

（2）掌握工作面顶底板的情况，提出支护及改进爆破的建议。

（3）编制爆破材料消耗计划。

（4）参与爆破新技术推广工作。

3. 工作实例

（1）组织指挥复杂条件下爆破工作。

（2）核定工作面爆破材料消耗量。

（3）分析与处理复杂爆破事故。

参考文献

[1] 管伯伦. 爆破工程 [M]. 北京：冶金工业出版社，1993.
[2] 伍汉. 爆破工程 [M]. 北京：冶金工业出版社，1989.
[3] 刘殿中. 工程爆破实用手册 [M]. 北京：冶金工业出版社，1999.
[4] 中华人民共和国国家标准. GB 6722—2003 爆破安全规程 [S]. 北京：中国标准出版社，2004.
[5] 张其中，等. 爆破安全法规标准选编 [M]. 北京：中国标准出版社，1993.
[6] 郭进平，等. 新编爆破工程实用大全 [M]. 北京：光明日报出版社，2002.
[7] 庙延钢，等. 工程爆破与安全 [M]. 昆明：云南科技出版社，2001.
[8] 秦明武. 控制爆破 [M]. 北京：冶金工业出版社，1993.
[9] 赵福兴. 控制爆破工程学 [M]. 西安：西安交通大学出版社，1988.
[10] 王廷武. 地面与地下工程控制爆破 [M]. 北京：煤炭工业出版社，1990.
[11] 祝树枝，等. 近代爆破理论与实践 [M]. 北京：中国地质大学出版社，1993.
[12] 张云鹏，等. 拆除爆破 [M]. 北京：冶金工业出版社，2002.
[13] 何广沂. 大量石方松动控制爆破新技术 [M]. 北京：中国铁道出版社，1995.
[14] 龙维祺. 特种爆破技术 [M]. 北京：冶金工业出版社，1993.
[15] 张志呈. 定向断裂控制爆破 [M]. 重庆：重庆出版社，2000.
[16] 张立国. 非电导爆管起爆网路传爆性能的对比分析 [J]. 有色金属（矿山部分），2004，56（2）：24～26.
[17] 钮强. 岩石爆破机理 [M]. 沈阳：东北工学院出版社，1990.
[18] 钟冬望，等. 爆炸安全技术 [M]. 武汉：武汉工业大学出版社，1992.
[19] 汪旭光，等. 爆破安全规程实施手册 [M]. 北京：人民交通出版社，2004.
[20] 纳宗会，等. 矿山生产与安全技术 [M]. 昆明：云南科技出版社，2005.
[21] 汪旭光. 爆破设计与施工 [M]. 北京：冶金工业出版社，2011.
[22] 郑炳旭. 中国爆破新技术Ⅲ [M]. 北京：冶金工业出版社，2012.

冶金工业出版社部分图书推荐

书　　名	作　者		定价(元)
中国冶金百科全书·采矿卷	本书编委会	编	180.00
采矿手册(第2卷)凿岩爆破和岩层支护	本书编委会	编	165.00
现代金属矿床开采科学技术	古德生	等著	260.00
中国典型爆破工程与技术	汪旭光	等编	260.00
爆破手册	汪旭光	等编	180.00
中国爆破新技术Ⅲ	郑炳旭	主编	288.00
工程爆破导爆管起爆网路图谱集	刘国祥	著	198.00
岩石动力学特性与爆破理论(第2版)	戴　俊	编著	40.00
中厚矿体卸压开采理论与实践	王文杰	著	36.00
地质学(第4版)(国规教材)	徐九华	主编	40.00
采矿学(第2版)(国规教材)	王　青	主编	58.00
矿山安全工程(国规教材)	陈宝智	主编	30.00
矿产资源开发利用与规划(本科教材)	邢立亭	等编	40.00
矿山充填力学基础(第2版)(本科教材)	蔡嗣经	编著	30.00
采矿工程CAD绘图基础教程(本科教材)	徐　帅	主编	42.00
高等硬岩采矿学(第2版)(本科教材)	杨　鹏	编著	32.00
碎矿与磨矿(第3版)(本科教材)	段希祥	主编	35.00
矿山充填理论与技术(本科教材)	黄玉诚	编著	30.00
金属矿床露天开采(本科教材)	陈晓青	主编	28.00
矿产资源综合利用(本科教材)	张　佶	主编	30.00
矿山岩石力学(本科教材)	李俊平	主编	49.00
矿山爆破(高职高专教材)	张敢生	等编	29.00
矿山地质(高职高专教材)	刘兴科	主编	39.00
岩石力学(高职高专教材)	杨建中	主编	26.00
金属矿床开采(高职高专教材)	刘念苏	主编	53.00
金属矿地下开采(高职高专教材)	陈国山	等编	39.00
露天矿开采技术(第2版)(高职国规教材)	夏建波	主编	35.00
井巷设计与施工(第2版)(高职高专教材)	李长权	等编	35.00
矿山提升与运输(高职高专教材)	陈国山	主编	39.00
金属矿山环境保护与安全(高职高专教材)	孙文武	主编	35.00
井巷施工技术(职业技能培训教材)	李长权	等编	26.00
矿山爆破技术(职业技能培训教材)	戚文革	主编	38.00
矿山地质技术(职业技能培训教材)	张爱军	等编	48.00
矿山测量技术(职业技能培训教材)	陈步尚	等编	39.00
地下采矿技术(职业技能培训教材)	陈国山	等编	36.00
凿岩爆破技术(职业技能培训教材)	刘念苏	主编	45.00
露天采矿技术(职业技能培训教材)	陈国山	等编	36.00